国防特色教材·电子科学与技术

新一代计算机体系结构

李静梅　吴艳霞　主　编
付　岩　张春生　副主编

北京航空航天大学出版社

北京理工大学出版社　哈尔滨工业大学出版社
哈尔滨工程大学出版社　西北工业大学出版社

内 容 简 介

本书作为"十一五"国防特色规划学科专业教材，在介绍计算机系统结构的基本概念、原理、结构和分析方法的基础上，着重阐述了计算机系统的并行化技术、片上多核技术，旨在帮助学生在建立计算机系统完整概念的基础上，充分掌握计算机系统结构的最新研发思想和技术，了解目前最新研发技术领域。

本书可作为高等院校计算机专业高年级本科生或研究生的教材，也可供从事计算机体系结构设计或嵌入式系统设计的工程技术人员参考。

图书在版编目(CIP)数据

新一代计算机体系结构 / 李静梅，吴艳霞主编. --北京：北京航空航天大学出版社，2010.8
 ISBN 978-7-5124-0172-3

Ⅰ. ①新… Ⅱ. ①李… ②吴… Ⅲ. ①计算机体系结构—高等学校—教材 Ⅳ. ①TP303

中国版本图书馆 CIP 数据核字(2010)第 148557 号

版权所有，侵权必究。

新一代计算机体系结构

李静梅　吴艳霞　主　编
付　岩　张春生　副主编
责任编辑　张少扬　孟　博

*

北京航空航天大学出版社出版发行

北京市海淀区学院路 37 号(邮编 100191)　http://www.buaapress.com.cn
发行部电话：(010)82317024　传真：(010)82328026
读者信箱：bhpress@263.net　邮购电话：(010)82316936
涿州市新华印刷有限公司印装　各地书店经销

*

开本：787×960　1/16　印张：17.5　字数：392 千字
2010 年 8 月第 1 版　2010 年 8 月第 1 次印刷　印数：3 000 册
ISBN 978-7-5124-0172-3　定价：32.00 元

前　言

《新一代计算机体系结构》是"十一五"国防特色学科专业教材，主要作为高等学校计算机专业研究生及本科生"计算机系统结构"课程的通用教材。为了让本科生也易于接受，在编写时力求做到深入浅出、通俗易懂。

计算机硬件技术与计算机软件技术互相制约、互相影响，促进了两种技术的良性发展，从而使计算机系统结构呈现出迅速发展的态势。本书的内容主要涉及计算机体系结构的概念、结构、机制及发展，既介绍了计算机系统结构方面已经成熟的技术，也介绍了国内外最新的研究成果。

作者本着三个出发点来编写此书：

① 保证本书内容的先进性。在介绍计算机系统设计所必须掌握知识的基础上，以提高效率和系统优化为目标，介绍了现阶段计算机体系结构的先进技术方法，如指令级并行技术、同时多线程技术等。

② 实例详细，浅显易懂。各种代码、实例等具体示例的详细分析和说明有助于自学者阅读。

③ 清晰地介绍技术发展的脉络。本书在介绍原理或算法时，会介绍该技术的开发背景、应用情况以及后续发展，有利于开拓读者实践和创新的思维方式。最终向读者清晰而全面地展现现阶段计算机体系结构的原理和本质，紧密结合行业发展，促使计算机系统结构课程内容向实用化和新理念方向延伸。

本书内容分为7章。第1章论述了计算机系统的概念及其设计原则，通过对冯·诺依曼计算机模型指令集的分类，简要阐述计算机系统发展的脉络，最后简单介绍几种先进的微体系结构；第2章论述了流水线的基本概念、分类及性能计算方法，以DLX模型为实例，详细描述了流水线执行细节，最后分析了流水线中相关和冲突的问题；第3章介绍了指令级并行的概念，详细阐述了实现指令级并行的关键技术或算法；第4章为线程级并行技术，阐述了多线程技术的概念及分类，详细论述同时多线程技术，并以超线程技术为例，介绍其工作原理；第5章和第6章分别介绍了超流水、超标量以及超长指令字处理器，主要阐述了关键技术的主要原理，并且介绍了几种典型处理器的结构和特点；第7章为片上多核处理器的相关知识,首先概述其体系结构特点,接下来叙述了芯片组和操作系统对其的支持,最后介绍了几种典型的片上多核处理器架构。

  本书在编写过程中多次得到有关领导部门、兄弟院校及 Intel 公司的专家、教授和同志们的鼓励和支持,有的曾提出宝贵的建议,在此表示感谢。

  本书承蒙郑纬民、顾国昌二位专家审阅,并对书稿提出了许多宝贵的修改意见,在此一并表示衷心的感谢。

  最后对 Intel 公司在哈尔滨工程大学计算机体系结构精品课程建设方面的大力支持表示衷心的感谢。

  由于作者的水平有限,书中难免有错误和不妥之处,恳请广大读者批评指正。

编 者

2010 年 3 月

目 录

第1章 概 述 … 1

1.1 计算机系统结构的基本概念 … 1
1.1.1 多级层次结构 … 1
1.1.2 系统结构、组成和实现之间的关系 … 4
1.2 计算机系统结构的设计方法 … 6
1.2.1 计算机系统的设计原则 … 6
1.2.2 计算机系统的设计思路及步骤 … 10
1.3 软件、应用、器件的影响 … 12
1.4 计算机系统结构的分类 … 16
1.5 基于冯·诺依曼计算机模型的指令集分类 … 20
1.5.1 CISC 体系结构 … 21
1.5.2 RISC 体系结构 … 22
1.5.3 CISC 和 RISC 混合体系结构 … 24
1.5.4 EPIC 体系结构 … 25
1.6 先进的微体系结构 … 27
1.6.1 多核处理器 … 27
1.6.2 流处理器 … 33
1.6.3 PIM … 39
1.6.4 可重构计算 … 41
习 题 … 47

第2章 流水线技术 … 50

2.1 流水线的基本概念 … 50
2.1.1 什么是流水线 … 50
2.1.2 流水线的分类 … 51
2.2 流水线的性能指标 … 55
2.2.1 吞吐率 … 56
2.2.2 加速比 … 58
2.2.3 效率 … 58
2.3 DLX 的基本流水线 … 59

2.3.1　DLX 指令集结构 ……………………………………………………… 59
　　2.3.2　基本的 DLX 流水线 …………………………………………………… 61
　　2.3.3　DLX 流水线各级的操作 ………………………………………………… 63
　　2.3.4　DLX 流水线处理机的控制 ……………………………………………… 65
2.4　流水线的相关与冲突 ………………………………………………………… 74
　　2.4.1　流水线相关 ……………………………………………………………… 74
　　2.4.2　流水线冲突 ……………………………………………………………… 77
习　题 ………………………………………………………………………………… 87

第 3 章　指令级并行 …………………………………………………………………… 90

3.1　指令级并行的概念 …………………………………………………………… 90
3.2　循环展开 ……………………………………………………………………… 91
　　3.2.1　循环展开的原理 ………………………………………………………… 91
　　3.2.2　循环展开的特点 ………………………………………………………… 93
3.3　动态指令调度 ………………………………………………………………… 94
　　3.3.1　静态指令调度与动态指令调度 ………………………………………… 94
　　3.3.2　动态指令调度的基本思想 ……………………………………………… 95
　　3.3.3　动态指令调度算法：记分板 …………………………………………… 96
　　3.3.4　动态指令调度算法：Tomasulo 算法 …………………………………… 108
3.4　动态分支预测 ………………………………………………………………… 125
　　3.4.1　采用分支预测表 ………………………………………………………… 126
　　3.4.2　采用分支目标缓冲器 …………………………………………………… 128
　　3.4.3　基于硬件的推断执行 …………………………………………………… 131
　　3.4.4　先进的分支预测技术 …………………………………………………… 137
习　题 ………………………………………………………………………………… 139

第 4 章　线程级并行 …………………………………………………………………… 142

4.1　多线程技术发展背景 ………………………………………………………… 142
4.2　线程概念 ……………………………………………………………………… 144
　　4.2.1　用户级线程 ……………………………………………………………… 144
　　4.2.2　内核级线程 ……………………………………………………………… 145
　　4.2.3　硬件线程 ………………………………………………………………… 148
4.3　单线程处理器 ………………………………………………………………… 148
4.4　多线程技术概述 ……………………………………………………………… 151
　　4.4.1　阻塞式多线程 …………………………………………………………… 152
　　4.4.2　交错式多线程 …………………………………………………………… 153

  4.4.3 同时多线程 …………………………………………………………… 154
 4.5 同时多线程技术 ……………………………………………………………… 155
  4.5.1 超级线程技术概述 ……………………………………………………… 156
  4.5.2 超线程技术概述 ………………………………………………………… 157
 4.6 超线程技术 …………………………………………………………………… 159
  4.6.1 超线程技术的工作原理 ………………………………………………… 159
  4.6.2 实现超线程的前提条件 ………………………………………………… 160
  4.6.3 Intel 的超线程技术 ……………………………………………………… 161
 4.7 同时多线程技术存在的挑战 ………………………………………………… 166
 习 题 ……………………………………………………………………………… 167

第 5 章 超流水、超标量处理器 ……………………………………………………… 169

 5.1 超级流水线处理器 …………………………………………………………… 169
  5.1.1 指令执行时序 …………………………………………………………… 170
  5.1.2 MIPS R4000 超级流水线处理器 ……………………………………… 170
  5.1.3 超级流水线的弊端 ……………………………………………………… 171
 5.2 标量处理器 …………………………………………………………………… 172
  5.2.1 标量流水线性能上限 …………………………………………………… 173
  5.2.2 性能损失 ………………………………………………………………… 173
 5.3 超标量处理器 ………………………………………………………………… 174
  5.3.1 超标量流水线典型结构 ………………………………………………… 174
  5.3.2 指令执行时序 …………………………………………………………… 175
  5.3.3 超标量技术 ……………………………………………………………… 175
  5.3.4 超标量处理器性能 ……………………………………………………… 179
  5.3.5 龙芯 2F 超标量处理器 ………………………………………………… 180
 5.4 其他三种典型的超标量处理器 ……………………………………………… 187
  5.4.1 MIPS R10000 …………………………………………………………… 187
  5.4.2 Alpha 21164 ……………………………………………………………… 189
  5.4.3 AMD K5 ………………………………………………………………… 190
 习 题 ……………………………………………………………………………… 191

第 6 章 超长指令字处理器 …………………………………………………………… 192

 6.1 概 述 ………………………………………………………………………… 192
  6.1.1 引 言 …………………………………………………………………… 192
  6.1.2 基本概念 ………………………………………………………………… 195
  6.1.3 传统方法的不足 ………………………………………………………… 198

6.2 精确中断技术 ……………………………………………………………… 199
　　6.2.1 概　述 …………………………………………………………… 199
　　6.2.2 RP 缓冲机制 ……………………………………………………… 200
　　6.2.3 RRP 缓冲机制 …………………………………………………… 202
6.3 RFCC-VLIW 结构 ………………………………………………………… 205
　　6.3.1 概　述 …………………………………………………………… 205
　　6.3.2 寄存器堆结构 …………………………………………………… 205
　　6.3.3 代价分析 ………………………………………………………… 206
　　6.3.4 性能分析 ………………………………………………………… 207
　　6.3.5 THUASDSP2004 处理器 ………………………………………… 209
6.4 MOSI 体系结构 …………………………………………………………… 218
　　6.4.1 概　述 …………………………………………………………… 218
　　6.4.2 MOSI 微体系结构 ………………………………………………… 219
　　6.4.3 性能分析 ………………………………………………………… 222
6.5 基于 VLIW 的多核处理器 ………………………………………………… 226
　　6.5.1 华威处理器 ……………………………………………………… 226
　　6.5.2 安腾处理器 ……………………………………………………… 230
习　题 …………………………………………………………………………… 235

第 7 章　片上多核处理器 …………………………………………………………… 236

7.1 片上多核体系结构概述 …………………………………………………… 236
　　7.1.1 片上多核体系结构简介 ………………………………………… 236
　　7.1.2 多核体系结构和超线程技术的区别 …………………………… 239
　　7.1.3 多核多线程体系结构 …………………………………………… 241
7.2 芯片组对多核的支持 ……………………………………………………… 242
　　7.2.1 EFI 概述 ………………………………………………………… 242
　　7.2.2 EFI 对多核处理器的初始化 …………………………………… 244
　　7.2.3 EFI 对多核操作系统的支持 …………………………………… 247
7.3 操作系统对多核的支持 …………………………………………………… 247
7.4 典型片上多核架构 ………………………………………………………… 248
　　7.4.1 异构多核处理器 ………………………………………………… 248
　　7.4.2 同构多核处理器 ………………………………………………… 255
习　题 …………………………………………………………………………… 267

参考文献 ……………………………………………………………………………… 268

第1章 概 述

根据摩尔定律,集成电路芯片上所集成的晶体管和电阻器等的数目,每隔18个月就翻一番。如何更合理地利用新器件,最大限度地发挥其潜力,设计并构成综合性能指标最佳的计算机系统,单纯依靠器件的变革是不能解决的,还要靠计算机系统结构上的不断改进。计算机体系结构的发展不断改变人们对计算机的整体认识。计算机系统可以看成是按功能划分的多级层次结构。本章首先给出计算机系统结构的定义,并说明结构、组成、实现三者的含义和关系;同时,从计算机系统多级层次结构的角度有助于更好地认识计算机系统设计的基本原则与目标;接下来,通过对冯·诺依曼计算机模型指令集的分类,简要阐述计算机系统发展的脉络,最后简单介绍几种先进的微体系结构。

1.1 计算机系统结构的基本概念

计算机系统由紧密相关的硬件和软件组成,怎样从整体上来认识和分析它呢?一种观点是从使用语言的角度上将计算机系统看成是按功能划分的多级层次结构。

1.1.1 多级层次结构

随着计算机的发展,计算机语言经历了机器语言(二进制机器指令系统)、汇编语言、高级语言、应用语言这样一个从低级向高级的发展过程,后者均以前者为基础,又比前者的功能更强,使用更方便。从这个意义上讲,计算机语言可以分成若干层或若干级,最低层的语言功能最简单。对使用某一层语言编程的程序员来说,只要遵守该级语言的规定,所编写出的程序总是可以在机器上运行并获得结果,而不必考虑程序在机器中究竟是怎样执行的,就好像有了一台直接使用这种语言作为其机器语言的计算机一样。

而实际上,只有二进制机器指令是与机器硬件直接对应,并被其直接识别和执行的。然而使用机器语言既不方便也无法适应解题需要,更不利于计算机应用范围的扩大。汇编语言是一种符号式程序语言,给程序员编程提供了方便,尽管其每个语句基本上与机器指令对应,却不能被机器硬件直接识别和执行。

那么为什么汇编语言程序可以在机器上运行并获得结果,就好像对汇编语言程序员来说有了一台用汇编语言作为其机器语言的机器呢?可以把这想象成在使用二进制机器语言的实际机器级之上出现了用汇编语言作为机器语言的一级"虚拟"机器,如图1-1所示,这样从功能上计算机系统就被看成是一个由虚拟机器M2和实际机器M1构成的二级层次结构。汇编语言程序员为了能正确编程,只需要熟悉面向它的虚拟机器 M2 即可,不用了解实际机器级 M1。在计算机系统上运行汇编语言(L2)源程序,应先将源程序完整地经汇编程序变换成等效的机器语言(L1)目标程序,而后再在实际机器上执行目标程序以获得结果。

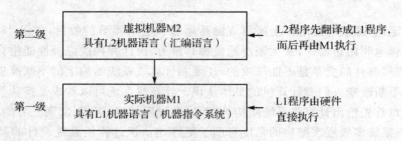

图 1-1　汇编虚拟机器的实现

在这种变换模式的递推下,出现了面向题目和过程的高级语言。

这种层次概念还可以引伸到机器内部,对于采用微程序控制的机器,每条机器指令对应于一串微指令(一段微程序),每条微指令执行一些如按照各种数据传送通路之类的最基本操作。这样又可以把实际机器级分解成传统机器级和微程序机器级的二级层次结构。微程序机器级的机器语言是微指令系统,当执行到某条机器指令时控制转入执行相应的一串微指令,实现完这条机器指令后,再由程序内的下条机器指令控制转入实现它的下一串微指令。

翻译和解释是语言实现的两种基本技术。解释比翻译费时,但省存储空间。对于微程序控制的机器,在高级语言的实现过程中,先把高级语言源程序经编译程序翻译成传统的机器语言程序,而后再经微程序对每条机器指令进行解释来实现。

那么操作系统应处在这个层次结构中的什么位置呢?从实质上来看,操作系统是传统机器的引伸,它要提供传统机器所没有,但为汇编语言和高级语言的使用和实现所需的某些基本操作和数据结构,它在许多机器上是经机器语言程序解释实现的。另外在高级语言机器级之上还可以有应用语言虚拟机器,这种虚拟机所用的语言是面向某种应用环境的应用语言。综上所述,一个现代的计算机系统可以从功能上看成是如图1-2所示形式的多级层次结构。

虚拟机器不一定全部由软件实现,有些操作也可以用固件或硬件实现,如操作系统中的某些命令可以由比它低两级的微程序解释,甚至可以设想直接用微程序或硬件来实现高级语言机器。采用何种实现方式,要从整个计算机系统的效率、速度、造价、资源的使用状况等方面全面考虑,而且要软件、硬件(包括固件)综合平衡。实际上,软件和硬件在逻辑功能上是等效的。具有相同功能的计算机系统,其软硬件的功能分配可以在很宽的范围内变化。这种分配比例是随不同时期及同一时期的不同机器而动态变化的。由于软硬件紧密相关,有时软硬件界面是很模糊的,一个功能很难说哪些是由硬件完成,哪些是由软件完成的。

例如,在计算机中实现十进制乘法这一功能,既可以用硬件来实现,也可以用软件来完成。硬件实现方法:设计十进制乘法机器指令,用硬件电路来实现该指令,其特点是完成这一功能

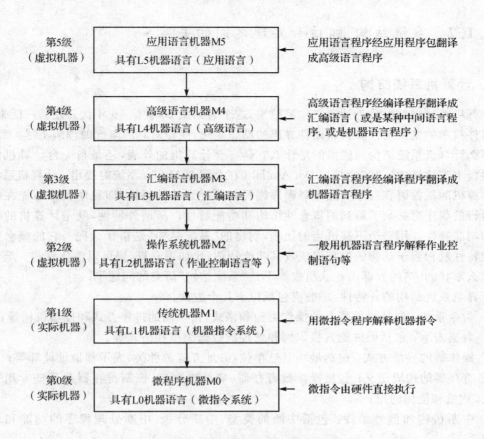

图 1-2 计算机系统的多级层次结构

的速度快,但需要更多的硬件。软件实现方法:通过编程采用加法、移位等指令来实现,其特点是实现的速度慢,但不需增加硬件。

最后,从概念和功能上把一个复杂的计算机系统看成是由多级构成的层次结构有很多优点:

① 有利于正确理解软件、硬件、固件在计算机中的地位和作用,也有助于理解各种语言的实质和实现途径。

② 直接或间接地推动了计算机系统结构的发展,发展了所谓的高级语言机器,操作系统计算机器。

③ 发展了多处理机系统、分布处理系统、嵌入式系统和计算机网络等系统结构。

1.1.2 系统结构、组成和实现之间的关系

1. 计算机系统结构

计算机系统结构也称为计算机体系结构,这个名词从 20 世纪 70 年代开始被广泛采用,但由于器件技术的发展及计算机软硬件界面的动态变化,使得对它的概念的理解不尽一致。

那么计算机系统结构到底指的是什么?是一台计算机的外表,还是指一台计算机内部的一块块板卡安放结构?1964 年,G. M. Amdahl 在介绍 IBM 360 系统时提出:计算机系统结构就是计算机的机器语言程序员或编译程序编写者所看到的外特性,即程序员编写能在机器上正确运行的程序时必须了解到的概念性结构和功能特性。所谓外特性,就是计算机的概念性结构和功能特性。用一个不甚恰当的比喻,动物的"系统结构"是指什么呢?它的概念性结构和功能特性就相当于动物的器官组成及其功能特性,比如鸡有胃,胃可以消化食物。至于鸡的胃是什么形状的、鸡的胃部由什么组成就不是"系统结构"研究的问题了。

计算机系统结构的外特性,一般应包括以下几个方面:

① 指令系统:包括机器指令的操作类型和格式,指令间的排序方式和控制机构等;

② 数据表示:包括硬件能直接识别和处理的数据类型和格式等;

③ 操作数的寻址方式:包括最小寻址单位、寻址方式的种类、表示和地址计算等;

④ 寄存器的构成定义:包括操作数寄存器、变址寄存器、控制寄存器及某些专用寄存器的定义、数量和使用约定;

⑤ 中断机构和例外条件:包括中断的类型、中断分级、中断处理程序的功能和入口地址等;

⑥ 存储体系和管理:包括最小编址单位、编址方式、主存容量和最大可编址空间等;

⑦ I/O 结构:包括 I/O 的联结方式,设备的访问方式,数据的"源"、"目的"及数据传送量,操作的结束与出错指示等;

⑧ 机器工作状态定义和切换:如管态、目态等的定义和切换;

⑨ 信息保护:包括保护方式、硬件对信息保护的支持等。

关于计算机系统的多层次结构,可以用人与计算机系统作对比,这种联系不是很恰当,但可以给大家一个更直观的了解,如表 1-1 所示。

表 1-1 计算机系统结构的直观了解

计算机系统	人
应用语言级	为人民服务级
高级语言级	读书、学习级
汇编语言级	语言、思维级
操作系统级	生理功能级
传统机器级	人体器官级
微程序机器级	细胞组织级
电子线路级	分子级

2. 计算机组成与实现

对计算机组成与实现定义之前,要先介绍一下计算机系统结构的内特性,计算机系统结构的内特性就是将那些外特性加以"逻辑实现"的基本属性。这里说的"逻辑实现"就是在逻辑上如何实现这种功能,比如"设计者"给鸡设计了一个一定大小的胃,这个胃的功能是消化食物,这就是鸡系统的某一外特性,那么怎么消化呢,就要通过鸡吃进食物和砂石,再通过胃的蠕动,依靠砂石的研磨来消化食物,这里的吃和蠕动等操作就是内特性。

计算机实现,也就是指计算机组成的物理实现。它主要着眼于器件技术和微组装技术。拿上面的例子来说,这个胃由哪些组织组成,几条肌肉和神经来促使它运动就是"鸡实现"。

据此可以分清计算机系统的外特性、内特性以及物理实现之间的关系。在所有系统结构的特性中,指令系统的外特性是最关键的。因此,计算机系统结构有时就简称为指令集系统结构。

下面介绍计算机组成与实现的定义:

> 计算机组成是指计算机系统结构的逻辑实现,包括机器级内数据流的组成以及逻辑设计等。它着眼于机器级内各事件的排序方式与控制机构、各部件的功能以及各部件间的联系。

> 计算机实现是指计算机组成的物理实现,包括处理机,主存等部件的物理结构,器件的集成度和速度、器件、模块、插件、底板的划分与连接,专用器件的设计,微组装技术,信号传输,电源,冷却及整机装配技术等。它着眼于器件技术和微组装技术,其中,器件技术在实现技术中起着主导作用。

一般,计算机组成设计要确定以下几个方面:

① 数据通路宽度:数据总线上一次并行传送的信息位数。

② 专用部件的设置:设置哪些专用部件,如乘法专用部件、浮点运算部件、字符处理部件、地址运算部件,以及每种专用部件的个数等。这些与计算机要求达到的速度、专用部件的使用频率以及成本等因素相关。

③ 各种操作对部件的共享程度:如果共享程度过高,即使这些操作在逻辑上互不相关,也只能分时使用,这样就限制了速度,可以设置多个部件来降低共享程度,用提高操作并行度来提高速度,但成本也将提高。

④ 功能部件的并行度:功能部件的控制和处理方式是采用顺序串行,还是采用重叠流水或分布处理。

⑤ 控制机构的组成方式:事件、操作的排序机构是采用硬联控制还是微程序控制,是采用单机处理还是多机处理或功能分布处理。

⑥ 缓冲和排队技术:在不同部件之间怎样设置及设置多大容量的缓冲器来弥补它们的速度差异;采用什么次序来安排等待处理事件的先后次序,可以是随机、先进先出、后进先出、

优先级、循环队列等多种方式。

⑦ 预估、预判技术：采用什么原则来预测未来的行为，从而达到优化性能和优化处理的目的。

⑧ 可靠性技术：采用什么样的冗余技术和容错技术来提高可靠性。

下面的例子进一步说明了计算机系统结构、计算机组成和计算机实现的概念。

例如：指令系统的确定属于计算机系统结构，指令的实现，如取指令、取操作数、运算、送结果等的具体操作及其排序方式属计算机组成，而实现这些指令的具体电路，器件的设计及装配技术等则属计算机实现。

又如：确定是否要有乘法指令属计算机系统结构，乘法指令是用专门的乘法器实现，还是经加法器用重复的相加和右移操作来实现属计算机组成，而乘法器、加法器的物理实现，如器件的选定（包括器件集成度、类型、数量等的确定）及采用的微组装技术则属计算机的实现。

总之，计算机系统结构设计的任务是进行软硬件功能的分配，确定传统机器级的软硬件界面。作为"计算机系统结构"这门学科，它实际包括了系统结构和组成两方面的内容，因此它研究的是软硬件的功能如何分配以及如何最佳、最合理地实现分配给硬件的功能。

1.2 计算机系统结构的设计方法

一般来说，在设计中提高硬件功能的比例可以提高解题速度，减少所需的存储容量，但会提高硬件成本，降低硬件的利用率和计算机系统的灵活性和适应性；而提高软件功能的比例，可以降低硬件的造价，提高系统的灵活性、适应性，但解题的速度会相对下降，软件设计费用和所需的存储器容量要增加。因此，确定软硬分配比例的一个主要依据，是在已有硬件和器件（主要是逻辑和存储器件）条件下，如何使系统具有较高的性价比。

1.2.1 计算机系统的设计原则

1. 局部性原理

程序的局部性原理（principle of locality）是程序最重要的特征。它是指程序总是趋向于使用最近使用过的数据和指令，也就是说程序执行时所访问的存储器地址分布不是随机的，而是相对地簇集；这种簇集包括指令和数据两部分。程序局部性包括程序的时间局部性和程序的空间局部性：

① 程序的时间局部性：是指程序即将用到的信息可能就是目前正在使用的信息。若一条指令被执行，则在不久后可能再被执行。

② 程序的空间局部性：是指程序即将用到的信息可能与目前正在使用的信息在空间上

相邻或者临近。一旦一个存储单元被访问,那它附近的单元也将很快被访问。

程序的局部性原理是计算机体系结构设计的基础之一。利用程序的局部性原理,根据程序最近的访问情况来比较准确地预测将要访问的指令和数据。程序的局部性原理是虚拟存储技术引入的前提。虚拟存储的实现原理是当进程要求运行时,不是将它全部装入内存,而是将其一部分装入内存,另一部分暂不装入内存。

2. 关注经常性事件原则

要关注经常性事件,并以经常性事件为重点。在计算机系统设计中,经常需要在多种不同的设计方法之间折中,那么对经常性事件进行优化可以得到更多总体上的改进优化,且效果非常明显,所以在计算机设计中,最重要且应用最广泛的准则就是提高经常性事件的执行速度。在设计上必须有所取舍时,一定要优先考虑经常性事件。

经常出现的事件一般比不经常出现的事件简单,所以提高经常性事件的性能会相对容易些。在计算机设计中应用此原则时,首先要确定哪些是经常性事件,然后分析提高这种情况下的运行速度对计算机的整体性能提高的程度有多少,下面用两个例子来介绍该原则。

例如:处理器中的取指和译码单元要比乘法单元使用得更加频繁,那么这两个单元就是我们前面所说的"经常性事件",所以在计算机设计中要先优化取指和译码单元。如 Pentium M 处理器为了降低系统功耗且同时提高计算机性能,在其译码单元引入 micro - op Fusion 概念,把原有的两个 micro - op(microinstructions)合成为一个进行操作,提升了传输速度。

再例如:当处理器执行两个数的加法运算时,一般情况下两数相加操作是不会发生溢出的,也就是说不溢出的情况是常见的,溢出情况是不常见的,所以不溢出相加的操作是"经常性事件",那么在计算机设计中就要对不溢出相加的操作进行优化以达到提高机器性能的目的。当然,对不溢出的相加操作优化后,在处理溢出的相加操作时机器速度就会相对降低,但溢出的情况非常少,总体上机器的性能还是明显提高了。

3. Amdahl 定律

Amdahl 定律的内容是:通过使用某种较快的执行方式所获得的性能提高,受限于该部件占用系统执行时间的百分比。通过改进计算机的某一部分,所得到的性能提升程度可以通过 Amdahl 定律定量地反映出来。该定律将"关注经常性事件原则"进行了量化。

系统性能提升的程度可以用"加速比"这个概念来定量形象地对其进行描述。加速比反映了机器改进前后速度的提升程度,即机器改进前后系统性能提高的程度。如果对某个部件进行了优化改进,那么系统加速比表达式如下:

$$\text{加速比} = \frac{\text{优化后的系统性能}}{\text{优化前的系统系能}} = \frac{\text{优化前的总执行时间}}{\text{优化后的总执行时间}}$$

从加速比的表达式中我们可以看出加速比主要取决于两个因素：

① 优化前的系统中，可优化部分的执行时间在总的执行时间中占的比例。例如：一个程序需要运行 60 s，其中 20 s 的执行部分可以被优化，那么可优化部分所占的比例就是 20/60。我们将这个值称为"可优化比例"，可优化比例总是小于 1。可优化比例越大，越接近于 1，说明可优化的部分越多，相对得到的加速比会越大，总体系统性能提高也就越明显。

② 优化后的系统和优化前的比较，系统性能提高的倍数。我们将可优化部分系统性能提高的倍数称为"优化加速比"。如果一个系统优化后，可优化的部分优化后的执行时间是 2 s，而优化前其执行时间是 5 s，那么优化加速比就是 5/2。显然，优化加速比是大于 1 的，优化加速比越大，系统性能提高程度越大。

优化前的系统包括可优化部分和不可优化部分，相对地，优化后的系统包括被优化部分和未被优化部分。优化前系统的执行时间等于可优化部分的执行时间和不可优化部分的执行时间之和。优化后系统的执行时间等于未优化部分的执行时间和优化部分的执行时间之和。

$$\text{优化后总执行时间} = t_{\text{未优化部分}} + t_{\text{优化部分}}$$

$$= (1 - \text{可优化比例}) \times \text{优化前总执行时间} + \frac{\text{可优化比例} \times \text{优化前总执行时间}}{\text{优化加速比}}$$

$$= \text{优化前总执行时间} \times \left[(1 - \text{可优化比例}) + \frac{\text{可优化比例}}{\text{优化加速比}} \right]$$

此时系统加速比的表达式如下：

$$\text{系统加速比} = \frac{\text{优化前总执行时间}}{\text{优化后总执行时间}} = \frac{1}{(1 - \text{可优化比例}) + \frac{\text{可优化比例}}{\text{优化加速比}}}$$

从以上的介绍中的我们可以分析出 Amdahl 定律反映的是收益增减的规律。当我们只优化系统的一部分计算性能时，优化的部分越多，即可优化比例越大，系统总体性能的提升就越大。也就是说，系统加速比随着可优化比例的增大而增大。若优化加速比趋近于无穷大的时候，系统加速比表达式中分母的（可优化比例/优化加速比）部分趋近于 0，那么系统加速比就趋近于 1/(1 - 可优化比例)。

有的时候，我们很难测量改进后可优化部分的运行时间，也就很难直接得到优化加速比。下面我们介绍一种基于公式的方法来计算和比较系统的性能。

4. CPU 性能公式

基于处理器的性能来计算和比较系统的性能时，将 CPU 的执行时间分成时钟周期时间、CPI（每条指令的平均时钟周期数）、IC（指令条数）三个独立的分量。如果知道一种方案如何影响这三个分量，就能确定这种方案的总体性能效果，可以在设计硬件之前用仿真来测试这些分量。

我们知道，计算机存在一个基于恒定速率的时钟，通常用时钟周期或者时钟频率来描述一

个时钟周期的时间。一个程序的 CPU 时间描述如下:

$$\text{CPU 时间} = \text{一个程序的 CPU 时钟周期数} \times \text{时钟周期}$$

$$= \frac{\text{一个程序的 CPU 时钟周期数}}{\text{时钟频率}}$$

其中时钟频率是时钟周期的倒数。

除了要知道执行程序所需的时钟周期数外,还要知道程序执行的指令数 IC(Instruction Count)。根据执行程序所需的时钟周期数和指令数可以得到执行一条指令所需的平均时钟周期数 CPI(Clock cycles Per Instruction)。CPI 公式如下:

$$\text{CPI} = \text{执行程序的 CPU 时钟周期数}/\text{IC}$$

此时,CPU 时间描述如下:

$$\text{CPU 时间} = \text{IC} \times \text{CPI} \times \text{时钟周期}$$

从上面的公式可以看出 CPU 的性能和三个因素有关:

① 时钟周期。由硬件技术和计算机组成决定。
② 单条指令执行所需的平均周期数(CPI)。由计算机组成和指令系统的结构决定。
③ 指令条数(IC)。由指令集系统结构和编译器技术决定。

这三个因素对 CPU 时间的影响是相同的,任何一个因素的改变都会引起 CPU 时间的改变。改变因素的技术是相互关联的,所以很难做到孤立地改变其中的一个因素。但许多能提高计算机性能的技术一般主要影响三个因素中的一个,对其他两个因素有较小或可预测的影响。

CPU 的总时钟周期数可描述如下:

$$\text{CPU 时钟周期数} = \sum_{i=1}(\text{CPI}_i \times \text{IC}_i)$$

其中,IC_i 为程序执行过程中第 i 种指令出现的次数,CPI_i 为执行指令 i 所需要的平均时钟周期数。那么执行一个程序所需的 CPU 时间可描述如下:

$$\text{CPU 时间} = \left[\sum_{i=1}(\text{CPI}_i \times \text{IC}_i)\right] \times \text{时钟周期}$$

总的 CPI 可以描述如下:

$$\text{CPI} = \frac{\sum_{i=1}(\text{CPI}_i \times \text{IC}_i)}{\text{指令数}} = \sum_{i=1} \frac{\text{IC}_i}{\text{指令数}} \times \text{CPI}_i = \sum_{i=1} \frac{\text{IC}_i}{\text{IC}} \times \text{CPI}_i$$

IC_i/IC 为每条指令在全部指令中所占的比例。IC_i 需要通过测量得到,而不能通过查表或手册得到,因为要考虑流水线效率、Cache 缺失以及其他存储器的效率问题。

在 CPU 性能公式中,可以通过测量获得其中的某个分量,这是 CPU 性能公式比 Amdahl 定律优越的地方,这样就可以通过计算指令执行次数与指令执行时间的乘积间接地得到某种指令的执行时间在总执行时间中占的比例。

1.2.2 计算机系统的设计思路及步骤

1. 计算机系统的设计思路

计算机系统从概念和功能上可看成是一个由多级构成的层次结构,从哪一层开始设计对计算机系统是有影响的。通常有由上往下、由下往上和从中间开始三种不同的设计思路。这里所谓的"上"和"下"是指的层次结构中的"顶层"和"底层",如图1-3所示。

① 由上往下:这种设计是一种自然直观的设计方法。首先确定用户级虚拟机器的基本特征、数据类型和基本命令等,而后再逐级向下设计,直到硬件执行或解释级为止。当然每级设计过程中,既要考虑实现的方法,也要考虑上一级的优化实现。在硬件技术飞速发展而软件技术发展相对缓慢的情况下,这种由上往下的设计方法很难适应系统的设计要求,因而也就很少采用了。

② 由下往上:根据硬件技术条件,特别是器件水平,设计时要首先把微程序机器级和传统机器级研制出来。在此基础上,再设计操作系统、汇编语言、高级语言等虚拟机器级。最后设计面向应用的虚拟机器级。这种设计方法在计算机早期设计中广为采用,其原因是那时硬件成本昂贵,硬件技术水平较低等,计算机设计中更关注硬件结构,而软件技术往往处于被动地位。这种方法的缺点是容易使软件和硬件脱节,使整个计算机系统的效率降低。

③ 由中间开始:这里"中间"是指多级层次结构的某两级的界面。多数计算机设计时把"中间"取在传统机器级与操作系统机器级之间。首先对这个界面进行详尽的功能描述以及软硬件功能分配。再由中间点向上、向下同时进行设计。软件系统从操作系统、汇编、编译系统进行设计,硬件从传统机器级、微程序机器级、数字逻辑级进行设计,软件设计与硬件设计同时进行。

2. 计算机系统结构的设计步骤

计算机系统结构设计的主要任务是进行软硬件功能分配,确定机器级的界面并对此界面进行具体确切的定义,基本步骤如下:

① 需求分析:主要进行该系统的应用环境(用于实时处理、远程处理、分时使用、高可靠性等)、所用语言的种类和特性、对操作系统的要求、所用外部设备的特性等内容的分析,以及技术经济的分析(因为经济分析中对需求量预估会影响软硬件功能分配)和市场分析。

② 需求说明:包括设计准则、功能说明及所用器件性能的说明。在设计准则中要考虑造价、可靠性、可行性、可扩展性、兼容性、速度、保密安全性、灵活性以及程序设计的方便性等。

③ 概念性设计:主要按上述确定的设计准则来进行软硬功能分析,确定机器级的界面。

④ 具体设计:对机器级界面的各个方面进行详细具体的确切定义,包括数据表示、指令系统、寻址方式、存储结构、中断机构以及I/O联结方式等的具体设计。

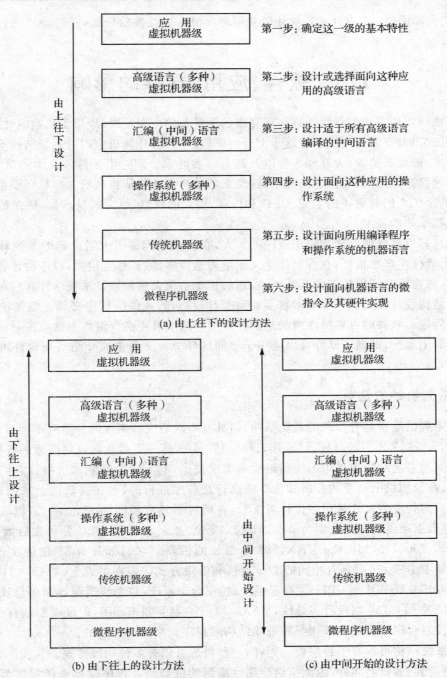

图 1-3 三种设计方法

⑤ 优化和评价：对设计进行优化以获得尽可能高的性能价格比，并对设计进行定性定量评价。

1.3 软件、应用、器件的影响

计算机应用从最初的科学计算向更高级的更复杂的应用发展，经历了从数据处理、信息处理、知识处理以及智能处理这四级逐步上升的阶段。因此，计算机应用对系统结构不断地提出更高的要求，即运算速度、大存储容量以及高 I/O 吞吐率。同时由于器件技术的进步，器件的性价比迅速提高，芯片的功能越来越强，这使系统结构的性能从较高的大型机向小型机乃至微机下移，满足了人们对更快的主板、CPU 和内存，更大的硬盘，更大的显示器，更多的色彩和更高的刷新频率等的需求。

随着计算机系统的发展和应用范围的扩大，我们已经积累了大量成熟的系统软件和应用软件，加上软件生产率很低，软件的排错又比编写难得多，除非好处很大，程序设计者一般不愿意、也不应该在短时间里按新的系统结构、新的指令系统去重新设计系统软件和应用软件。这就给系统结构设计提出了一个非常重要的问题，即在新的系统结构中必须注意解决好软件的可移植性问题。软件的可移植性指的是软件不用修改或只需经少量加工就能由一台机器搬到另一台机器上运行，即同一软件可以应用于不同的环境。下面主要介绍实现软件可移植的几种基本技术。

1. 系列机的方法

所谓系列机是指具有相同的系统结构，但具有不同组成和实现的一系列不同型号的机器。如 IBM 370 系列机有 370/115、125、135、145、158、168 等一系列从低速到高速的各种型号，它们具有相同的系统结构但采用不同的组成和实现技术，有不同的性能和价格。它们有相同的指令系统，在低档机上指令的分析和指令的执行是顺序进行的，而在高档机上采用重叠、流水和其他并行的处理方式。从程序设计者来看，各档机器具有相同的 32 位字长，但从低档到高档机器，其数据通道的宽度分别为 8 位、16 位、32 位、甚至 64 位。DEC 公司先后推出 VAX-11/780、750、730、725，MICR-VAX、785 等型号的机器。它们都具有 32 位的字长，都运行 VAX/VMS 操作系统，都具有相同的 I/O 连接和使用方式。但在组成上，VAX-11/780 通过同步底板互连总线 SBI 把 CPU、主存子系统、控制台子系统、单总线适配器和多总线适配器连接起来，VAX-11/730 则没有多总线，VAX-11/750 甚至没有 SBI，也没有控制台子系统，而是以集中控制台取而代之。采用哪种总线结构对程序员来讲是透明的。

一种系统结构可以有多种组成。同样，一种组成可以有多种物理实现。从程序设计者看，系列机具有相同的机器属性，因此按这个属性编制的机器语言程序以及编译程序都能通用于各档机器，所以各档机器是软件兼容的，即同一个软件可以不加修改地运行于系统结构相同的各档机器,可获得相同的结果,差别只在于运行时间的不同。图 1-4 为 Intel PC 系列机典型结构的发展。

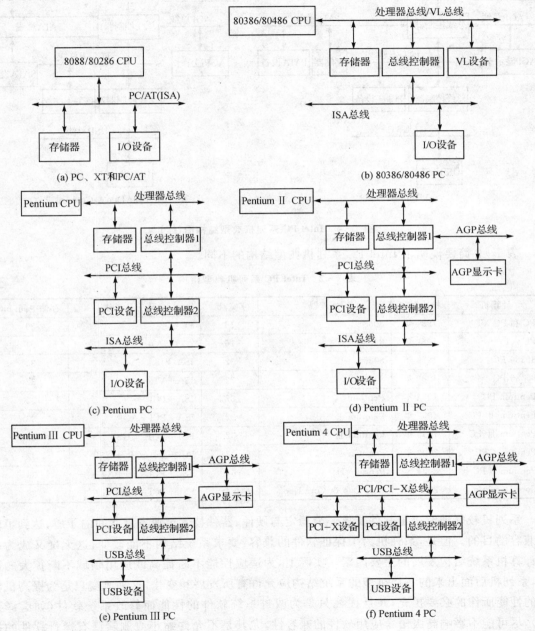

图 1-4 Intel PC 系列机典型结构图

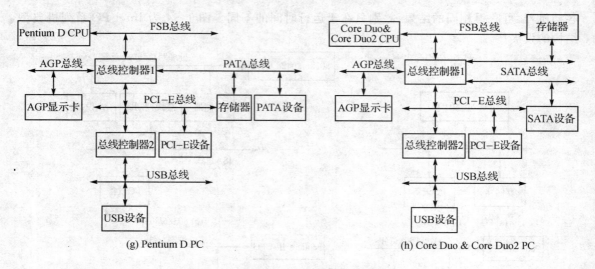

图 1-4 Intel PC 系列机典型结构图（续）

表 1-2 简要说明了 Intel PC 系列机典型结构的不同。

表 1-2 Intel PC 系列机典型结构

计算机	推出时间	处理器	字宽/bit	主要 I/O 总线	存储空间/bit
PC 和 PC XT	1981 年	8088	16	PC 总线	20
PC AT	1982 年	80286	16	AT(ISA)	24
80386 PC	1985 年	80386	32	ISA/EISA	32
80486 PC	1989 年	80486	32	ISA+VL	32
Pentium PC	1993 年	Pentium	32	ISA+PCI	32
Pentium Ⅱ PC	1997 年	Pentium Ⅱ	32	ISA+PCI+AGP	32
Pentium Ⅲ PC	1999 年	Pentium Ⅲ	32	PCI+AGP+USB	32
Pentium 4 PC	2000 年	Pentium 4	32	PCI-X+AGP+USB	32
Pentium D PC	2004 年	Pentium D	64	FSB+PCI-E+PATA	38
Core Duo PC	2006 年	Core Duo & Core Duo2	64	FSB+PCI-E+SATA	38

系列机较好地解决了软件要求环境稳定与硬件、器件技术迅速发展之间的矛盾，达到了软件兼容的目的。但是，系列机为了保证软件的兼容，要求系统结构不能改变，这无疑又成为妨碍计算机系统结构发展的主要因素。实际上，为适应性能不断提高或应用领域不断扩大的需要，系列机后面出来的各档机型的系统结构应允许有所发展和变化，这种改变只是为提高机器总的性能所作的必要扩充，并且往往只是为改进系统软件的性能而修改系统软件（如编译系统），尽可能不影响高级语言应用软件的兼容性，尤其是不允许缩小或删除已有运行软件的指令和结构。例如，在后面生产的各档机型上，可以为提高编译效率和运算速度增加浮点运算指

令,为满足事务处理增加事务处理指令及其所需功能,为提高操作系统的效率和质量增加某些操作系统专用指令和硬件等。因此,系列机的软件兼容性可分为向上兼容、向下兼容、向前兼容和向后兼容四种。向上(下)兼容是指按某档机型编制的程序,不加修改就能运行于比它高(低)档的机器;向前(后)兼容是指按某个时期投入市场的某种型号机器编制的程序,不加修改就能运行于在它之前(后)投入市场的机型。通常,对系列机的软件向下和向前兼容不作要求,向上兼容在某种情况下也可能很难做到(如在低档机型里增加了面向事务处理的指令),但必须要满足向后兼容,即保证向后兼容的基础上力争向上兼容。

另外,把不同公司厂家生产的具有相同系统结构的计算机称为兼容机。它的思想与系列机的思想是一致的。例如,Amdahl公司照搬IBM370的系统结构,以便充分利用IBM370的软件,同时,又采用新的组成、实现和器件工艺,研制出性价比超过IBM 370的Amdahl470、480等。兼容机还可以对原有的系统结构进行某种扩充,使之具有更强的功能,例如长城Q520与IBM PC兼容,不同的是具有较强的汉字处理功能,使之具有较强的市场竞争能力。

2. 模拟与仿真的方法

系列机的方法只能在具有相同系统结构的各种机器之间实现软件移植,为了实现软件在不同系统结构的机器之间的相互移植,就必须做到在一种机器的系统结构上实现另一种机器的系统结构。从指令系统来看,就是要在一种机器的系统结构上实现另一种机器的指令系统。一般可采用模拟或仿真的方法。

模拟的方法是指用软件方法在一台现有的计算机上实现另一台计算机的指令系统。例如在A计算机上要实现B计算机的指令系统,通常采用解释方法来完成,即B机器的每一条指令用一段A机器的指令进行解释执行,如同A机器上也有B机器的指令系统一样。A机器称为宿主机,被模拟的B机器称为虚拟机。为了使虚拟机的应用软件能在宿主机上运行,除了模拟虚拟机的指令系统外,还需模拟其存储体系、I/O系统、控制台的操作以及操作系统。因为模拟采用的是纯软件解释执行方法,运行速度较慢,实时性差,所以模拟方法只适合于移植运行时间短、使用次数少且在时间关系上没有约束和限制的软件。

如果宿主机本身采用的是微程序控制,则对B机器指令系统的每条指令可直接由A机器的一段微程序解释执行,这种用微程序直接解释另一种机器指令系统的方法称为仿真。A机器称为宿主机,B机器称为目标机。为仿真所编写的解释微程序称为仿真微程序。除了仿真目标机的指令系统外,还需仿真其存储系统、I/O系统、控制台的操作等。模拟方法中模拟程序存放在主存中,而仿真方法中仿真微程序存在控存中,因此仿真的运行速度要比模拟方法快。由于微程序机器级结构更依赖计算机的系统结构,因此对于系统结构差别较大的机器很难完全用仿真方法来实现软件移植,所以通常将模拟和仿真这两种方法混合使用。对于使用频率较高的指令,尽可能采用仿真方法以提高运算速度,而对使用频率低且难于用仿真实现的指令则采用模拟方法来实现。

3. 统一高级语言的方法

如果能采用一种可以满足各种应用需要的通用高级语言,那么用这种语言编写的应用软件可移植性的问题就解决了。如果操作系统的全部或一部分是用这种高级语言编写的,则系统软件中的这部分也可以移植,所以采用统一高级语言来编写应用软件和系统软件是实现软件移植的一种方法。这种方法可以解决结构相同或完全不同的各种机器上的软件移植。要统一高级语言,语言的标准化很重要,但难以在短期内解决。

综上所述,可以得出以下结论:首先,软件是促使计算机系统结构发展的最重要的因素,没有软件,机器功能就不能被执行,所以为了能方便地使用现有软件,就必须考虑系统结构的设计;其次,应用需求是促使计算机系统结构发展的最根本的动力,机器是为人服务的,人们追求更快更好,机器就要做得更快更好;最后,器件是促使计算机系统结构发展最活跃的因素,没有器件就不能生产计算机,器件的每一次升级都会带来计算机系统结构的改进。

1.4 计算机系统结构的分类

研究计算机系统分类方法有助于人们认识计算机的系统结构和组成的特点,理解系统的工作原理和性能。通常把计算机系统按其性能与价格的综合指标分为巨型、大型、中型、小型和微型等。但是,随着技术的不断进步,各种型号的计算机性能指标都在不断提高,以至于过去的一台大型计算机的性能甚至比不上今天的一台微型计算机,而用过去一台大型计算机的价钱,今天却能够买一台性能指标高许多倍的新式大型计算机。可见按大中小微来划分的绝对性能标准是随时间变化的。

计算机系统还可以根据其应用领域的不同而进行分类。一般来说,计算机都是作为通用系统进行设计的,但是,用户编写的应用程序却都带有专用性质。为了解决这个矛盾,采取的办法有:灵活地改变系统配置,包括内存容量、外围设备品种和数量等;允许为适应特殊环境的要求而采取不同的物理安装;增加处理不同数据结构的能力,如浮点、字符串、快速傅里叶变换等;提供多种可用的语言和操作系统,以适应批处理、分时、实时、事务处理等不同需要。所以计算机按用途分类可以分为科学计算、事务处理、实时控制、家用等。

按照处理机个数和种类,计算机系统又可分为单处理机、多处理机、并行处理机、关联处理机、超标量处理机、超级流水线处理机、SMP(对称多处理机)、MPP(大规模并行处理机)、机群系统等。下面再介绍三种常用的分类方法。

1. Flynn 分类法

根据计算机在单个时间点能够处理的指令流(instruction streams)数量对计算机系统分类,也可根据计算机在单个时间点上能够处理的数据流(data streams)的数量对计算机系统分类。因此,任何给定的计算机系统都可以根据其处理指令和数据的方式加以归类。这种分类方法就是 Flynn 于 1972 年提出的众所周知的 Flynn 分类法。

1966 年 M. J. Flynn 提出了如下定义:

① 指令流:机器执行的指令序列。

② 数据流:由指令流调用的数据序列,包括输入数据和中间结果。

③ 多倍性:在系统最受限制的元件上同时处于同一执行阶段的指令或数据的最大可能个数。

同时,他按照指令流和数据流的不同组织方式,把计算机系统的结构分为以下四类(见图 1-5):

图 1-5 Flynn 分类方法

① 单指令流单数据流 SISD(Single Instruction Stream Single Data Stream);

② 单指令流多数据流 SIMD(Single Instruction Stream Multiple Data Stream);

③ 多指令流单数据流 MISD(Multiple Instruction Stream Single Data Stream);

④ 多指令流多数据流 MIMD(Multiple Instruction Stream Multiple Data Stream)。

图 1-6 为对应于这四类计算机的基本结构框图。

SISD 是传统的顺序处理计算机,计算机的指令部件每次只对一条指令进行译码和处理,并只对一个操作部分分配数据,按照排序的方式进行处理,也就是说 SISD 计算机通常由一个处理器和一个存储器组成,它通过执行单一的指令流对单一的数据流进行操作,指令按顺序读取,在每一时刻也只能读取一个数据。SISD 是典型的单处理机,主要包括:单功能部件处理机(如 IBM1401 和 VAX-11)、多功能部件处理机(如 IBM360/91、370/168 和 CDC6600)、流水线处理机和标量流水线处理机等。

SIMD 属于并行运算计算机,计算机有多个处理单元,由单一的指令部件控制,按照同一指令流的要求为他们分配各不相同的数据并进行处理。系统结构由一个控制器、多个处理器、多个存储模块和一个互联总线(网络)组成。所有"活动的"处理器在同一时刻执行同一条指令,但每个处理器执行这条指令时所用的数据是从它本身的存储模块中读取的。SIMD 包含并行处理机、阵列处理机、向量处理机、相联处理机、超标量处理机、超级流水线处理机,如 ILLIAC Ⅳ、PEPE、STAR100、ASC、CRAY、STARAN、MPP、DAP 等。

MISD 计算机中几条指令对同一个数据进行不同处理,实际上这种计算机并不存在。

MIMD 又称为多处理机系统,是指能实现指令、数据作业、任务等各级全面并行计算的多机处理系统。典型的 MIMD 系统由多台处理机、多个存储模块和一个互联网络组成,每台处理机执行自己的指令,分别读取各自的操作数。MIMD 结构中每个处理器都可以单独编程,

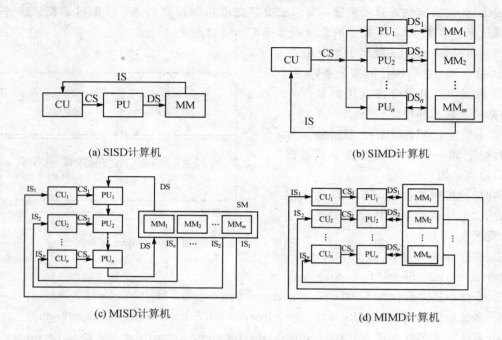

图 1-6 Flynn 分类法各类系统的基本结构

因而这种结构的可编程能力是最强的。但由于要用大量的硬件资源解决可编程问题,硬件利用率不高。MIMD 多处理机系统包括:紧密耦合,如 IBM3081、IBM3084、UNIVAC-1100/80;松散耦合,如 D-825、CMMP、CRAY-2。

2. 冯氏分类法

冯泽云于 1972 年提出用最大并行度对计算机系统结构进行分类。最大并行度 p_m 定义为:计算机系统在单位时间内能够处理的最大的二进制位数。假定每个时钟周期 t_i 内能同时处理的二进制位数为 p_i,则 T 个时钟周期内平均并行度 p_a 为

$$p_a = \frac{\sum_{i=1}^{T} p_i \Delta t_i}{T}$$

平均并行度不同于最大并行度,它取决于系统的运用程度,与应用程序有关。因此,定义系统在周期 T 内的平均利用率为

$$\mu = \frac{p_a}{p_m} = \frac{\sum_{i=1}^{T} p_i}{T p_m}$$

图 1-7 表示按最大并行度对计算机系统结构进行分类的方法。用平面直角坐标系中的

一点代表一个计算机系统,横坐标代表字宽(n位),即在一个字中同时处理的二进制位数;纵坐标代表位片宽度(m位),即在一个位片中能同时处理的字数。于是,一个系统的最大并行度就可以用这两个量的乘积来表示,即用通过代表该计算机系统的点的水平线和垂直线与两坐标轴围成的矩形面积来表示。

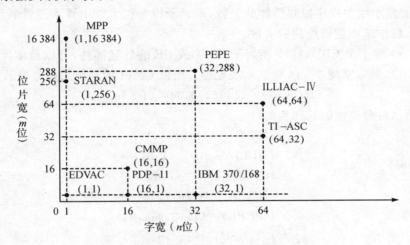

图1-7 按最大并行度的冯氏分类法

由此可得出四类不同处理方法的计算机系统结构:

① 字串位串 WSBS(Word Serial and Bit Serial),其$n=1,m=1$。这是第一代计算机发展初期的纯串行计算机。

② 字并位串 WPBS(Word Parallel and Bit Serial),其$n>1,m=1$。这是传统并行单处理机。

③ 字串位并 WSBP(Word Serial and Bit Parallel),其$n=1,m>1$。STARAN、MPP、DAP 属于这种结构。

④ 字并位并 WPBP(Word Parallel and Bit Parallel),其$n>1,m>1$。PEPE、ILLIAC Ⅳ、CMMP 属于这种结构。

3. Handler 分类法

Wolfgang Handler 在 1977 年根据并行度和流水线提出了另一种分类方法,这种分类方法把计算机的硬件结构分成三个层次,并分别考虑它们的可并行-流水处理程度。这三个层次是:

① 程序控制部件(PCU)的个数 k;
② 算术逻辑部件(ALU)或处理部件(PE)的个数 d;
③ 每个算术逻辑部件包含基本逻辑线路(ELC)的套数 w。

这样就可以把一个计算机系统的结构用如下公式表示：
$$t(系统型号)=(k,d,w)$$

为了进一步揭示流水线的特殊性，一个计算机系统的结构可用如下公式表示：
$$t(系统型号)=(k \times k',d \times d',w \times w')$$

式中，k' 表示宏流水线中程序控制部件的个数；d' 表示指令流水线中算术逻辑部件的个数；w' 表示操作流水线中基本逻辑线路的套数。

例如，Cray1 有 1 个 CPU，12 个相当于 ALU 或 PE 的处理部件，可以最多实现 8 级流水线；字长为 64 位，可以实现 1~14 位流水线处理。所以 Cray1 的系统结构可表示为
$$t(\text{Cray1})=(1,12 \times 8,64 \times (1 \sim 14))$$

下面是用这种分类法的其他实例：
$$t(\text{PDP}-11)=(1,1,16)$$
$$t(\text{ILLIAC IV})=(1,64,64)$$
$$t(\text{STARAN})=(1,8192,1)$$
$$t(\text{CMMP})=(16,1,16)$$
$$t(\text{PEPE})=(1 \times 3,288,32)$$
$$t(\text{TIASC})=(1,4,64 \times 8)$$

1.5 基于冯·诺依曼计算机模型的指令集分类

计算机体系结构研究的核心是指令系统(instruction system)。指令是 CPU 能够完成的具体操作，计算机通过执行指令序列来解决问题，CPU 的所有指令的集合就是指令系统。指令系统是计算机系统中软件和硬件分界面的一个主要标志。冯·诺依曼结构是计算机发展的基石，从 ENIAC 到当前很多的计算机都采用的是冯·诺依曼体系结构，因此本节主要介绍基于冯·诺依曼体系结构的指令集分类。

冯·诺依曼体系结构，也称为普林斯顿结构，如图 1-8 所示，是一种将程序指令存储器和数据存储器合并在一起的存储器结构。程序指令存储地址和数据存储地址指向同一个存储器的不同物理位置，因此程序指令和数据的宽度相同，如 Intel 公司的 8086 中央处理器的程序指令和数据都是 16 位宽。基于冯·诺依曼体系结构的指令集分为 CISC(Complex Instruction Set Computer，复杂指令集计算机)体系结构、RISC(Reduced Instruction Set Computer，精简指令集计算机)体系结构、CISC 和 RISC 混合体系结构及 EPIC

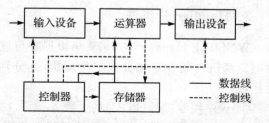

图 1-8 冯·诺依曼体系结构

(Explicitly Parallel Instruction Computer，显示并行指令计算机)体系结构。

1.5.1 CISC 体系结构

早期的 CPU 全部是 CISC 架构，它的设计目的是要用最少的机器语言指令来完成所需的计算任务。比如对于乘法运算，在 CISC 架构的 CPU 上可能需要指令"MUL ADDRA, ADDRB"就可以将 ADDRA 和 ADDRB 中的数相乘，并将结果储存在 ADDRA 中。将 ADDRA、ADDRB 中的数据读入寄存器，相乘以及将结果写回内存的操作全部依赖于 CPU 中设计的逻辑来实现。这种实现方法比采用加法组合快很多，按照这种通过强化指令系统功能的方向改进，越来越多的复杂指令被加入到指令系统中，这样就产生了 CISC 体系结构。由于当时的计算机使用汇编语言来编程，而内存速度很慢且价格很昂贵，且 CISC 指令集可以直接在微代码内存里执行(比主内存的速度快很多)，使得 CISC 体系得以很快发展。

1. CISC 体系结构的特征

(1) 庞大的指令集、众多的寻址方式

一般 CISC 体系结构的计算机系统都有一个庞大的指令集，特别是系列机，新机器的指令集一定是老机器指令集的超集，所以指令集变得越来越庞大。指令数量越多，完成微操作所需的逻辑电路就越多，芯片结构就越复杂。如 Intel 8086 的指令系统只有 133 条指令，而 80286 是 143 条，80386 是 154 条，最新的 Pentium 4 处理器的指令系统已达到 505 条。在专用计算机时代，各个计算机厂商都独立发展指令系统、微处理器、计算整机和软件，因此不同厂商的软硬件产品无法兼容使用。伴随庞大的指令集，操作码扩展技术应运而生，但同时又造成了地址码的减少。为了减少地址码的长度，设计人员发明了各种各样的寻址方式，如基址寻址、相对寻址、比例寻址等，于是动辄几种、十几种甚至几十种寻址方式出现在指令系统中。数量庞大的指令集，众多的寻址方式，已经成为 CISC 体系结构的一个显著特征。

(2) 指令长度及执行时间不同

CISC 体系结构的指令长度一般是可变的，短指令只有一个字节，长指令可以达到七八个字节，一般采用可变操作码的形式，操作码分散到指令字的不同字段，采用操作码扩展的指令优化技术。同时，由于 CISC 体系结构的指令集庞大，既有功能简单的指令，又有功能复杂的指令，CPU 执行所花费的时间差距很大，简单的指令执行起来只需一个时钟周期，而复杂的指令可能需要几十个时钟周期。如 Intel 8086 CPU 执行一条"XOR AX,AX"指令只需一个时钟周期，而执行一条除数为 16 位内存字的 IDIV 指令需要 171 个以上的时钟周期。

(3) 微指令译码结构

在 CISC 体系结构的 CPU 中所有机器指令必须在 CPU 内部译码为微程序代码，微程序集存放在 CPU 内部的控制存储器 ROM 中。机器指令被读入 CPU 后经过译码单元，一条复杂的 CISC 指令被译码为多个微程序代码,然后送入 CPU 执行单元进行操作。因此从本质上说,CISC 体系结构的 CPU 的译码过程是软件工作过程,它必然影响 CPU 的运行速度。

(4) 软件功能硬件化

CISC 通过增强指令的功能把原本由软件实现的功能改用硬件实现。这样一些常用的、简单的指令就不必经过译码或经过简单的译码就可以直接送到 CPU 的执行单元进行处理,这样做提高了 CPU 的运行速度但增加了 CPU 的复杂度。

(5) 优化目标程序

为了缩短程序执行的时间,减少程序的开销,CISC 体系结构非常重视优化目标程序。例如,由于 MOV 指令在 CPU 中使用的频率占 20% 左右,执行时间占整个程序的 30% 左右,因此,优化 MOV 指令有助于改进 CPU 执行的效率。

2. CISC 体系结构的缺点

CISC 体系结构的缺点主要有:

① 在 CISC 体系结构的指令系统中,各种指令的使用频率相差悬殊。有 20% 的指令使用频率较高,会占据约 80% 的处理机时间,换句话说,有 80% 的指令只在 20% 的处理机运行时间内才被用到,这就是著名的"20% 与 80% 规律"。

② CISC 体系结构指令系统的复杂性增加了处理器体系结构的复杂性,这不仅增加了研制时间和成本而且还容易造成设计错误。

③ CISC 体系结构指令系统的复杂性给 VLSI 设计带来了很大负担,不利于单片集成。

④ 在 CISC 体系结构指令系统中,许多复杂指令需要很繁琐的操作,因而运行速度较慢。

⑤ 在 CISC 体系结构指令系统中,由于各条指令的功能不均衡性,不利于采用先进的体系结构技术(如流水技术)来提高系统的性能。

3. CISC 体系结构的市场生命力

计算机在发展的初期几乎百分之百都采用纯 CISC 体系结构,特别是在微型机中 Intel 公司和 AMD 公司早期的产品都是 CISC 体系结构,大量的软件也是基于 CISC 体系结构来开发的,特别是广泛流行的操作系统 DOS 及 Windows,事实上它们已经成为市场标准。随着时间的推移及技术的发展,CISC 一些固有的缺点暴露无遗,各 CISC 厂家及时吸取 RISC 的先进技术,将 RISC 体系结构融入到 CISC 体系中,使 CISC 体系结构继续焕发着生命力。

1.5.2 RISC 体系结构

从计算机产生开始,人们一直努力改进计算机体系结构,不断增强指令系统功能。到了 20 世纪 70 年代,计算机的体系结构已经非常复杂。指令种类众多,寻址方式复杂,存在大量的访问主存储器的指令,许多复杂指令的实现不得不借助于微程序,从而造成微程序容量大幅度增加。因此,在1975年,IBM公司率先组织力量开始研究指令系统的合理性问题。在John Coche 领导下,于1979年研制出一种用于电话交换系统的32位小型计算机 IBM 801,它有120条指令,工作速度10 MIPS,这是世界上第一台采用 RISC 思想的计算机系统。1986年,IBM 正式推出采用 RISC 体系结构的工作站 IBM RT PC,并采用新的虚拟存储技术完成 CAE、CAD、ADM 等方面的任务。

1. RISC 体系结构的特征

(1) 简单的指令集

RISC 体系结构的指令系统,其指令长度比较一致,典型的指令长度是4字节。和 CISC 相比,寻址方式少且简单,一般只有一二种,最多也不超过5种;在指令系统中只有取数(LOAD)和存数(STORE)两条指令能够访问存储器;指令集的指令数目较少,一般在100～150种之间;指令格式少,一般少于4种。

(2) 执行速度快

RISC 体系结构的指令功能一般采用硬连线(hardwire)方式来实现,即控制器逻辑实现。高级语言经编译生成的代码直接由硬件执行,而不是由微程序解释执行,因而执行的速度更快;绝大多数的指令,除取数或存数这类指令之外,执行仅需一个处理器时钟周期,而且随着片内 cache 的出现,在 cache 命中的情况下甚至取数、存数这类指令也能在一个处理器时钟周期内完成。

(3) 寄存器-寄存器操作

RISC 体系结构的处理器往往都配有大量的通用寄存器,从而将频繁使用的操作数保存在寄存器中,减少了寄存器-存储器操作,绝大多数操作都以寄存器-寄存器方式完成,甚至过程调用时的现场保护与恢复也可以用寄存器完成。这会使高级语言程序中频繁出现的变量指派、参数传递、转移及过程调用、算术逻辑运算等操作高速地完成。

(4) 支持指令流水线

基于 RISC 体系结构的处理器,其指令定长、格式简单,并且绝大多数指令都能在一个处理器时钟周期内执行完,这些都是对指令流水线的极好支持。另外,由于 RISC 采用了硬布线逻辑,CPU 芯片内控制器所占面积减小,这样芯片内可以集成更大容量的 cache,甚至可以分成指令 cache 和数据 cache,还可集成多个指令预取器、多个功能执行单元,以及支持条件转移预测的转移历史表(BHT)等。

(5) 重视优化编译技术

由于 RISC 体系结构的指令简单,所以 RISC 体系结构的性能在很大程度上依赖于编译程序的有效性。RISC 体系结构指令的简单性可以简化编译工作,因为在编译时不必在具有类似效果的指令中进行选择,同时因为寻址方式少,也不必优化寻址方式。RISC 体系结构指令长度固定、指令格式少,使得更换指令或取消指令变得很容易;又因为大部分指令能在一个机器周期内完成,因而编译程序比较容易调整指令流。

2. RISC 体系结构的缺点

基于 RISC 体系结构的处理器也增加了编译器的实现难度。首先,大量的寄存器使得寄存器分配策略变得复杂,在优化时需要考虑哪些变量放在通用寄存器中,哪些变量放在主存储器中,以便充分发挥寄存器的效率,尽量减少访问主存储器的次数;其次,为了减少相邻指令间的依赖,编译程序会调整指令的执行顺序;最后,基于 RISC 体系结构的编译系统需要对转移指令进行优化处理,尽量减少流水线互锁现象。

3. RISC 体系结构的市场生命力

RISC 体系结构优于 CISC 体系结构,但并不代表 RISC 体系结构的市场占有率高,除了在服务器及工作站上的一些应用(如 Sun SPARC 和 Motorola MC88100 等)采用 RISC 体系结构外,应用最广泛的个人计算机市场仍然是 CISC 体系结构的 x86 及其兼容机的天下。大量的按 CISC 体系结构设计的应用软件一直延续使用到现在,而按 RISC 体系结构设计的软件一直无法兼容它们,目前还没有能很好地解决软件的移植问题。

1.5.3 CISC 和 RISC 混合体系结构

CISC 和 RISC 混合体系结构继承了 CISC 和 RISC 体系结构的优点,优势互补。CISC 体系与 RISC 体系两大阵营互相取长补短,这使得它们无论在市场上还是在技术上都取得了很大的成功,同时也延续了这两种体系结构的生命力。最具有代表性的处理器是 Intel Pentium 处理器和 IBM Power PC 处理器。

(1) Intel Pentium 处理器

Intel Pentium 处理器在继承了 80486 处理器的所有指令的基础上增加了 6 条新指令,它具有多种寻址方式及指令格式,只有少量寄存器,这些都是 CISC 的特征,因此 Intel Pentium 处理器秉承了 CISC 体系结构的设计原理,同时它又包含了如 MOV、CALL 等某些指令,这些指令以硬布线逻辑实现,并在一个时钟周期内执行完,这又具有了典型 RISC 体系结构的特征。从 Intel Pentium Pro 处理器开始,采用寄存器重命名、超标量、超级流水线、重排序缓冲器以及保留站等典型的基于 RISC 体系结构的技术。Intel Pentium 处理器充分地展现出 CISC 和 RISC 混合体系结构的特征。

(2) IBM Power PC 处理器

IBM Power PC 处理器是典型的基于 RISC 体系结构的处理器,广泛应用于 APPLE 公司的 Macintosh 机,但 IBM Power PC 750(G3)处理器的指令集不再只是少而精的 RISC 体系结构指令集,而是增加了许多 CISC 体系结构中功能复杂的指令,导致它的指令数目甚至大于同期的 PentiumⅡ,达到了 200 多条,这是典型的 CISC 体系结构指令集的特征。更值得一提的是,在较新的 IBM Power PC 7400(G4)处理器指令系统中,G4 在 G3 的基础上又增加了 162 条指令,更趋于 CISC 体系结构指令集的特征。CISC 和 RISC 混合的体系结构是当今主流的计算机体系结构。

1.5.4 EPIC 体系结构

EPIC 体系结构是 VLIW(Very Long Instruction Word,超长指令字)体系结构的延伸,同时还结合了 RISC 体系结构的优点。VLIW 处理器在数值计算方面具有很大的优势,而 RISC 处理器可以高效地处理分支密集型的标量应用程序,因此 EPIC 处理器吸收了两者的长处,在科学计算和通用程序领域都具有高性能的处理能力。它的基本思想是最大限度地提高软硬件之间的合作,增强微处理器体系结构与编译软件的合力,从而提高计算机系统的并行处理机能力。EPIC 编译器会先分析源代码,检查指令依赖情况,从源代码中最大程度地挖掘指令级的并行性,确定可以做并行处理的指令,然后把并行指令放在一起并重新排序,提取并调度其指令级的并行。EPIC 编译器将这种并行性"显性"地告知硬件设备,硬件只需按序高速并行处理其指令和数据,由此可见,EPIC 编译器等价于协调并行工作必需的一部分控制电路。

IA-64 是 HP 公司和 Intel 公司合作开发的新一代 64 位体系结构,它是 EPIC 体系结构的第一个商业版本,用于安腾(Itanium)处理器上。下面简要地概括了这种体系结构的技术特点,这里用 IA-64 来指代 EPIC 体系结构。

(1) 显性并行

IA-64 采用长指令格式,每条指令 41 位称作集束(Bundle),每个集束包含 3 条操作并用 5 位模板(Template)字段来描述集束内或集束间的相关关系,允许编译程序把多个集束分在一组(Group)中,并指出所有操作是数据相关的。模板字段标出一个相关操作组的结尾。这一设计允许处理器管理指令的划分,把集束联接在一起表示一个数据相关的操作序列,还允许编译程序把任意长的可并行执行的程序段提交给硬件,从而提高处理器并行执行指令的能力。

(2) 大量的寄存器

IA-64 具有大量的寄存器,其中包括 128 个整数寄存器和 128 个浮点寄存器。这一特性有两个作用,第一个作用是可以用来存储多次使用的数据,像 RISC 处理器那样,大量使用寄存器间的操作,加快数据存取的速度避免访问内存的延迟;第二个作用是可以更加充分地表示程序中的并行结构。例如:为了在每个周期内发出 8 个操作,需要 8 个寄存器,如果平均 10 个周期后才能读结果,则需要 80 个寄存器来表示并行的计算过程。大量的寄存器允许 IA-64 体系结构处理器有序地(即按照指令在程序中的次序)并行地执行指令,避免像大多数 RISC 处理器那样,为了等待数据装入寄存器而改变指令执行次序(乱序执行)所带来的复杂性。

(3) 编译器与处理器的通信

IA-64 体系结构提供指令模板、转移暗示(hint)和缓存暗示等机制,使编译器能够把编译时的信息传递给处理器,它允许编译出的程序使用运行时信息来管理处理器硬件,这一通信机制能够最大限度地减少转移开销和缓存缺失。IA-64 体系结构允许目标程序在实际转移前把有关转移的信息传送给硬件,减少了转移的开销;每个 LOAD 和 STORE 指令有一个 2 位的缓存提示字段,编译器把对所访问的内存地址预测信息置入其中,IA-64 体系结构的处理器可以使用这一信息来确定所访问的内存区域对应缓存区域在缓存层次结构中的位置,以提高缓存的利用效率。

(4) 改进的"分支预测"技术

与以往的"分支预测"技术不同,EPIC 处理器尽可能多地利用了并行性,它分析分支指令的所有路径执行代码,各分支中的每条指令都有标志位,利用指令、编译器和 CPU 硬件的有机结合,把条件分支组合成判定,从而将控制相关转化为数据相关。EPIC 处理器取得实际分支的执行结果后,剔除无效数据,保存有效结果。采用"分支预测"技术后,所有分支都要并行执行,因此,几乎所有 IA-64 指令都能够被预测,无论哪条分支命中,都不会出现"断流"现象,降低了因分支预测出现失误时需要清除路径和重新装载数据而导致的低效率,从而使机器性能大为提高。

(5) 猜测执行

IA-64 中有两类猜测机制:控制猜测和数据猜测,其目的都是通过提前发射操作,从关键路径中消除它的延迟,使编译器能够提高指令级并行度,最大限度地减少内存延迟的影响。控制猜测是"猜测"位于转移指令之后且未存储于高速缓存中的指令,使其被预先装载,消除访存延时,提高指令执行的并行度。数据猜测,是由编译器把指令序列中排列在"写"指令后面的"读"指令调整到"写"指令之前,也就是将"读数"置于"写数"之前,目的是使存储器中的数据提前读出,减少访存延时,提高指令执行的并行度。但如果读写操作是针对同一个内存地址,则会产生操作上的逻辑错误,优化的编译器必须能够识别并处理这种情况。"猜测机制"技术避免了 cache 的命中失败,提高了指令执行的并行程度。

(6) 高效的函数调用

大多数 RISC 处理器的函数调用需要卸出(spill)和装入(refill)寄存器,开销很大。IA-64 增加通用寄存器堆栈来支持高效的函数调用,IA-64 允许编译器在被调用的函数入口设置一条 alloc 指令创建一个最多包含 96 个寄存器的堆栈帧,在函数返回时恢复调用程序的寄存器堆栈帧。对编译器来说似乎有长度无限的物理寄存器堆栈,从而降低了函数调用的开销,提高了效率。如果在调用和返回时没有足够的寄存器可用(堆栈溢出),那么处理器将被阻塞,等待卸出和装入寄存器,直到有足够的寄存器为止。

(7) 软件流水

循环体之间相互独立的循环可以像硬件流水线一样执行，即下一个循环体可以在上一个循环体结束前开始执行，这被称为软件流水 SWP(Soft Ware Pipelining)。传统的体系结构在同时执行多个循环体时，需要把循环展开和重新命名寄存器。IA-64 引入了两个新特性来支持软件流水：旋转寄存器和特殊的循环转移指令。IA-64 能够通过旋转寄存器机制为每个循环体提供自己的寄存器，并且不需要把循环展开，使软件流水能够适用于更加广泛的不同大小的循环，大大减少循环的附加开销。特殊的循环转移指令，如 br.ctop、br.wtop、br.cexit、br.wexit 等，可以准确地预测循环结束信息，加速软件流水循环的执行。

1.6 先进的微体系结构

当前，通用微处理器体系结构正面临着新的挑战和创新机遇。一方面，集成电路仍将按摩尔定律持续高速发展，预测到 2011 年，单片上可集成的晶体管数将达到 14 亿个。另一方面，随着 Internet 的迅猛发展，移动计算逐渐成为一种非常重要的计算模式，这一计算模式迫切要求微处理器具有响应实时性、处理流式数据类型的能力，支持数据级和线程级并行性，具有更高的存储和 I/O 带宽、低功耗等。在这种情况下，为了进一步开发应用问题中的并行性，有效地利用集成度的提高带来的海量晶体管资源，提高微处理器性能，降低系统功耗，学术界和工业界开展了多个方面的研究与探索工作，寻求新的体系结构来适应新的市场和不断变化的应用需要。新体系结构为了解决现有计算机体系结构中存在的存储器屏障(memory wall)、编程屏障(programming wall)以及功耗过高等问题，采用了创新技术方法进行研发。存储器屏障指存储器带宽和延迟与处理器周期之间的严重失衡，它是限制性能的主要因素。编程屏障指为高性能计算机编写高效率的程序正变得越来越困难。

近年来，学术界已在新体系结构方面开展了大量的探索工作，各种新型体系结构蜂拥出现，具有代表性的包括多核处理器(multi-core processor)、流处理器(stream processor)、PIM 处理器(processor in memory)及可重构处理器(reconfigurable processor)等。

1.6.1 多核处理器

一直以来，处理器芯片厂商都通过不断地提高主频来提高处理器的性能。20 世纪 60 年代，Intel 公司的创始人摩尔(Gordon Moore)预测集成电路中单位面积集成的晶体管数目大约每 18 个月翻一番。此后的四十多年，半导体工艺技术基本上在按照摩尔定律的预测发展。目前的微处理器已经可以在片内集成十几亿个晶体管。但随着芯片制造工艺的不断进步，很难单纯地通过提高主频来提升处理器的性能，而且主频的提高同时也带来了功耗提高的问题，这也是直接促使单核转向多核的深层次原因。从应用需求来看，日益复杂的多媒体、科学计算、虚拟化等多个应用领域都在呼唤具有更强大计算能力的处理器。在这样的背景下，各主流处理器厂商纷纷将产品战略从提高芯片的时钟频率的研究和开发转向多线程、多内核等技术的研究和开发。

1985年，Intel公司发布了80386 DX后，它就与协微处理器80387相配合，完成需要大量浮点运算的任务。80486将80386和80387以及一个8 KB的高速缓存集成在一个芯片内。从一定意义上说，80486可以称为多核处理器的原始雏形。

多核处理器最早的发展被认为是始于IBM公司在2001年发布的双核RISC处理器Power 4，它将两个64位PowerPC处理器内核集成在同一颗芯片上，成为首款采用多核设计的服务器处理器。在UNIX阵营当中，两大巨头HP公司和Sun公司也相继在2004年2月和3月发布了名为PA-RISC8800和UltraSPARC Ⅳ的双内核处理器。

目前，多核处理器的推出已经愈加频繁，在推出代号为Niagara的8核处理器之后，Sun还推出了Niagara 2处理器。IBM公司的Cell处理器结合了1个Power PC核心与8个协处理器构成的Cell微处理器已经正式量产，并应用于PS3主机、医学影像处理、3D计算机绘图、影音多媒体等领域。

真正意义上让多核处理器进入主流桌面应用的是从IA阵营正式引入多核架构。

AMD公司在2005年4月推出了它的双核处理器Opteron，专用于服务器和工作站。紧随其后它又推出了Athlon 64 X2双核系列产品，专用于台式机。目前，应用于高端台式机和笔记本式计算机的FX-60、FX-62以及Turion 64 X2产品都已经出现在市场上。

2006年5月，Intel公司发布了其服务器芯片：Xeon系列的新成员——双核芯片Dempsey。该产品使用了65 nm制造工艺，其5030和5080型号的主频在2.67 GHz和3.73 GHz之间。紧随其后的6月份，另一款双核芯片Woodcrest（Xeon 5100系列）登场。Intel公司声称：与Pentium D系列产品相比，Woodcrest的计算性能提高了80%，能耗降低了20%。继双核之后，Intel公司已经在2006年11月抢先推出了4核产品，AMD公司也推出代号为巴塞罗那的4核处理器。2007年11月，Intel公司发布了采用高K金属栅技术的全新45 nm Xeon 5400系列处理器，45 nm四核Xeon是Intel公司历史上里程碑式的产品，一片晶圆上的晶体管数量从5.8亿个上升到8.2亿个，且主频的提升并没有带来更高的功耗和热量。2008年9月，Intel公司发布全新六核Xeon 7400系列处理器，Intel公司又揭开了六核大战的序幕。

1. 多核处理器特点

多核处理器具有如下特点：

① 易扩展。由于多核结构已经被划分成多个处理器核来设计，在整体芯片架构下，基本的处理器核可以比较复杂也可以比较简单，有利于优化设计，是一种可随工艺水平发展灵活伸缩的结构。

② 设计可复用。多核结构一般采用现有的成熟单处理器作为处理器核心，可缩短设计和

验证周期,降低研发风险和成本。

③ 低功耗。由于传统技术需要通过提高处理器主频来改善性能,而处理器的功耗与主频成正比关系,提高主频会带来严重的功耗问题;而多核结构主要依靠集成多个 CPU 核来提高性能,具有明显的低功耗优势。多核结构还可以实时监控各核的负载分配情况并对其进行调度优化,通过动态调节电压/频率来有效降低功耗。

④ 容忍线延迟。多核结构中绝大部分信号局限于处理器核内,只有少量的全局信号,因此线延迟对微结构的影响比较小,可以较容易地实现设计要求的主频。

多核处理器以其良好的可扩展性、可重用性、兼容性、低功耗和容忍线延迟等优点被学术界和工业界所广泛看好和接受,已经成为目前高性能微处理器体系结构的发展趋势。进入 21 世纪后,主要微处理器制造厂商都已经开始开发基于多核微架构的处理器。

2. 典型的多核芯片架构

工业界的典型单片多处理器主要包括:IBM Power 4、AMD Opteron、Sun UltraSPARC Ⅳ+、Sun MAJC、Sun Niagara、Intel Montecito、Compaq Piranha、CELL 处理器(IBM、Sony 和 Toshiba 联合研发)等。其中,IBM Power 4 芯片上集成了 2 个 1 GHz 主频的双发射超标量处理器;CELL 处理器片上集成了 9 个处理器核;Sun Niagara 在片上集成了 8 个处理器核。学术界的典型多核处理器项目包括:Stanford 大学的 Hydra 系统、CMU 大学的 TLS MITM-Machine 及 Wisconsin 大学的 MSSP 等。

目前,国外工业界对商业高性能微处理器的研制有两个明显的趋势。一是研制高性能处理器的公司在市场的洗牌中越来越集中到少数的几家;二是单处理器性能的继续提高在主频、结构、功耗等方面都遇到了明显的障碍,因此各微处理器公司都纷纷推出多核结构的微处理器。下面主要介绍 IBM、Intel 和 Sun 等主要处理器厂商推出的多核处理器芯片的存储系统。

(1) 八核 Piranha 结构

如图 1-9 所示的 Piranha 结构是 Compaq 公司在 2000 年提出的一种多核的处理器设计原型,在片上集成了 8 个单发射的 Alpha 处理器核和 1 MB 的共享二级 Cache。由于处理器核的一级指令和数据 Cache 都为 64 KB,所以片上 8 个处理器核的一级 Cache 总容量达到了 1 MB,与二级 Cache 容量相当,为了提高片上 Cache 的容量利用率,在 Piranha 的设计中一级与二级 Cache 之间并没有传统的包含(inclusion)关系,而是在二级 Cache 处增设了一级 Cache 的 tag 副本,采用基于目录的一致性协议维护层次间的数据一致性,一级与二级 Cache 之间使用了写回(write back)策略。在互连结构的设计上,Piranha 将片上 1 MB 的二级 Cache 分为 8 体(Slice),8 个处理器核与这 8 个 Cache 体之间采用高速交叉开关进行互连。Piranha 还对多核间的 Cache 一致性协议进行了优化,使用了 forward 技术加速一致性消息的应答。此外,为了防止访存带宽成为系统瓶颈,Piranha 在片上集成了 8 个 RAMBUS 内存控制器,分别对应于 8 个 Cache 体。

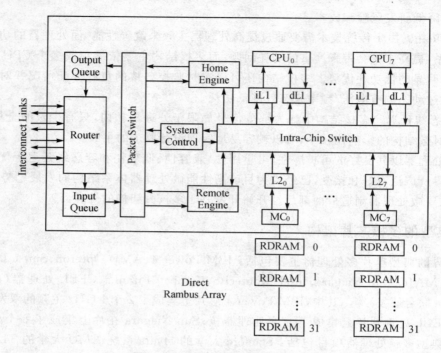

图 1-9 Piranha 八核处理器结构

（2）IBM Power 系列多核处理器

IBM 公司于 2001 年推出的 Power 是世界上第一款商用的多核处理器芯片，其结构如图 1-10 所示。Power 4 片上集成了两个 Power 3 处理器核，每个核为 8 路超标量处理器，允许乱序执行，一级 Cache 私有，分别含有 32 KB 的数据 Cache 和 64 KB 的指令 Cache。Power 4 在片上实现了共享二级 Cache，容量为 1.6 MB 的片上二级 Cache 分为 3 个体，2 个核与 3 个 Slice 之间通过称为核心接口部件的交叉开关进行互连。在一级与二级 Cache 之间采用了写直达（write through）的策略来维护包含关系，由基于目录的一致性协议维护多核间的数据一致性。Power 4 可支持最多 32 MB 的片外三级 Cache，为了加快访问速度，片外三级 Cache 的 tag 在片上集成。Power 4 还支持片间 Cache 的一致性，可实现多达 32 路的中型服务器。Power 4 采用 180 nm 制造工艺铜互连，7 层金属布线，大约集成了 1.74 亿个晶体管。

2004 年 IBM 公司又发布了 Power 5，它是双核同时多线程微处理器，集成了两个处理器核，每个核为同时多线程（Simultaneous Multi-Threading，SMT）处理器，能够同时执行 2 个线程。Power 5 由 Power 4 扩展而来，改造成 SMT 仅增加了 24% 的芯片面积。Power 5 片内集成了 1.92 MB 的二级 Cache，此外还集成了三级 Cache 的目录以及存储控制器。Power 5 采用 130 nm 制造工艺，集成了大约 2.76 亿个晶体管，工作频率在 1.90 GHz 左右。Power 4、Power 5 主要用于高性能服务器和适度规模的并行计算机系统。

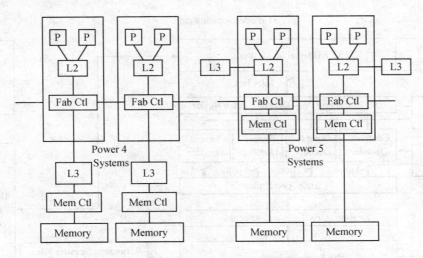

图 1-10 Power 4 和 Power 5 结构对比图

2006 年 IBM 公司公布的 Power 6 采用 65 nm 制造工艺,10 层金属层,目标频率是 5 GHz。相对于 90 nm 的工艺,Power 6 在同样功耗的情况下性能提高了 30%,主要原因是它采用了 DSL(Dual-Stress Line)技术,该技术通过在 CMOS channel 加上不同的应力来达到提高电子或空穴迁移率的目的。Power 6 中主要通过电路设计提高主频,其处理器核的频率达到 5 GHz。Power 6 是两路的多核处理器设计,集成了两个同时多线程的处理器核,每个核含有私有的二级 Cache。4 个 Power 6 可以封装在一个多芯片模组中(MCM),包括 32 MB 的 L3·Victim Cache。

(3) Intel 公司的多核处理器

Itanium 2 是 Intel 公司在服务器市场推出的双核处理器。在 2005 年公布的双核 Itanium 处理器(代号为 Montecito)将当时的集成电路工艺水平发挥到了极致,它采用 90 nm 工艺,实现了总容量高达 27 MB 的片上 Cache,芯片的总晶体管数高达 17.2 亿个。Itanium 2 采用了三级的片上 Cache 层次,各级 Cache 层次都采用了私有的设计结构,其中一级与二级 Cache 都设计实现了指令与数据的分离,每个处理器核都拥有 16 KB 的一级 Cache、256 KB 的二级数据 Cache、1 MB 的二级指令 Cache 和 12 MB 的片上三级 Cache。

在桌面市场,2006 年 Intel 公司推出了基于 Core 构架的处理器 Conroe,其结构如图 1-11 所示,此处理器核是基于 Pentium M 的,它增加了流水线的宽度,由处理 3 条 x86 指令拓展到能处理 4 条 x86 指令,增强了 SSE 功能,它的数据通路由 64 位增加到 128 位,能执行 128 位的读指令(load),在 Cache 共享上,能动态调节 Cache 的分配,实现最优的 Cache 性能。

(4) Sun UltraSPARC T1 多核处理器

Sun 公司在 2004 年上半年发布了它的第一款双核微处理器 UltraSPARC Ⅳ,Ultra-

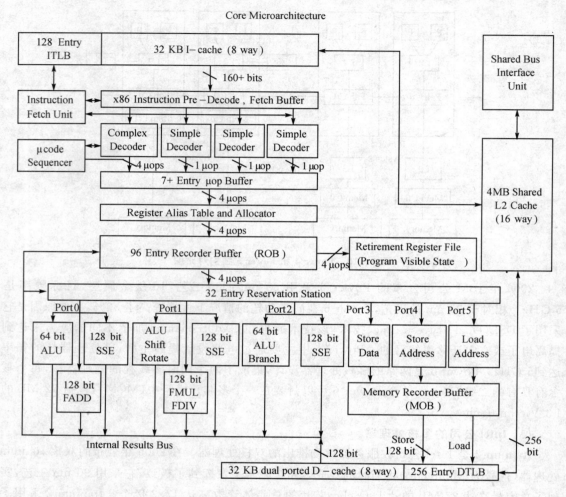

图 1-11 Intel Core 微架构

SPARC Ⅳ 采用 CMT(Chip MultiThreading)技术,片上集成了两个 UltraSPARC Ⅲ 的内核、二级 Cache 的 tag 体和 MCU,它的外部缓存容量为 16 MB,每个内核独享 8 MB。UltraSPARC Ⅳ 采用 0.13 μm 工艺,主频 1.2 GHz,功耗 100 W,它与 UltraSPARC Ⅲ 管脚兼容,从而实现了系统的平滑升级。

Niagara 是 Sun 公司推出的另一款多核芯片,也称为 UltraSPARC T1,其结构如图 1-12 所示。这款芯片包括 8 个处理器核,每个核支持 4 个线程,即单芯片可同时支持 32 个线程。处理器核只有定点功能部件,8 核共享一个浮点功能部件。采用共享设计的 1 MB 片上二级 Cache 分为 4 个体进行访问,核与二级 Cache 之间采用了交叉开关进行互连,片上集成了 4 个

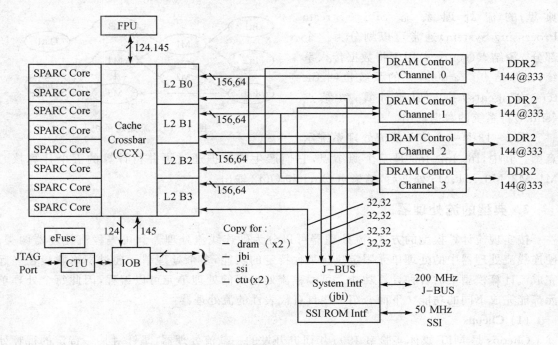

图 1-12 Sun Niagara 处理器结构图

DDR2 的内存控制器。

1.6.2 流处理器

　　流处理器已经在数字处理、多媒体以及图像等领域取得一定的效果,但它是否适合科学计算,仍然没有得到广泛的证明。这就需要针对流体系结构的各个方面进行研究,包括处理器体系结构需要什么新的硬件支持,如何设计和开发有效的流程序设计方法及工具,以及为充分开发流体系结构性能如何利用上述方法和工具编写高效的科学计算程序等。按照流计算模型,流体系结构将应用中的计算和数据分离并重新组织成一条流水线型的计算链,通过开发多个层次上的并行性和充分利用各级存储层次上的局部性,得到较高的计算性能。其代表芯片包括 Imagine、Merri-mac、RAW、Cheops、TRIPS、SCORE、CELL 等。

1. 流计算模型

　　现有的流处理器都可以看作流计算模型的实现。流计算模型将应用表达为一组可以并行计算的模块,通过若干数据通道(channel)进行数据交换。流计算模型最早出现于 Hoare 的 CSP(Communicating Sequential Processor),随后 May D 等人在 OCCAM 进行了实现。一个典型的流处理系统 SPS（Stream Processing System）通常可以划分为三个部分：源结点（sources）用于将数据传入系统；计算结点（kernels，有的系统也叫 filters 或 agents）执行原子计算；终结点（sinks）将系统的数据输出。

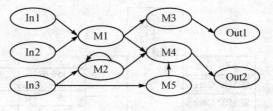

图 1 - 13　流处理系统

图 1 - 13 是一个简单的流处理系统示意图。其中，In1、In2、In3 是三个源结点，它们产生的数据通过可并行计算的五个计算核心 M1、M2、M3、M4、M5 处理后，结果由 Out1 和 Out2 输出。

2. 典型的流处理器

按实现流计算模型的方式，流处理器可以分为硬连线流处理器和可编程流处理器两类。硬连线流处理器中的处理单元固定执行某种特定的功能，多个处理单元通过网络联接在一起完成流计算模型中的各种计算功能。可编程流处理器的处理单元可以编程，因此每个处理单元都能完成不同的功能。下面介绍一些具有代表性的流处理器：

(1) Cheops

Cheops 是 MIT 媒体实验室 1995 年研究开发的一款流处理器，是针对某一特定的视频处理功能而设计的一种不可编程的流处理器。其结构如图 1 - 14 所示，其处理单元中的每个 SP 是一个流处理单元，VRAM 是存储单元。每个 SP 完成一个特定的功能，比如矩阵转置、滤波、离散余弦变换等。执行时，先按照流应用程序的需要给每个 SP 指定功能以及它们之间的通信方式，这就相当于将体系结构映射到程序流图上。数据流从存储单元中读出后进入一个 SP 进行处理，产生的输出流通过全相连交换开关传递给下一个 SP，因此 Cheops 属于直接指令通信的流处理器。

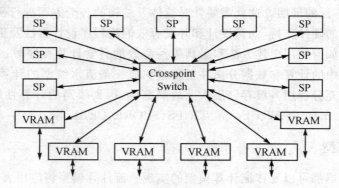

图 1 - 14　Cheops 芯片结构示意图

(2) RAW 处理器

RAW 处理器是 MIT 于 2001 年研制的一款流处理器，其结构如图 1-15 所示，RAW 处理器由 16 个 Tile 组成（把无布线延迟的小尺寸功能块按一定规则排列构成高速处理器的方式称为 Tile 结构），每个 Tile 包含计算资源和交换单元，由计算资源完成运算，交换单元负责与其他 Tile 通信。每个 Tile 单元由近似 MIPS 处理器的单指令发射内部处理计算流水线和静态动态网络构成，都有单独的微处理器、数据 Cache、存储器等。各个 Tile 既可以独立执行不同的线程，也可以通过交换单元连接起来，实现流计算模型。Tile 单元中的运算流水线由 8 级流水线构成，每条运算流水线都采用单指令发射的简单结构。尽管一个 Tile 单元每个时钟周期只能处理一条指令，但 16 个 Tile 单元可同时进行运算，因而每个芯片一个时钟周期就可完成 16 条指令的处理，从而达到较高的峰值性能。RAW 把底层的物理资源（如门、线以及引脚等）作为体系结构实体暴露给程序员，使程序员可以针对线延迟更好地安排程序执行，从而获得最佳性能，解决线延迟问题。但是，这要求程序员对 RAW 的体系结构有非常深入的理解，急剧增加了程序员或编译的负担。

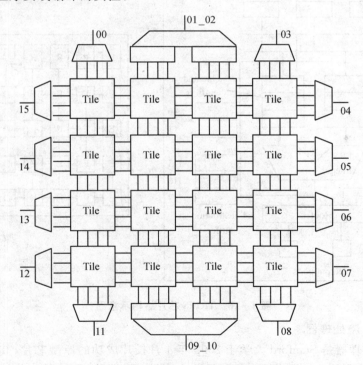

图 1-15 RAW 芯片结构示意图

(3) TRIPS 处理器

TRIPS（Tera-op Reliable Intelligently Adaptive Processing System）处理器，即万亿次高

可靠智能适应性处理系统,是由美国德州大学于 2003 年研制的一款流处理器。它是德州大学计划在 2005 年年底前推出的可运行处理器的原型,它采用了粗粒度的处理器内核,以便在有较高指令级并行性的单线程应用上实现更高的性能。这一原型包括 4 个 TRIPS 处理器内核,每个处理器内核包含 16 个执行单元,这些执行单元分布在 4×4 的网格结构中。

图 1-16 的右侧部分是 TRIPS 处理器的一个处理器核,每个 TRIPS 处理器包含两个或多个这样的核。每个处理器核包括 16 个计算单元、寄存器体(R)、数据 Cache(D)、指令 Cache(I)等。计算单元通过一个轻量级网络相连,每个计算单元主要包括一个单发射的整数和浮点 ALU。TRIPS 的执行机制与 RAW 类似,在执行流计算模型时,都属于直接指令通信类型的流处理器,即每个计算单元作为流计算模型中的一个计算结点,上一个计算结点产生的数据流直接通过网络传递给下一个结点。与 RAW 的不同之处在于 RAW 中计算结点的划分是由程序员或者编译决定的,而在 TRIPS 中是由硬件动态决定的。

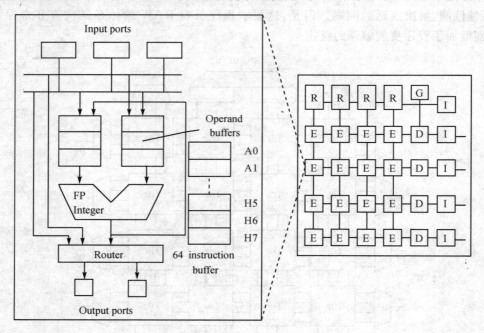

图 1-16 TRIPS 芯片结构示意图

(4) Imagine 流处理器

Imagine 流处理器是 Stanford 大学于 2002 年 4 月投片成功的原型芯片,其结构如图 1-17 所示。Imagine 提供了 3 级带宽层次来开发流应用模型的带宽,即片外存储器带宽(2 GB/s)、SRF 带宽(32 GB/s)、运算簇内 LRF 在运算单元间传输带宽(544 GB/s)。三级存储带宽层次是流处理器关键的创新之一,它能充分开发应用程序的局域性和并行性,使得体系结构可以提供必要的指令和数据带宽来进行多个 ALU 的有效并行操作。三级存储带宽分别针对其 8 个计算部件且以 SIMD 方式运行的运算簇,每个运算簇包含 2 个乘法部件、3 个加法部件以及 1 个除法部件。Imagine 处理器的微码控制器内的存储器可以存储流计算模型中的计算核心程序,因而属于可编程流处理器。

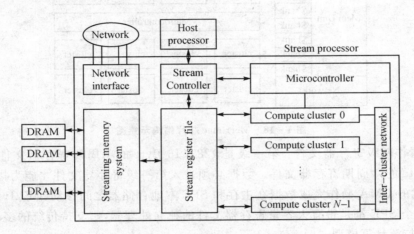

图 1-17 Imagine 芯片结构示意图

(5) Merrimac

Merrimac 是美国 Stanford 大学研究的一款基于流处理器的高性能计算机,其结构如图 1-18 所示。它的设计目标是采用 90 nm CMOS 工艺达到频率 1 GHz,具有 16 384 个处理器,性能为 2 PFLOPS。单片处理器结构类似 Imagine,但结合应用目标进行了少量改进,例如标量处理器核集成在片上、支持 64 位数据运算、采用全对等功能单元、增加 Cache 存储层次、增加运算簇数目等,这些改进使单节点性能大幅提升,在 1 GHz 频率下处理能力可以达到 128 GFLOPS(双精度浮点)的峰值。Merrimac 处理器也是一款可编程的流处理器。

(6) CELL 处理器

CELL 处理器是 IBM、索尼、东芝三家公司于 2005 年联合推出的,它具有典型流体系结构的特征,主要针对游戏、多媒体等应用领域而开发,希望能减少存储延迟、带宽、功耗、芯片大小等原因对性能带来的不利影响,它采用了传统的依靠提高频率和增加流水线深度来提高性能的做法,目标是能够达到 PlayStation2 性能的 100 倍,其结构如图 1-19 所示。

CELL 处理器的早期版本主要针对游戏和多媒体应用,后来增强了双精度浮点运算能力,因此对科学计算也很有潜力。一个 CELL 处理器由 1 个 PowerPC 处理器核和 8 个 SPE 组成,每个 SPE 包括 4 个单精度六周期流水线的乘加单元和 1 个双精度九周期流水线的乘加单元。因为双精度单元还有 4 个周期额外的数据移动开销,所以双精度计算需要 13 个周期。每个 SPE 拥有自己的本地存储器,SPE 发出的访存指令只能访问本地存储器。可以将 SPE 的

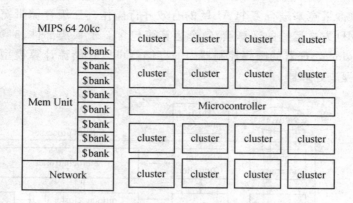

图 1-18 Merrimac 芯片结构示意图

本地存储器看作两级寄存器文件：第一级是 128×16 Byte 的单周期寄存器文件，第二级是 $16 K \times 16$ Byte 的六周期寄存器文件。数据必须进入第一级寄存器文件才能为指令所使用。CELL 靠显式的 DMA 操作完成数据在主存和 SPE 本地存储器之间移动，CELL 的执行模型比较灵活，每个 SPE 都是带有大容量寄存器文件的独立处理器，它支持传统的多任务并行执行机制，也支持流计算模型。

3. 程序设计语言

流编程语言有很多种，如 SPUR、Cg、Baker、Spidle、StreamIt、StreamC/KernelC、Brook、Sequoia 等。

StreamIt 是一种面向 RAW 处理器开发的编程语言，它是 Java 语法一个子集的扩充。它将流处理器的处理过程看作一个个的单输入输出流计算模块 filter，而流则看作连接 filter 之间的数据通路。多个 filter 通过 pipeline、splitjoin 和 feedbackloop 三种结构组成一个通信网络，该通信网络被映射到各个 Tile 上并行执行。StreamIt 的编译器实现了一些基于状态空间表述的程序变换技术，如相邻 filter 合并，冗余状态空间消除等。

StreamC/KernelC 是面向 Imagine 处理器开发的一种两级编程语言，StreamC 和 KernelC 都是 C 语言的子集，分别用于编写流级和核心级程序。StreamC 语言在 C++ 的基础上扩充了少量的类库和函数，主要完成流的传输和复制等操作。KernelC 编程语言是一种类 C 的编程语言，一方面它只支持 C 语言很小的子集，不允许全局变量、指针、函数调用以及控制流结构的语句，另一方面，它也扩充了一些新的数据类型和语句类型。StreamC 的编译器 Istream 采用了 profile 指导的编译技术，集成了流调度、存储访问调度等编译优化技术。KernelC 的编译器 ISCD 采用基于分布式寄存器文件的 VLIW 调度，并引入了通信调度技术。

Brook 最初是为了 GPU 图形处理器设计的，改进后为 Merrimac 处理器所使用。Brook 类似于 StreamC/KernelC，是一个对 C 语言子集进行扩展的流编程语言。它允许用户定义两

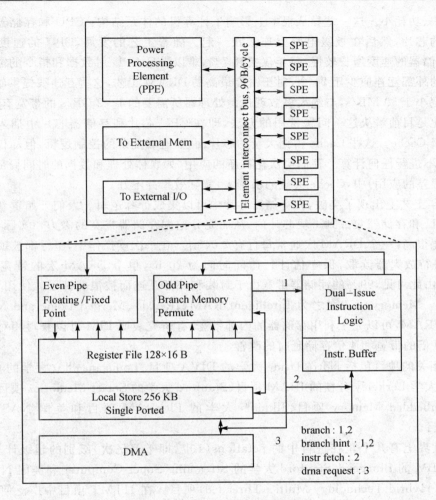

图 1-19 CELL 芯片结构示意图

种不同作用的同构数据集：输入流（input stream）和聚集流（gather stream）。前者允许 Kernel 以规则顺序读入但不可重用，而后者可以随机读写并能够重用。其次，对流和向量数据的编程方式不同，主要体现在不同的计算操作和临时存储空间等方面。此外，还有一些 Brook 的扩展语言，如 BrookGPU、BrookC 和 BrookTran 等。

1.6.3 PIM

在过去很长的一段时间里，存储器如 DRAM 的工艺优化相对计算逻辑之间的工艺优化有着巨大的差异。存储器设计追求的主要目标是面积小、集成度高，而计算逻辑追求的主要目标是速度快、功耗小。这一差异从根本上影响了计算机的体系结构：CPU 和存储器分别被设计为不同的芯片，然后在板级电路上连接在一起。随着工艺的发展，CPU 的速度每年提高 60%；而存储器的速度增长较慢，每年仅提高 7%，难以满足 CPU 对数据和指令的需求。典型的存储器的外部互连应少于 24 个，对于密度最高的 DRAM 工艺，这些互连线提供给每一个存储器的带宽小于 50 MB/s，与绝大多数现代微处理器所需的 1~2 GB/s 的带宽有很大差距。存储层次化是目前解决这一问题常用的方法，即在 CPU 芯片和存储器芯片中插入容量依次增大的多级 Cache。这些 Cache 占据大量的芯片面积，有着复杂的控制逻辑，但却仅是主存的一个备份，不进行任何计算。存储层次化在新的应用（如媒体处理和数据的时间局部性和空间局部性都很差的应用）中，Cache 失效的机率大，实际效果并不好。

  1995 年工艺上出现了突破，在存储器芯片中可以集成计算逻辑。人们开始重新思考是否可以将 CPU 和存储器集成到一块芯片内，从而充分挖掘存储器带宽的潜力。实际上，存储器内部的带宽很高，一个 DRAM 宏通常每行有 2 048 位，在一次读操作中，整行都被锁存在 Row Buffer 中等待放大器读取，保守估计行访问时间为 20 ns，单个 DRAM 宏的带宽也超过了 50 Gb/s。由此可见，99% 的存储器带宽由于封装和外部互连而被浪费掉了。使用 PIM(Processor-In-Memory)，又称之为 Intelligent RAM(IRAM)、Merged Logic and Memory 或 Embedded RAM，可以完全利用存储器的内部带宽，有研究表明 PIM 可以获得相对于传统系统 10~100 倍的带宽和 4 倍存储延时的改善。

  PIM 相关的项目包括 Notre Dame 大学的 DIVA 项目、Louisiana 州立大学的 Gilgamesh 项目、加州大学 Berkeley 分校的 IRAM 项目、Stanford 大学的 Smart Memories 项目、Harvard 大学的 Embedded Memory 项目、Illiniois 大学的 FlexRAM 项目和美国 NASA 支持的 HTMT 项目。

  目前世界上有几个正在进行中的 petaflops(10^{15}，即千万亿次)级别的超级计算机项目。其中包括 IBM 的 Bluegene，Stanford 大学的 Streaming Super Computer 和美国 NASA 支持的 HTMT(Hybrid Technology Multi-Threaded)项目。在 HTMT 项目中广泛使用了 PIM 技术，从更细粒度的角度构造超大规模并行计算系统。在 PIM 中可以将计算单元和 DRAM 设计在一起，并使用大量这样的模块构建 MPP 系统，这样系统可以集成在片内而不同于传统的网络共享存储或 Cluster 的方式，大幅减少了芯片的数量。由于 DRAM 和计算逻辑集成在同一芯片内，PIM 可以用提供高效率的机制来协调计算和通信。

  最具代表性的 PIM 研究工作是美国加州大学伯克莱分校 David Patterson 研究小组提出的向量 IRAM 处理器(VIM)。他们认为存储器将是未来处理器系统主要的性能瓶颈，提出将可扩展多处理器嵌入到片内的大型存储器阵列中，即所谓 PIM 技术，从而使访存延时减少为原来的 20% 到 10%，存储器带宽增加 50~100 倍以上。

  VIM 处理器主要基于两种技术：向量和嵌入式的 DRAM。向量能够有效地加速科学计算(矩阵运算等数据级并行的计算)及多媒体等应用的计算，可以同时对多个元素进行处理，而且,由于元素之间的运算相互独立,所以其控制逻辑相对简单,更易于进行模块化的设计。

嵌入式的 DRAM 技术允许处理器的芯片内集成相当容量的 DRAM 存储器,它满足了向量处理器高带宽的存储要求,同时具有很高的性能价格比。每条向量访存指令要访问大量的元素,且访问的模式相对简单,适合于流水线的执行,当向量的第一个元素被访问后,其后的每个周期都能够访问一个元素。最终,访存的初始延迟将被一个向量内的多个元素均分,因而向量处理器对存储系统的访问延迟没有很高的要求。图 1-20 给出了 VIM 系统的结构图,它主要由四部分组成:标量指令集的标量处理器、向量协处理器、嵌入式的 DRAM 存储系统和对外接口。

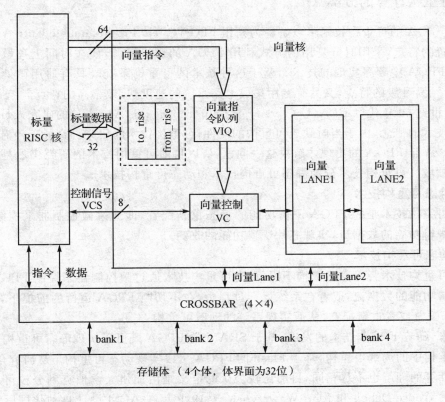

图 1-20 VIM 系统结构图

1.6.4 可重构计算

可重构计算一改传统基于指令流计算的特点,作为一种新型的时空域上的计算方式,在灵活性和高性能方面做了较好的平衡,填补了传统指令集处理器和专用 ASIC 模式之间的空白。

由于它抛弃了指令流这种存储访问密集的计算方式,重要数据计算全部在硬件上完成,不需要额外的指令控制,所以将可用的通信带宽全部应用到必须的输入输出数据流中,大大减缓了内存壁垒带来的存储带宽的压力。从空间上讲,可重构硬件可以动态地适配算法,甚至删除暂时不必运行的部件,芯片利用率高,减少了额外空闲单元引起的能量损耗。从时间上讲,它以硬件全并行的方式执行算法,速度快,运行时间短,不必将时间浪费在指令流跳转等这种实质上对数据计算无任何作用的时钟周期上,减少了无用周期引起的能量损耗。可重构计算在低功耗等方面的优势使之成为大多数应用中比较适合的选择。

1. 可重构计算的分类

基于 FPGA 的可重构技术可以解释为利用 FPGA(Field Programmable Gate Array)可多次重复配置的特点,采用时分复用的方式利用 FPGA 的逻辑资源,使在时间上离散的逻辑功能在同一 FPGA 中顺序实现的技术。基于这种技术的可重构系统既具有通用微处理器系统的设计灵活、易升级的特点,又具有专用集成电路系统的速度快、效率高的特点。

在 20 世纪 60 年代,UCLA(University of California at Los Angeles)的研究人员就已经提出可重构技术的概念,由于当时缺乏可重构的硬件,可重构技术的研究一直处于停滞不前的状态,直到 1984 年 FPGA 的出现才解决这一问题,所以目前可重构技术的研究仍然是一个相当新的研究领域。可重构技术分为静态可重构技术和动态可重构技术。

(1) 静态可重构技术

静态可重构技术是指 FPGA 逻辑功能的静态重新配置,即通过微控制器来控制 FPGA,配置不同逻辑功能的数据流,实现芯片逻辑功能的改变。

(2) 动态可重构技术

动态可重构技术与静态可重构不同,动态可重构技术通过微控制器来控制 FPGA 局部配置不同逻辑功能的数据流,或者在系统运行过程中,在不切断 FPGA 运行的前提下,完成 FP-GA 的局部配置或者重新配置,从而实现系统的动态可重构。

近年来,随着 FPGA 技术的发展,基于 SRAM 的 FPGA 既可以实现静态可重构又可以实现动态可重构中的局部可重构,基于 Flash 的 FPGA 可以实现动态可重构。从研究角度出发,对可重构计算的理解也不尽相同,目前比较公认的定义是由加州大学伯克利分校可重构技术研究中心的 Andre Dehon 和 John Wawrzynelc 于 1999 年在 ACM 设计自动化国际会议上提出的一种广义的定义,将其视为一类计算机组织结构,并具有区别于其他组织结构的两类突出特点:

① 制造后芯片具有定制能力(区别于 ASIC);
② 很大程度上,能够实现算法到计算引擎的空间映射(区别于 GPP 通用处理器)。

凡具备以上两特点的计算方式都属于可重构计算的范畴。可重构计算比较明显的特征还包括:

① 可重构计算将算法中的控制流与数据流分离,数据流由可重构计算引擎处理,处理器执行控制流并负责可重构计算引擎的重构;

② 可重构计算引擎多采用基本数据处理单元组成的阵列式结构。

2. 可重构技术的研究现状及存在的问题

基于 FPGA 的可重构系统已经在很多应用场合中表现出优越的性能。基于 FPGA 的可重构系统被应用到很多方面,例如军事目标的匹配、声纳波束合成、基因组匹配、图像纹理填充和集成电路的计算机辅助设计等。一个比较独特的应用是容错系统设计,该系统被使用在空间技术中。在卫星上,电子元件有可能被宇宙射线损坏,而维修几乎是不可能的,传统的方法是增加冗余的部件提供备份,但卫星狭小的空间限制了系统的冗余度。基于可重构技术的"可进化硬件"提供了更好的解决方案,一旦系统检测到某部分电路被射线损坏而失效,就对芯片逻辑功能进行重构,使其绕过被损坏的部分,继续正常工作。这种通过芯片内部的重构代替片外系统级的冗余技术,可使单个芯片的寿命大大提高,同时也降低了系统的成本。

目前可重构技术的研究是在基于常规的 SRAM 工艺的 FPGA 平台上进行的,成功的应用还停留在系统的静态重构层次上,由于其实现方式比较复杂,动态重构还在进一步的研究过程中。动态可重构面临着以下问题:

(1) 如何减少重构时隙

对于常规的基于 SRAM 工艺的 FPGA,其芯片逻辑功能数据的重新配置大约需要几十毫秒。在数据重新配置开始到配置完成的这段时间内,FPGA 停止对外的逻辑功能,即 v0 管脚对外成高阻状态,称这段时间为重构时隙,直到配置完成 FPGA 才恢复对外的逻辑功能。如何克服或者减少重构时隙,是现实动态可重构技术的关键。

(2) 如何优化基于 FPGA 的可重构系统的设计

逻辑功能的动态可重构系统的实现需要对完整的系统逻辑功能进行合理划分,使不同的逻辑功能能够分时复用芯片的逻辑资源。如何划分系统的逻辑功能涉及到基于 FPGA 的可重构系统的设计和优化方法,需要借助于一些 EDA 工具才能实现。

(3) 如何解决软件方面存在的问题

首先,由于缺乏软硬件通用的建模语言,目前开发可重构应用时,主微处理器的软件部分一般是由 C 或 FORTRAN 语言实现的,可重构结构的硬件可由如 VerilogHDL 或 VHDL 的硬件描述语言实现,显然,在软硬件建模语言之间存在鸿沟。因此,需要提出适合软硬件结合开发的建模语言,能够一次性地针对应用的所有部分进行建模,而不是针对软硬件部分分别建模;其次,在目前的可重构加速计算中,一般是手动划分平台的映射方式,即需要手动实现应用的软硬件划分、可重构逻辑的映射、可重构逻辑间的数据传输和同步、应用的软硬件接口、存储器的使用以及运行时可重构的顺序等,这必然降低系统的开发效率,因此需要开发出自动的平台映射工具,提高应用开发的效率;再次,在目前已经开发出的商用可重构加速结构中,众多厂商的代码都是针对各自公司的开发平台,因而要实现多个平台之间的代码移植非常困难;最后,目前软件实现的可重构逻辑的综合和布局布线效果和速度还不尽如人意,需要进一步的深入研究。

3. 可重构计算系统的耦合模型

目前,可重构系统中除了可重构芯片外,往往还包含一个通用处理器,它用于处理资源管理、重构等任务,通常把这种系统称为异构可重构系统。在异构可重构系统中根据可重构器件与处理器之间的耦合紧密程度的不同,系统的耦合方式可分为 4 类,如图 1-21 所示。

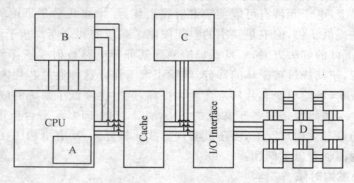

图 1-21 4 种耦合方式

耦合方式 A:可重构加速部件耦合到通用微处理器内部,作为通用微处理器的功能部件,形成可重构硬件加速功能部件,即定制指令的硬件加速方法。该种耦合方式称为寄存器级耦合。这种结构允许在传统的编程环境中附带定制的指令,这些定制指令可以随时间发生变化。这些可重构硬件可以在主处理器的数据通路上像其他功能单元一样运行。

耦合方式 B:可重构加速部件耦合于通用微处理器外部,形成可重构加速协处理器。该种耦合方式称为协处理器级耦合。协处理器的体积比功能单元大,不需要主处理器的控制即可完成计算任务。具体过程是,主处理器首先初始化可重构硬件,然后数据被送入可重构硬件或为可重构硬件提供要处理数据的地址,随后,可重构硬件无需主处理器的干涉便可独立完成相应的计算任务,并返回结果。在这种结构中,可重构逻辑可以运行多个时钟周期而无需主处理器的干涉,功能单元则每执行一次指令就必须和主处理器进行交互。

耦合方式 C:可重构加速部件耦合到系统的存储器总线中,形成可重构加速附加处理单元。该种耦合方式称为存储器级耦合。它的行为就如同多处理机系统中通过外部接口与主处理器交互的附加式处理器一样相对比较独立。主处理器的数据缓冲区对于它是不可见的,它和主处理器之间的通信与第二种类型相比具有更长的延时。

耦合方式 D:可重构加速部件通过系统 I/O 总线耦合,形成可重构加速独立处理单元。该种耦合方式称为外部总线级耦合。这是最松散的耦合形式,这类系统的可重构逻辑部分一般包含多个 FPGA,而固定部分则是一个宿主计算机,它们之间通过接口总线连接起来。可重构逻辑类似于宿主机协处理器,接收宿主机发出的指令和数据,并将结果通过 I/O 接口(如 ISA、PCI 及并口等)传回宿主机。这类系统的主要优点是设计简单,因为所有部件很容易得到且编程方便,还可以根据需要灵活地选用不同宿主机和 CPU 结构。但由于所有的数据交换都需要通过外部接口总线来完成,外部接口总线的性能成了系统瓶颈,限制了系统的性能加速比。

每种可重构的方式都有各自的利弊,可重构逻辑资源与主处理器结合得越紧密,它们之间的通信代价越低,可重构硬件使用也越频繁,但这需要主处理器的干预,否则可重构硬件独立运行的时间很短,同时因为体积的限制,可重构硬件能拥有的逻辑资源数量也很有限。松散的耦合方式允许可重构硬件与主处理器之间存在更大的并行性,但采用这种方式则要承担更大的通信代价。

4. 典型的可重构系统

下面将结合当前典型的混合可重构系统,分析可重构硬件加速部件与系统的耦合方式。

(1) 功能单元耦合

OneChip 是由多伦多大学开发的一款可重构硬件加速处理系统,其结构如图 1-22 所示,主要的开发目标是希望克服通用微处理器中的不足,获取数据处理的高带宽和指令执行的高并行度。OneChip 使用 DLX 处理器作为混合可重构系统中的通用微处理器,DLX 处理器从指令 Cache 中获取指令后,在译码阶段,如果发现指令适合于可重构处理单元处理,则把指令交由可重构处理单元进行处理,从而在细粒度上加速了应用的执行过程。OneChip 的可重构控制单元包括两个部分:可重构逻辑的配置信息表以及保留站。OneChip 的可重构处理单元主要包括四个部分:指令缓冲、运算逻辑、控制逻辑以及外部存储器访问接口。由于 OneChip 可以通过存储控制器访问外部存储器,因此,需要维护可重构处理单元以及 DLX 处理器之间的数据一致性。为了能够触发可重构处理单元执行任务,OneChip 还在 DLX 原有指令的基础上,增加了若干条针对可重构处理单元的指令。测试表明,相比通用微处理器,在 OneChip 中运行 DCT 算法和 FIR 滤波时,可以获取 10 倍左右的加速效果。

(2) 协处理器耦合

Garp 是由 Berkeley 大学研制的可重构协处理器,其结构图如图 1-23 所示。可重构逻辑是作为微处理器的从属计算单元,与微处理器共同处在同一个电路芯片中。在微处理器控制下,可重构逻辑可以完成多种运算任务,例如数据的加解密、排序等。从图 1-23 可以看出,Garp 中的可重构逻辑可以直接访问标准微处理器中的数据存储单元,包括数据 Cache 以及外部存储器,从而可以快速地在存储单元和可重构逻辑之间传输数据,而不需要把数据交给处理器之后再传输给可重构逻辑。

在应用中,微处理器单元可以通过若干指令控制可重构逻辑的行为,其中的控制指令主要

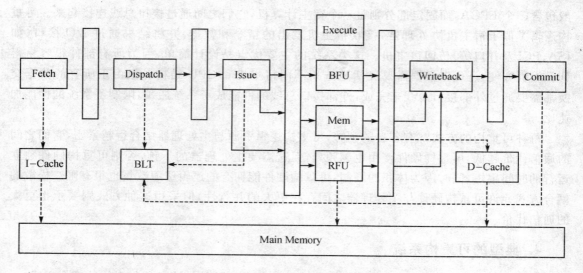

图 1-22 OneChip 结构示意图

包括：为可重构逻辑加载配置信息；在可重构逻辑以及处理器单元之间传输数据；控制可重构逻辑中的时钟计数器；保存可重构逻辑的运行信息；在可重构逻辑、数据 Cache 和存储器之间传输数据等。

(3) 附加可重构处理单元耦合

Pilchard 是由香港中文大学开发的一款基于普通 PC 机的存储器级耦合的可重构硬件加速部件，由于 Pilchard 接口兼容 SDRAM 总线接口，因此，可以直接用于普通 PC 机。Pilchard 的主要设计目标和特点是：① 可重构加速部件接口与 SDRAM 总线接口兼容，从而实

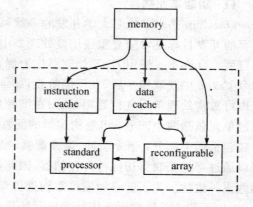

图 1-23 Garp 结构示意图

现数据传输的高带宽和低延迟；② 加速部件设计成本最小化；③ 加速部件本身可以支持 PQ240 Virtex 或者 Virtex-E 型号的 FPGA；④ 使用开源的 Linux 操作系统作为软件开发平台；⑤ 不同于内核模块或设备驱动程序，运行在可重构加速部件中的应用程序无需进入复杂的内核模式就可作为普通程序运行，且在用户模式下就可以进行应用程序的开发。从图 1-24 可以看出，Pilchard 可重构加速部件结构简单，仅包括 1 块 FPGA、1 个用于控制数据传输的 SDRAM 控制器和 1 个时钟发生器。

(4) 外部独立计算耦合

PCI-PipeRench 是在 PipeRench 的基础上，通过 PCI 总线接口与 PC 机相连接的。PCI-

图 1-24 Pilchard 加速部件

PipeRench 包含一个 32 位数据输入缓冲以及一个 32 位数据输出缓冲，输入输出数据格式均与 32 位 PCI 总线兼容。当输入数据是针对可重构逻辑的配置信息时，PCI-PipeRench 片上的控制部件将执行可重构逻辑配置任务的加载；而当输入数据是需要处理的应用数据时，输入的数据将被存入 128 位的数据缓冲器中，然后经由可重构逻辑进行处理或执行，处理完毕后的数据会被放入 128 位的输出数据缓冲器中等待输出。

习 题

1.1 名词解释：
模拟　　　　仿真　　　　系列机　　　　局部性原则
Amdahl 定律　CPI　　　　SIMD　　　　EPIC

1.2 多级构成层次结构的优点是什么？

1.3 计算机系统设计的准则主要有哪些？

1.4 硬件和软件在什么意义上是等效的？在什么意义上又不是等效的？试举例说明。

1.5 有一个计算机系统可按功能划分成 5 级，各级的指令都不相同，每一级的指令都比其下一级的指令在效能上强 A 倍，即第 I 级的一条指令能完成第 $I-1$ 级的 A 条指令的计算量。现若需第 I 级的 B 条指令解释第 $I+1$ 级的一条指令，而有一段第一级的程序需要运行 K 秒，问在第二、三、四、五级上的一段等效程序各需要运行多长时间？

1.6 透明性概念是什么？对计算机系统结构，下列哪些是透明的？哪些是不透明的？
(1) Cache 存储器；

(2) 浮点数据表示；
(3) I/O 系统是采用通道方式还是外围处理机方式；
(4) 数据总线宽度；
(5) 阵列运算部件；
(6) 通道是采用结合型还是独立型；
(7) 访问方式保护；
(8) 程序性中断；
(9) 串行、重叠还是流水控制方式；
(10) 堆栈指令；
(11) 存储器的最小编址单位。

1.7 想在系列机中发展一种新型号机器,下列哪些设想是可以考虑的,哪些是不行的,为什么？

(1) 新增加浮点数据类型和若干条浮点处理指令。

(2) 为增强中断处理功能,将中断分级由原来的 4 级增加到 5 级,并重新调整中断响应的优先次序。

(3) 在 CPU 和主存之间增设 Cache 存储器,以克服因主存访问速率过低而造成的系统性能瓶颈。

(4) 为增加寻址灵活性和减少平均指令字长,将原等长操作码指令改为有 3 类不同码长的扩展操作码；将源操作数寻址方式由操作码指明改成如 VAX-11 那种设寻址方式位字段指明。

(5) 将 CPU 与主存间的数据通路宽度由 16 位扩展成 32 位,以加快主机内部信息的传送。

(6) 为减少公用总路线的使用冲突,将单总线改为双总线。

1.8 用一台 400 MHz 处理机执行标准测试程序,它含的混合指令数和相应所需的时钟周期数如表 1-3 所示。

表 1-3 标准测试程序情况

指令类型	指令数	时钟周期数
整数运算	45 000	1
数据传送	32 000	2
浮点	15 000	4
控制传送	8 000	2

求有效 CPI、MIPS 速率和程序的执行时间。

1.9 实现软件移植的主要途径有哪些?
1.10 试以系列机为例,说明计算机系统结构、计算机组成和计算机实现三者之间的关系。
1.11 设计 RISC 机器的一般原则及可采用的基本技术有哪些?
1.12 简要比较 CISC 机器和 RISC 机器各自的结构特点,它们分别存在哪些不足和问题? 为什么说今后的发展应是 CISC 和 RISC 的结合?
1.13 简要画出按 Flynn 分类法划分各类系统的基本结构。
1.14 提高计算机系统并行性的技术途径有哪三种? 简要解释并各举一系统类型的例子。
1.15 目前常用的测试程序分为哪几类?
1.16 假设高速缓存 Cache 工作速度为主存的 5 倍,且 Cache 访问命中的概率为 90%,则采用 Cache 后,能使整个存储系统获得多高的加速比?
1.17 在某个程序中,RISC 指令占 80%,CISC 指令占 20%。在 CISC 机中简单指令执行需 4 个机器周期,复杂指令执行需 8 个周期。在 RISC 机中简单指令执行只需 1 个周期,而复杂指令要通过一串指令来实现。假定每条复杂指令平均需要 14 条简单指令,即需要 14 个周期,若该程序中需执行的总指令数为 1 000 000,TC 为 100 ns,那么:
(1) RISC 机需执行的指令数为多少?
(2) CISC 和 RISC 机的 CPU 时间分别为多少?
(3) RISC 机对 CISC 机的加速比为多少?
1.18 假设将某系统的某一部件的处理速度加快到 30 倍,但该部件的原处理时间仅为整个运行时间的 20%,则采用加快措施后能使整个系统的性能提高多少?
1.19 设有两台机器 A 和 B,对条件转移采用不同的方法。CPU_A 采用比较指令和条件转移指令处理方法,若条件转移指令占总执行指令数的 40%,比较指令也占 40%。CPU_B 采用比较和条件转移指令合一的方法,占执行指令数的 40%。若规定两台机器执行条件转移指令需 $2T$,其他指令需 T。CPU_B 的条件转移指令比 CPU_A 慢 25%,比较 CPU_A 和 CPU_B 哪个工作速度更快?

第 2 章　流水线技术

在计算机体系结构设计中，为了提高执行部件的吞吐率(处理速度)，缩短在一个时钟周期内信号通过的通路长度，提高时钟频率，经常在部件中采用流水线技术。自从 Intel 公司在 80486 处理器中采用流水线技术后，这种技术现已广泛应用于各种处理器中。本章首先简述流水线的基本概念、流水线的分类和流水线性能的计算方法，然后详细描述基于 DLX 指令集结构的流水实现，最后对流水线中的相关问题进行深入讨论。

2.1　流水线的基本概念

2.1.1　什么是流水线

很久以前,有一个产品加工厂,这个工厂有 1 名工人和一套生产设备。这套生产设备由 4 个独立的加工部件组成。工人每天工作 8 小时,可以加工出 40 件产品(每 12 分钟生产 1 件)。由于市场需求很大,需要扩大这种产品的生产,日产量达到 160 件,该如何做呢？一种办法是再聘请 3 个人,同时再购买 3 套生产该产品的设备。让 4 名工人同时工作 8 小时可以达到期望的目标。但是这种方法需要购买 3 套设备,而工厂目前没有这个经济承受能力。这时候,工程师提出一套方案：将现有的设备进行改造,将 4 道生产工序进行分离,使每道工序可以独立工作,同时保证分离开的每道工序 3 分钟完成工作,这样工厂再聘请 3 名工人,每位工人负责该产品的一道工序,每道工序完成后传给下一道工序的工人,直到生产出完整的产品。如此连续作业,工作 8 小时就可以完成 160 件产品。

这种流水工作方式的特点是：每件产品还是要经过 4 道工序处理,单件产品的加工时间并没有改变,但各个工人的操作时间重叠在一起,表面上看,每件产品的产出时间从原来的 12 分钟缩短到 3 分钟,提高了产品的生产率。将这种思想引入到计算机技术中就是所谓的流水线技术：将一个重复的时序过程分解为若干个子过程,而每个子过程都可以有效地在其专用功能段上与其他子过程同时执行。

综上所述,流水线技术有如下主要特点：

① 流水线可以划分为若干个互有联系的子过程(功能段)。每个子过程由专用功能部件实现。

② 实现子过程的功能段所需时间应尽可能相等,避免产生处理的瓶颈。

③ 形成流水处理需要一段准备时间,这段时间称"建立时间"。只有在此之后流水过程才

能够稳定。

④ 如果指令流不能连续执行,会使流水过程中断,要再次形成流水过程,则又需要一段建立时间。所以应尽量避免流水线的"断流",否则会严重降低流水线的效率。

⑤ 流水技术适用于处理大量重复的程序(只是数据不同),只有对输入的任务(指令)连续处理,流水线的效率才能够充分发挥。

2.1.2 流水线的分类

流水线技术是将一个任务(指令)的处理过程分解为若干个子过程,每个子过程都与一个专门用于处理它的功能段相对应,连续处理多个这样的任务时,各任务的同一子过程依次流经同一功能段被处理,而不同的子过程由于可在不同功能段上处理,因此可以并行完成。从不同的角度,可以把流水技术分成多种不同的种类。

1. 按功能分类

(1) 单功能流水线

每条流水线只能实现一种固定的功能。例如,Pentium 有 1 条五段定点和 1 条八段浮点流水线,Pentium Ⅲ有 2 条定点指令流水线,1 条浮点指令流水线,每条流水线只能完成一个固定功能。

(2) 多功能流水线

可以用多种连接方式来实现多种功能。例如,Texas 公司的 ASC 处理机中采用的运算流水线,它有 8 个功能段,按不同的连接方式可以实现浮点加减法运算和定点加减法运算,如图 2-1 所示。

2. 按工作方式分类

(1) 静态流水线

在同一时间段内,流水线的各段只能按同一种功能的连接方式工作。流水线可以是单功能的,也可以是多功能的,但从一种功能方式变为另一种功能方式时,必须先排空流水线,然后为另一种功能设置初始条件后才可使用。对于图 2-1 中的流水线,ASC 处理机的 8 个功能段只能按浮点加减运算连接方式工作,或者按定点乘运算连接方式工作。如图 2-2 所示,当要在 n 个浮点加法运算后面进行定点乘法时(图中灰色部分),必须等最后一个浮点加法(n)做完,且流水线排空后,定点乘法才能开始连接工作。

(2) 动态流水线

在同一时间段内,流水线的各段可按不同的连接方式工作。显然,动态流水线一定是多功能流水线。如图 2-3 所示,与静态流水线相比,动态流水线的定点乘法提前开始运算,无需等待流水线排空,这显然提高了系统工作效率,但动态流水线的控制机制更为复杂。

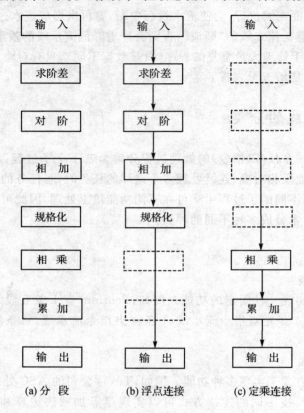

图 2-1 多功能流水线

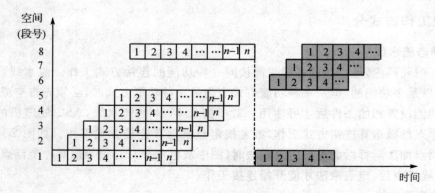

图 2-2 静态流水线的时-空图

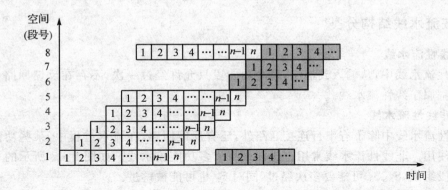

图 2-3 动态流水线的时-空图

3. 按处理级别分类

(1) 部件级流水线(运算器流水线)

它将复杂的算术逻辑运算组成流水线的工作方式,如图 2-4 所示。

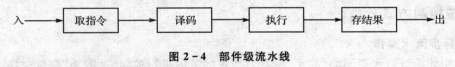

图 2-4 部件级流水线

(2) 处理机级流水线(指令流水线)

指令的执行过程被分成若干个子过程,每个子过程在独立的功能部件中执行,如图 2-5 所示。

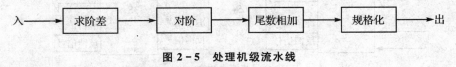

图 2-5 处理机级流水线

(3) 处理机间流水线(宏流水线)

指多个处理机之间通过存储器串行连接起来,形成流水的工作方式。两个或两个以上的处理机通过存储器串行连接起来,每个处理机对同一数据流的不同部分进行处理。每个处理机完成某一专门任务。前一个处理机的输出结果存入存储器,作为后一个处理机的输入,如图 2-6 所示。

图 2-6 处理机间流水线(宏流水线)

4. 按流水线结构分类

(1) 线性流水线

在线性流水线中,从输入到输出,每个功能段只允许经过一次,不存在反馈回路。大部分的流水线都属于线性流水线。

(2) 非线性流水线

非线性流水线中除了有串行连接通路外,还有反馈回路,在流水过程中,某些功能段需要反复多次使用。非线性流水线常用于递归或组成多功能流水线。如图 2-7 所示的非线性流水线由 4 段组成,S_2、S_3 可能要多次经过,同时 S_2 也可能被跳过。

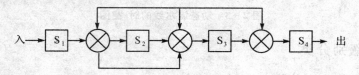

图 2-7 非线性流水线

5. 按控制方式分类

(1) 异步流水操作

通过相邻两级流水段间的"握手"信息对数据的流向进行控制。"握手"信息包括上级对下级的准备信号以及下级正确读取数据后的反馈信号,如图 2-8 中的(a)所示。

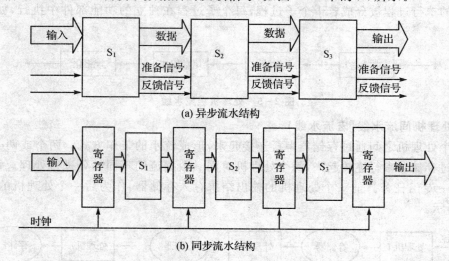

图 2-8 异步流水与同步流水结构

(2) 同步流水操作

该种流水控制方式需要在每一级流水线中插入时钟控制寄存器,所有的存储器都同步地将上一级的数据加以锁存,每一级通常都是组合逻辑电路。系统的工作时钟频率是由最大级延迟决定的。同步流水的结构如图 2-8 中(b)所示。

6. 按数据表示分类

(1) 标量流水线

如果机器没有向量数据表示,只对标量数据进行流水处理就称为标量流水线。例如 IBM 360/91 所采用的流水机制。

(2) 向量流水线

如果机器具有向量数据表示,设置了相应的向量运算硬件和向量处理指令,能流水地对向量的各元素并行处理就称为向量流水线,例如 CRAY-1 所采用的流水机制。

2.2 流水线的性能指标

流水线的工作过程通常用时-空图来描述。时-空图的横坐标表示时间,纵坐标表示流水线的各功能段。例如,把指令的解释过程进一步细分为"取指"、"译码"、"取操作数"和"执行"4 个子过程,各子过程所需时间都为 Δt,分别由各自独立的功能段(部件)来完成,图 2-9 给出了把 5 条指令连续送入流水线的处理过程的时-空图。可以看到,从第 1 条指令执行完开始,流水处理可使每隔 Δt 的时间就会流出一条指令;而对于顺序处理来说,每 $4\Delta t$ 的时间才能处理完一条指令。

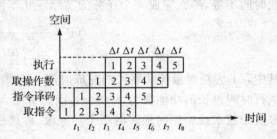

图 2-9 用时-空图描述流水线的工作过程

通常,时-空图也可以使用另一种画法,即横坐标表示时钟周期,而纵坐标表示流入流水线的各条指令,如图 2-10 所示。

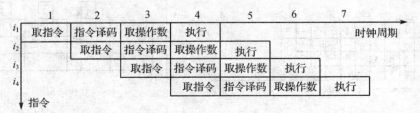

图 2-10 时-空图的另一种形式

流水线处理机性能评价的重要指标包括吞吐率、加速比和效率等。

2.2.1 吞吐率

吞吐率是指单位时间内流水线能够处理的任务数（或指令数）或流水线能输出的结果的数量，它是衡量流水线速度的主要性能指标，用 TP 来表示。

流水线连续流动达到稳定状态后得到的吞吐率称为最大吞吐率（TP_{max}）。设流水线各功能段时间相等，都为 Δt，达到稳定状态后，每隔 Δt 都会流出一个结果，则流水线的最大吞吐率 $TP_{max} = 1/\Delta t$。

我们可以通过时-空图来获得流水线实际的吞吐率指标，如图 2-11 所示的流水线中，n 表示任务数，m 表示一个任务分成的功能段数。若流水线各功能段的执行时间都为 Δt，则流水线实际吞吐率为

$$TP = \frac{n}{T} = \frac{n}{m\Delta t + (n-1)\Delta t} = \frac{1}{\Delta t\left(1 + \frac{m-1}{n}\right)} = \frac{TP_{max}}{1 + \frac{m-1}{n}}$$

可见，实际吞吐率小于最大吞吐率，只有当 $m \ll n$ 时，TP 才能接近于 TP_{max}。如果各功能段完成时间不等，那么完成 n 个任务的实际吞吐率为

$$TP = \frac{n}{\sum_{i=1}^{m}\Delta t_i + (n-1)\Delta t_j}$$

其中，Δt_j 为耗时最长功能段的完成时间。而此时 $TP_{max} = 1/\Delta t_j$。如图 2-12 所示，该流水线执行时间最长的功能段为 $S_2(3\Delta t)$，因此每隔 $3\Delta t$ 才能流出一个结果。由此可知，最大吞吐率取决于流水线中耗时最多的那个功能段，称这个功能段为这个流水线中的瓶颈段。

(a) 流水线

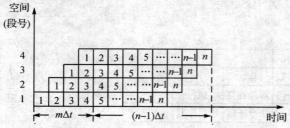

图 2-11 某流水线的时-空图

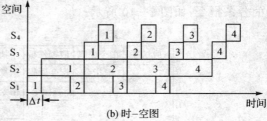

(b) 时-空图

图 2-12 最大吞吐率取决于瓶颈段时间

处理"瓶颈"的方法有两种：一是将流水线的"瓶颈"部分再细分。如图 2-13(a)所示，把瓶颈段 S_2 再细分为 S_{2-1}、S_{2-2} 和 S_{2-3} 三个子段，每段的执行时间都为 Δt，其时-空图如图 2-13(b)所示。当瓶颈段不能再分时，可采用如图 2-14(a)所示的第二种方法，重复设置三套瓶颈段，使其并行工作，其时-空图如图 2-14(b)所示。这两种方法都能使流水线的最大吞吐率达到 $1/\Delta t$。

(a) 流水线的瓶颈段细分

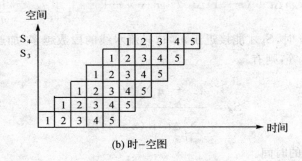

(b) 时-空图

图 2-13 瓶颈段细分方法

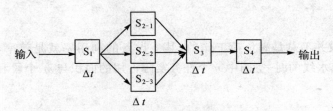

(a) 流水线的瓶颈段重复设置

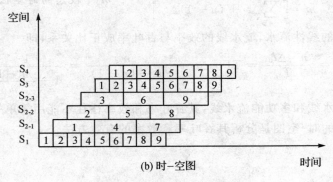

(b) 时-空图

图 2-14 瓶颈段重复设置方法

2.2.2 加速比

加速比是指流水线工作方式下处理任务的速度与等效的顺序串行工作方式下处理任务的速度比,用 S_p 来表示。

依然用 n 表示任务数,m 表示一个任务分成的功能段数,则完成 n 个任务的时间为 $m\Delta t + (n-1)\Delta t$,而等效的顺序串行方式工作所需的时间为 $mn\Delta t$,所以

$$S_p = \frac{mn\Delta t}{m\Delta t + (n-1)\Delta t} = \frac{nm}{m+n-1} = \frac{m}{1+\left(m-\frac{1}{n}\right)}$$

由此可见,只有当 $n \gg m$ 时,S_p 才能接近于 m,这时流水线的段数越多,加速比就越高。

如果各段的时间不等,则有

$$S_p = \frac{n\sum_{i=1}^{m}\Delta t_i}{\sum_{i=1}^{m}\Delta t_i + (n-1)\Delta t_j}$$

式中,Δt_j 为瓶颈段所需的时间。

2.2.3 效 率

流水线上的各段并不总是满负荷工作的,其上设备的利用率就是效率,用 E 来表示。其计算方法是:求该流水线的时-空图中 n 个任务实际占用的面积与 m 个段和 T 时间所围成的总面积的比值,即

$$E = \frac{n \cdot \sum_{i=1}^{m}\Delta t_i}{m \cdot \left[\sum_{i=1}^{m}\Delta t_i + (n-1)\Delta t_j\right]} = \frac{n \text{ 个任务占用的时空区}}{m \text{ 个段总的时空区}}$$

对于各段时间相等的线性流水,流水线的效率与吞吐率成正比关系,即

$$E = \frac{n \cdot \Delta t_0}{T} = \text{TP} \cdot \Delta t_0 = \frac{n}{m+(n-1)} = \frac{1}{1+\frac{m-1}{n}}$$

对于非线性流水线和多功能流水线,其吞吐率和效率往往不能用简单的公式求得,因此画出它们实际工作时的时-空图是分析其吞吐率和效率的有效方法。

2.3 DLX 的基本流水线

DLX 是由 Load/Store 机器派生出来一种简单的 RISC 体系结构,由 John L. Hennessy (Stanford University)和 David A. Patterson (University of California at Berkeley)在 *Computer Architecture——A Quantitative Approach* 一书中首次提出,它不仅体现了当今多种处理机(如 AMD 29K、DEC station 3100、HP 850、IBM 801、Intel i860、MIPS M/120A、MIPS M/1000、Motoroala 88K、RISC I、SGI 4D/60、SPARC station-1、Sun-4/110 和 Sun-4/260 等)系统结构的共同特点,还体现了未来一些机器的设计思想。本节主要介绍 DLX 处理机的基本结构和基本流水线操作原理。

DLX 体系结构是五段的 RISC 流水线,执行每条指令最多需要 5 个时钟周期,其体系结构具有如下特点:

① 采用了 Load/Store 型的通用寄存器;
② 指令系统提供寄存器寻址、偏移量寻址、立即数寻址和寄存器寻址共四种寻址方法;指令格式简单,而且支持不同的数据类型和不同的数据大小;
③ 有固定长度和变长度两种译码方式;
④ 易于实现流水线操作。

2.3.1 DLX 指令集结构

每条 DLX 指令可分为 5 个功能段,即取指令 IF(Instruction Fetch)、指令译码 ID(Instruction Decode)、执行指令 EXE(Execution)、访问存储器 MEM(Memory Access)、写回 WB(Write Back)。这样,只需在每个时钟周期启动一条新指令,就可使数据通路成为一条指令流水线,每个时钟周期就是一个流水节拍。

1. DLX 的寄存器结构及数据类型

DLX 有 32 个通用寄存器(GPR)R0,R1,…,R31,其中 R0 的内容总为 0,对 R0 进行写入操作是无效的。R31 平常作为通用寄存器,但当执行分支或跳转指令时会存入返回地址,即紧接着跳转指令的下一条指令的地址。另外还有一组浮点寄存器(FPR)F0,F2,…,F29,F30。其他一些特殊寄存器可以与整型寄存器相互转换,例如浮点状态寄存器,可以保存浮点操作的结果和状态信息。DLX 处理器的基本结构体现了 RISC 计算机的主要特点,如设置大量的寄存器堆,其中有 R0~R31 共 32 个 32 位通用寄存器(GPR),一组 F0~F31 的浮点寄存器(FPR),其浮点部件能完成浮点数加、减、乘、除等操作。

DLX 主要有以下几种数据类型:整型数据有 8 位(字节)、16 位(半字)和 32 位(字)3 种;

浮点数据有 32 位单精度和 64 位双精度 2 种。当 8 位和 16 位整型数据载入到寄存器中时,用零或数据的符号位来填充 32 位通用寄存器的剩余位。

2. DLX 的寻址方式及指令格式

DLX 指令系统提供了寄存器寻址、立即数寻址、偏移量寻址和寄存器间接寻址等寻址方式。DLX 的存储器是以 Big Endian 方式(用于 IBM、Motorola 等机型)按字节寻址,每个字的第 0 位是首位,其他各位按序排列。作为一种 Load/Store 型结构,所有的存储器操作都是通过存储器与 GPR 或 FPR 之间的载入、存储来完成,所有的访存操作必须依次按顺序完成。

DLX 指令分为 3 类:数据传送指令、算术/逻辑运算指令和跳转指令,即 R 型、I 型和 J 型。

图 2-15 为 I 型指令格式布局。

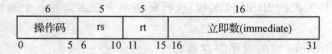

图 2-15 I 型指令格式布局

I 型指令包括所有的 Load 和 Store 指令、立即数指令、分支指令、寄存器跳转指令及寄存器链接跳转指令;立即数字段为 16 位,用于提供立即数或偏移量。

① Load 指令:访存有效地址"Regs[rs]+immediate",从存储器取来的数据放入寄存器 rt;

② Store 指令:访存有效地址"Regs[rs]+immediate",要存入存储器的数据放在寄存器 rt 中;

③ 立即数指令:Regs[rt]←Regs[rs] op immediate;

④ 分支指令:转移目标地址"Regs[rs]+immediate",rt 无用;

⑤ 寄存器跳转、寄存器链接跳转指令:转移目标地址为 Regs[rs]。

图 2-16 为 R 型指令格式布局。

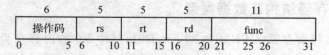

图 2-16 R 型指令格式布局

R 型指令包括 ALU 指令、专用寄存器读/写指令和 Move 指令等。

➢ ALU 指令:Regs[rd]← Regs[rs] func Regs[rt],func 为具体的运算操作编码。

图 2-17 为 J 型指令格式布局。

J 型指令包括跳转指令、跳转并链接指令、自陷指令、异常返回指令。在这类指令中,指令字的低 26 位是偏移量,它与 PC 值相加形成跳转的地址。

图 2-17 J 型指令格式布局

R 型指令允许寄存器-寄存器访问，I 型指令能对立即数进行操作，包括立即数-立即数、立即数-寄存器操作，它的低 16 位也能存放存储器访问地址和条件分支操作地址。唯一使用 J 型格式的指令是跳转指令，它的高 6 位是指令码，低 26 位是 PC（程序计数器）要指向的跳转地址。指令中只有 Load 和 Store 指令能对存储器寻址，其他指令都是对寄存器寻址。描述指令时各符号含义如表 2-1 所示。

表 2-1 指令描述符号含义

符号	意义	符号	意义
←	赋值操作	Mem[ ]	存储器的内容
x_y	x 的第 y 位	Mem[Regs[R1]]	以寄存器 R1 中的内容作为地址的存储器单元中的内容
x_y..z	x 的第 y 到 z 位		
$x_{y..z}$	x 的第 y 到 z 位	R[rega]	整数寄存器[IR_6..10]
x˜y	对 x 复制 y 次。例如，0˜16 表示一个 16 位长的全 0 字段	R[regb]	整数寄存器[IR_11..15]
		R[regc]	整数寄存器[IR_16..20]
x ## y	用于两个字段的拼接，并且可以出现在数据传送的任何一边	F[frega]	浮点寄存器[IR_6..10]
		F[fregb]	浮点寄存器[IR_11..15]
IR	指令寄存器	F[fregc]	浮点寄存器[IR_16..20]
IAR	中断地址寄存器	D[drega]	double register[IR_6..10]
PC	程序计数器	D[dregb]	double register[IR_11..15]
Mem	存储器	D[dregc]	double register[IR_16..20]
Regs	寄存器组	imm16	表示(IR_16)˜16 ## IR_16..31
[ ]	表示内容	uimm16	表示 0˜16 ## IR_16..31

2.3.2 基本的 DLX 流水线

在 DLX 体系结构中，指令按流水的方式执行，指令的执行过程被分为 5 部分，即划分为 5 级流水线，最多可以重叠执行 5 条指令，如图 2-18 所示。每一级流水所使用的名称及其完成的动作如下：

① IF(Instruction Fetch)取指令;
② ID(Instruction Decode)指令译码并读寄存器操作数;
③ EXE(Execution)执行;
④ MEM(Memory Access)存储器访问;
⑤ WB(Write Back)写回。

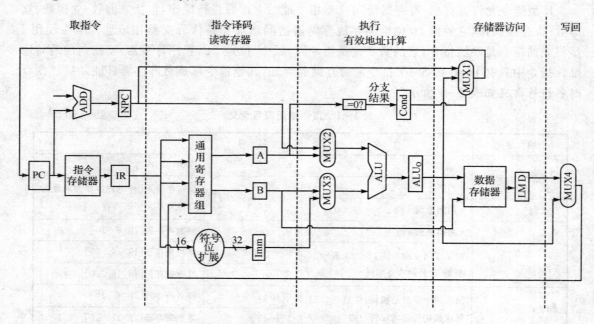

图 2-18 单周期处理器指令分为 5 级

在单周期处理机中,如果一条指令还没有执行完毕,PC 的内容不会改变,所以在一条指令的执行过程中,指令存储器始终输出当前指令。与单周期处理机不同,流水线处理机最大的特点是每个时钟周期都会取出一条指令来执行。这意味着,当流水线处理机已从存储器取出一条指令并把它送到 ID 级译码时,下一条指令也准备从存储器中取出。如果先取出的指令没有保存,则后面正在被取出的指令会对它造成影响,也就是说,我们必须使用寄存器来保存从存储器取出的指令。推而广之,必须在流水线的各级间安排一组寄存器,用以保存当前时钟周期的运算结果,以便下一个周期使用。我们使用触发寄存器,在时钟上升沿时将数据输入端的信息输入寄存器,这些寄存器称为流水线寄存器。

如图 2-19 所示,在第一级与第二级之间,需要指令寄存器 IR(Instruction Register)和 NPC 寄存器。在第二和第三级之间需要较多的寄存器:首先,从寄存器堆中读出的两个 32 位数据 A 和 B 必须要保存;然后,经符号位扩展的 32 位立即数 Imm 也要保存;最后,需要一个 IR 寄存器和 NPC 寄存器,其中 IR 寄存器用于保存在 WB 级指定的写回到寄存器堆中的数据地址,NPC 寄存器用于保存在 EXE 阶段计算跳转指令的目的地址。第三和第四级之间包含寄存器 B、寄存器 IR、寄存器 ALU_0 和寄存器 Cond。其中如果执行 Load 指令,会直接从存储器输出指令;如果执行 Store 指令,那么需要将寄存器 B 中的数据写入存储器;在执行跳转指令时,需要寄存器 Cond 的内容。第四和第五级之间包含寄存器 LMD、寄存器 ALU_0 和寄存器 IR,在 WB 阶段需要将结果写入寄存器堆,结果可能来自寄存器 LMD(Load Memory Data)。

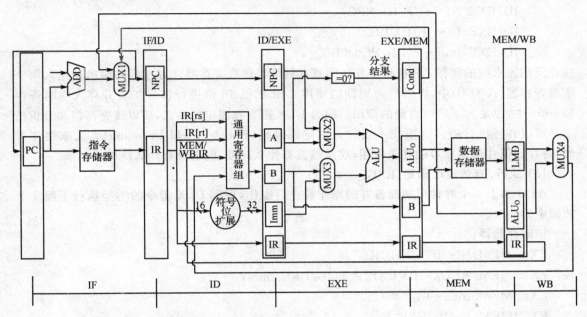

图 2-19 流水线处理器每级之间的流水线寄存器

2.3.3 DLX 流水线各级的操作

在上节论述了 DLX 流水线的基本结构的基础上,本节主要介绍一条 DLX 指令具体的数据通路。执行一条 DLX 指令至多需要 5 个时钟周期,这 5 个时钟周期如下:

(1) 取指令周期(IF)

　　IF/ID. IR←MEM[PC];
　　IF/ID. NPC←PC +4;
　　PC←(if EXE/MEM. cond { EXE/MEM. ALU_0 } else { IF/ID. NPC });

在此周期流水线的操作:根据 PC 指示的地址从存储器中取指令存入寄存器 IR;计算下一条指令的地址,并存入 NPC 和 PC 中。NPC 值可由当前 PC 值加 4 得到(假设每条指令占 4 个字节,相当于偏移一条指令)。新的 PC 值的计算有两种情况:程序不发生转移时,PC 指向下一条顺序的指令,新的 PC 地址等于 NPC 的值;当发生转移时,PC 地址为 EXE/MEM. ALU$_O$ 的输出结果。

(2) 指令译码/读寄存器周期(ID)

ID/EXE. A←Regs[IF/ID. IR$_{6..10}$];
ID/EXE. B←Regs[IF/ID. IR$_{11..15}$];
ID/EXE. NPC←IF/ID. NPC;
ID/EXE. IR←IF/ID. IR;
ID/EXE. Imm←((IR$_{16}$)^{16}♯♯IR$_{16..31}$)

在此周期流水线的操作:分析指令并访问寄存器堆以读取寄存器。寄存器的输出被送入两个临时寄存器(A 和 B)中,以供后面周期的使用。IR 的低 16 位进行符号扩展并存入临时寄存器 Imm 中,也是为了后面周期的使用。因为 DLX 指令有固定的格式,所以读寄存器和分析指令是可以并行执行的。这项技术被称为固定域译码(Fixed-Field Decoding)。大家会注意到,寄存器值在读取后可能并未使用,这虽然没有什么好处,但也没有什么妨碍。

(3) 执行/有效地址周期(EXE)

ALU 对上一个时钟周期准备好的操作数进行操作,根据 DLX 指令的类型执行下面 4 个功能中的一个。

访问存储器:
EXE/MEM. IR←ID/EXE. IR;
EXE/MEM. ALU$_O$←ID/EXE. A+ID/EXE. Imm;
EXE/MEM. cond←0;
EXE/MEM. B←ID/EXE. B;

在此周期流水线的操作:ALU 通过加法运算形成有效地址,并将结果存入到寄存器 ALU$_O$ 中。

寄存器-寄存器 ALU 指令:
EXE/MEM. IR←ID/EXE. IR;
EXE/MEM. ALU$_O$←ID/EXE. A func ID/EXE. B;
EXE/MEM. cond←0;

在此周期流水线的操作:ALU 根据操作码对寄存器 A 和寄存器 B 中的数值进行操作,结果被存入到临时寄存器 ALU$_O$ 中。

寄存器-立即数 ALU 指令:
EXE/MEM. IR←ID/EXE. IR;
EXE/MEM. ALU$_O$←ID/EXE. A op ID/EXE. Imm;
EXE/MEM. cond←0;

在此周期流水线的操作:ALU 根据操作码对寄存器 A 和寄存器 Imm 中存放的值进行操作,

结果放入到临时寄存器 ALU_0 中。

分支指令：
$EXE/MEM.ALU_0 \leftarrow ID/EXE.NPC + ID/EXE.Imm$；
$EXE/MEM.cond \leftarrow (ID/EXE.A \text{ op } 0)$；

在此周期流水线的操作：ALU 将 NPC 和 Imm 中的带符号立即数相加，计算出分支的目标地址。在前一个时钟周期读取的寄存器 A 的值用于决定是否进行分支操作。比较操作 op 是分支操作所决定的关系操作符。

(4) 访问存储器/分支完成周期(MEM)

在这个周期，可能进行操作的 DLX 指令仅包括 Load、Store 和分支。
访问存储器：
$MEM/WB.IR \leftarrow EXE/MEM.IR$；
$MEM/WB.LMD \leftarrow Mem[EXE/MEM.ALU_0]$ 或
$Mem[EXE/MEM.ALU_0] \leftarrow EXE/MEM.B$；

在此周期流水线的操作：在需要时访问存储器。如果是 Load 指令，将从存储器返回数据并放入 LMD(Load Memory Data)寄存器；如果是 Store 指令，则将寄存器 B 中的数据写入存储器。

分支指令：
If (cond) $PC \leftarrow EXE/MEM.ALU_0$ else $PC \leftarrow ID/EXE.NPC$；

如果进行分支操作，PC 值将被寄存器 $EXE/MEM.ALU_0$ 中的分支目标地址替代；否则被寄存器 NPC 中新的经过自增的 PC 替代。

(5) 写回周期(WB)

寄存器-寄存器 ALU 指令：
$Regs[MEM/WB.IR_{16\cdots20}] \leftarrow MEM/WB.ALU_0$

寄存器-立即数 ALU 指令：
$Regs[MEM/WB.IR_{11\cdots15}] \leftarrow MEM/WB.ALU_0$

取指令：
$Regs[MEM/WB.IR_{11\cdots15}] \leftarrow MEM/WB.LMD$

在此周期流水线的操作：将结果写入寄存器堆，结果可能来自存储器系统（当存放在 LMD 中时）或者来自 ALU（当存放在 ALU_0 中时）；寄存器的写入端口在两个目标中选择一个，具体选择哪一个要由功能码来决定。

2.3.4　DLX 流水线处理机的控制

下面用一段程序来分析流水线处理多条指令重叠操作的过程。这段程序的代码比较简单，指令之间没有任何数据相关，每条指令执行时间为 1 个周期。在每一个时钟周期结束时，所有在该时钟周期计算得到并在后面的时钟周期需要的数据都将被写入到存储设备,它可能是存储器、通用寄存器、PC 或者临时寄存器(如 LMD、Imm、A、B、IR、NPC、ALU_0 或 Cond)。临时寄存器在不同的时钟周期之间为同一条指令保存数值,而其他存储单元的状态是可见的,它们在相邻的指令之间保存数值,参考如下代码:

```
addi    r1,r2,6         ;r1←r2+6
load    r2,200(r3)      ;r2←memory[r3+200]
subi    r4,r5,r6        ;r4←r5-r6
store   r8,100(r9)      ;memory[r9+100]←r8
```

图 2-20 表示程序执行的时-空图,水平方向表示时间,垂直方向从上到下表示指令的执行次序。

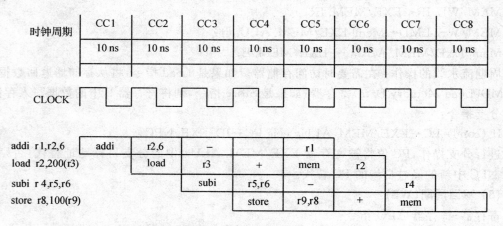

图 2-20　程序执行的时-空图

下面将按照时钟周期的顺序来描述流水线中的数据路径的操作及所需的寄存器。注意,由于例子中只有 4 条指令,从第 5 个周期开始不再有新的指令被取出,随着指令不断地完成执行,流水线将在第 8 个周期后完全变空。在实际的计算机系统中,处理机应该总能取得要执行的指令,当没有用户程序时,处理机转去执行操作系统程序。

(1) 第一个时钟周期

假设第一条指令的地址为 0,如果采用字节编址的话,则后续指令的字节地址依次为 4、8、12。图 2-21 中左上角的 1 是字偏移量,它等价于字节偏移量(为 4),为了叙述方便,这里使用字地址。示例中的 4 条指令地址分别为 0、1、2、3。第一个时钟周期是第一条指令的 IF 级,PC 输出 0,从存储器取出第一条指令"addi r1,r2,6"。同时,地址加法器前面的多路器选择 1,与当前 PC 值相加,得到字地址 1,该地址作为下一条指令的地址存入 NPC。在该周期结束时,时钟的上升沿把取出的指令无条件地写入指令寄存器 IR,同时也把 1 写入 PC。多路器的选择信号被定义为 Cond,表示发生转移。当 Cond=1 时,多路器选择经符号扩展的偏移量,与当前 PC 值相加,加法器输出转移地址。由于本例中没有转移指令,因此转移不会发生,即 Cond=0。

第一个时钟周期结束后,刚进入第二个周期时,IF/ID.NPC 值为 1,PC 值为 1;IF/ID.IR 输出第一条指令"addi r1,r2,6"。

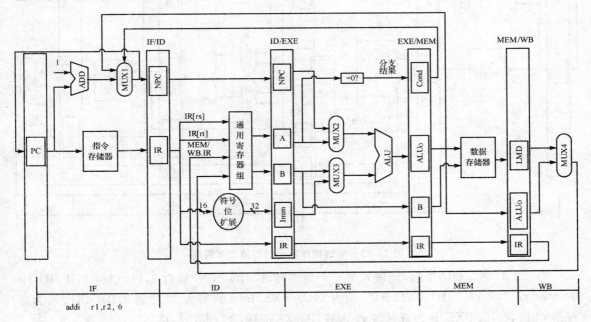

图 2-21 示例程序执行时的第一个周期

(2) 第二个时钟周期

如图 2-22 所示,此时第一条指令进入 ID 级,第二条指令进入 IF 级。两条指令在各自的流水线级上同时进行操作:

① 处在 ID 级的第一条指令"addi r1,r2,6"完成译码操作,并根据指令格式中各字段的值对立即数部分做符号扩展,从寄存器堆中读出两个寄存器 r1 和 r2 的内容。在本周期结束时,把上述 3 个数分别写入流水线寄存器 ID/EXE.Imm、ID/EXE.A、ID/EXE.B、ID/EXE.IR 和 ID/EXE.NPC 中。即 ID/EXE.A 为寄存器 r2 内容;ID/EXE.B 为寄存器 r1 内容;ID/EXE.NPC 为 IF/ID.NPC 的内容,即为 1;ID/EXE.IR 为 IF/ID.IR 的内容,即 ID/EXE.IR;ID/EXE.Imm 内容为 6。实际上,寄存器 r1 的内容不会被使用,把寄存器 r1 的内容输入 ID/EXE.B 中做的是无用功,下一个周期不使用它。这样做的原因是为了简化控制电路,即流水线寄存器不要求配置写使能端(以下的说明中,如果数据不被使用,就不再描述它了)。

② 与此同时,与第一个时钟周期一样,从存储器取出第二条指令"load r2,200(r3)",在周期结束时输入 IF/ID.IR,IF/ID.NPC 值为 2,PC 值为 2。

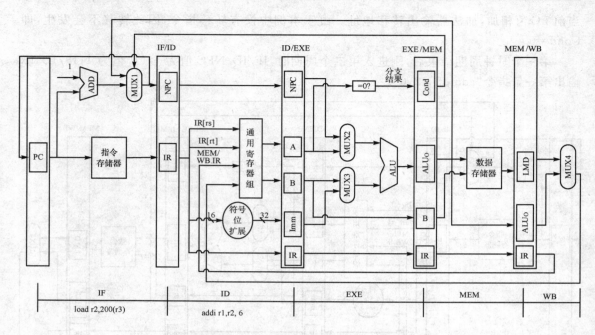

图 2-22 示例程序执行时的第二个周期

第二个时钟周期结束后,刚进入第三个周期时,IF/ID. NPC 值为 2,PC 值为 2,IF/ID. IR 为"load r2,200(r3)",ID/EXE. NPC 值为 1,ID/EXE. Imm 内容为 32 位的 6,ID/EXE. A 为寄存器 r2 内容,ID/EXE. B 为寄存器 r1 内容,ID/EXE. IR 为"addi r1,r2,6"。

(3) 第三个时钟周期

如图 2-23 所示,此时第一条指令进入 EXE 级,第二条指令进入 ID 级,第三条指令进入 IF 级,3 条指令在各自的流水线级上同时进行操作。

① 处在 EXE 级的第一条指令"addi r1,r2,6"由 ALU 完成加法操作。多路器的选择信号 SIMM 为 1,意为选择立即数。ALU 的两个源操作数分别来自流水线寄存器 ID/EXE. A 和 ID/EXE. Imm。EXE/MEM. IR 为 ID/EXE. IR 的值,即"addi r1,r2,6",EXE/MEM. ALU$_o$ 为 ID/EXE. A + ID/EXE. Imm 的值,即 r2 + 6,EXE/MEM. Cond 为 0。

② 处在 ID 级的第二条指令"load r2,200(r3)"完成译码、立即数符号扩展以及读寄存器操作。ID/EXE. A 存储寄存器 r3 的内容,ID/EXE. B 存储寄存器 r2 的内容,ID/EXE. NPC 为 IF/ID. NPC 的内容,即 2,ID/EXE. IR 为 IF/ID. IR 的内容,即"load r2,200(r3)",ID/EXE. Imm 为 32 位的 200。

③ 从存储器取第三条指令"subi r4,r5,r6",在周期结束时 IF/ID. NPC 值为 3,PC 值为 3;IF/ID. IR 输出第三条指令"subi r4,r5,r6"。

第三个时钟周期结束后,进入第四个周期时,IF/ID. NPC 值为 3,PC 值为 3,IF/ID. IR 为

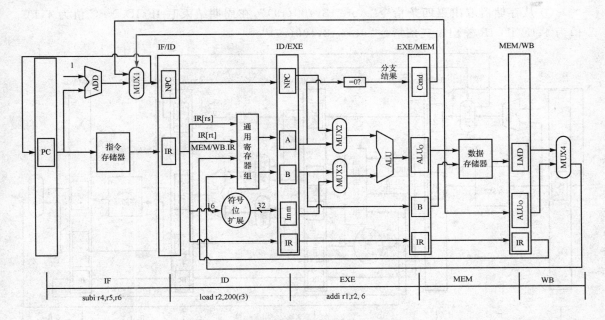

图 2-23 示例程序执行时的第三个周期

"subi r4,r5,r6",ID/EXE.NPC 值为 2,ID/EXE.Imm 内容为 32 位的 200,ID/EXE.A 存储寄存器 r3 的内容,ID/EXE.B 存储寄存器 r2 的内容,ID/EXE.IR 为 "load r2,200(r3)",EXE/MEM.IR 为 "addi r1,r2,6",EXE/MEM.ALU$_O$ 为 r2 + 6,EXE/MEM.Cond 为 0。

(4) 第四个时钟周期

如图 2-24 所示,这时第一条指令进入 MEM 级,第二条指令进入 EXE 级,第三条指令进入 ID 级,第四条指令进入 IF 级,4 条指令在各自的流水线级上同时进行操作。

① 处在 MEM 级的第一条指令 "addi r1,r2,6" 完成如下操作:MEM/WB.IR 为 EXE/MEM.IR 的内容,即 "addi r1,r2,6";MEM/WB.ALU$_O$ 为 EXE/MEM.ALU$_O$ 内容,即 r2+6 的值。

② 处在 EXE 级的第二条指令 "load r2,200(r3)" 由 ALU 计算存储器地址。多路器的选择信号 SIMM=1,即选择立即数。ALU 的两个源操作数分别来自流水线寄存器 ID/EXE.A 和 ID/EXE.Imm,即 EXE/MEM.ALU$_O$ 为 ID/EXE.A+ID/EXE.Imm 的值 r3+200,EXE/MEM.Cond 为 0,EXE/MEM.B 为 ID/EXE.B 的内容,即寄存器 r2 内容,EXE/MEM.IR 为 "load r2,200(r3)"。

③ 处在 ID 级的第三条指令 "subi r4,r5,r6" 完成译码、立即数符号扩展以及读寄存器操作。ID/EXE.A 存储寄存器 r5 的内容,ID/EXE.B 存储寄存器 r6 的内容,ID/EXE.NPC 为 IF/ID.NPC 的内容,即 3,ID/EXE.IR 为 IF/ID.IR 的内容,即 "subi r4,r5,r6"。

④ 从存储器取出第四条指令"store r8,100(r9)",在周期结束时 IF/ID.NPC 值为 4,PC 值为 4;IF/ID.IR 输出第三条指令"store r8,100(r9)"。

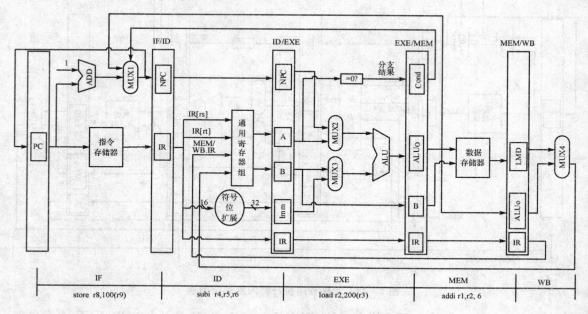

图 2-24 示例程序执行时的第四个周期

第四个时钟周期结束后,刚进入第五个周期时,IF/ID.NPC 值为 4,PC 值为 4,IF/ID.IR 为"store r8,100(r9)",ID/EXE.NPC 值为 3,ID/EXE.A 存储寄存器 r5 的内容,ID/EXE.B 存储寄存器 r6 的内容,ID/EXE.IR 为"subi r4,r5,r6",EXE/MEM.IR 为"load r2,200(r3)",EXE/MEM.ALU$_O$ 为 r3 + 200,EXE/MEM.Cond 为 0,MEM/WB.IR 为"addi r1,r2,6",MEM/WB.ALU$_O$ 为 r2 + 6 的值。

(5) 第五个时钟周期

本例中只有 4 条指令,实际上处理机会继续执行其他指令,在此不再演示这些指令。如图 2-25 所示,在第五个时钟周期,第一条指令进入 WB 级,第二条指令进入 MEM 级,第三条指令进入 EXE 级,第四条指令进入 IR 级。4 条指令在各自的流水线级上同时进行操作。

① 第一条指令处在 WB 级。这时,把加法结果写入寄存器堆的 r1 寄存器,即 Regs[MEM/WB.IR$_{11\cdots15}$]为 MEM/WB.ALU$_O$ 的内容,即寄存器 r1 的内容 r2 + 6。至此,第一条指令完成了它的执行,退出流水线。

② 处在 MEM 级的第二条指令"load r2,200(r3)"访问存储器。MEM/WB.IR 为 EXE/MEM.IR 的内容,即"load r2,200(r3)",MEM/WB.LMD 为 Mem[EXE/MEM.ALU$_O$]的值,EXE/MEM.ALU$_O$ 的内容为 r3 + 200 的值。

③ 处在 EXE 级的第三条指令"subi r4,r5,r6"由 ALU 做减法操作。多路器的选择信号 SIMM=0,即选择寄存器操作数。ALU 的两个源操作数分别为来自流水线寄存器 ID/EXE.A 和 ID/EXE.B,EXE/MEM.ALU$_0$ 为 ID/EXE.A−ID/EXE.B 的值,即 r5−r6,EXE/MEM.IR 为 ID/EXE.IR 的值,即"subi r4,r5,r6",EXE/MEM.Cond 为 0。

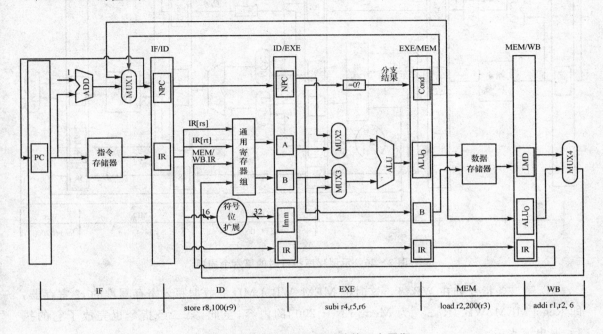

图 2−25 示例程序执行时的第五个周期

④ 处在 ID 级的第四条指令"store r8,100(r9)"完成译码、立即数符号扩展以及读寄存器操作。ID/EXE.A 存储寄存器 r9 的内容,ID/EXE.B 存储寄存器 r8 的内容,ID/EXE.NPC 为 IF/ID.NPC 的内容,即 3,ID/EXE.IR 为 IF/ID.IR 的内容,即"store r8,100(r9)",ID/EXE.Imm 为 32 位的 100。

第五个时钟周期结束后,刚进入第六个周期时,第一条指令执行完,IF/ID.NPC 值为 5,PC 值为 5,IF/ID.IR 为其他,ID/EXE.NPC 值为 4,ID/EXE.A 存储寄存器 r9 内容,ID/EXE.B 存储寄存器 r8 内容,ID/EXE.Imm 为 32 位的 100,ID/EXE.IR 为"store r8,100(r9)",EXE/MEM.IR 为"subi r4,r5,r6",EXE/MEM.ALU$_0$ 为 r5−r6,EXE/MEM.Cond 为 0,MEM/WB.IR 为"load r2,200(r3)",MEM/WB.LMD 为 Mem[r3+200]的内容。

(6) 第六个时钟周期

如图 2−26 所示,第二条指令进入 WB 级,第三条指令进入 MEM 级,第四条指令进入 EXE 级。各条指令在各自的流水线级上同时进行操作。

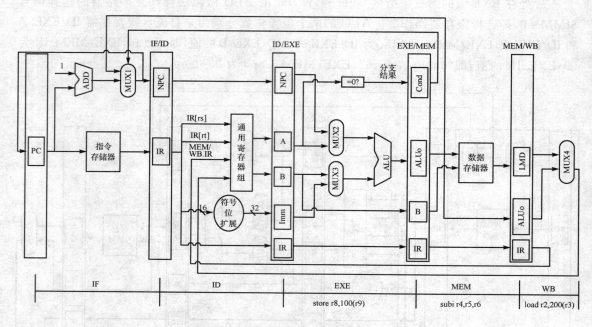

图 2-26 示例程序执行时的第六个周期

① 第二条指令处在 WB 级。这时把 MEM/WB.LMD 的数据写入寄存器堆的 r2 寄存器，即 Regs[MEM/WB.IR$_{16\cdots20}$] 为 Mem[r3 + 200] 的内容，至此，第二条指令也完成了它的执行，退出流水线。

② 处在 MEM 级的第三条"sub r4,r5,r6"完成如下操作：MEM/WB.IR 为 EXE/MEM.IR 的内容，即"sub r4,r5,r6"，MEM/WB.ALU$_O$ 为 EXE/MEM.ALU$_O$ 的内容，即 r5 + r6 的值。

③ 处在 EXE 级的第四条指令"store r8,100(r9)"由 ALU 计算存储器地址。多路器的选择信号 SIMM=1，即选择立即数。ALU 的两个源操作数分别来自流水线寄存器 ID/EXE.A 和 ID/EXE.Imm，ID/EXE.A 存储寄存器 r9 的内容，ID/EXE.Imm 为 32 位的 100。EXE/MEM.ALU$_O$ 为 ID/EXE.A + ID/EXE.Imm 的值，即 r9 + 100，EXE/MEM.B 为存储寄存器 r8 的内容，EXE/MEM.IR 为 ID/EXE.IR 的值，即"store r8,100(r9)"，EXE/MEM.Cond 为 0。

第六个时钟周期结束后，即刚进入第七个周期时，第二条指令执行完，MEM/WB.IR 为 "subi r4,r5,r6" 的内容，MEM/WB.ALU$_O$ 为 r5 + r6 的值，EXE/MEM.ALU$_O$ 为 r9 + 100 的值，EXE/MEM.B 为存储寄存器 r8 的内容，EXE/MEM.IR 为 "store r8,100(r9)" 的值，EXE/MEM.Cond 为 0。

(7) 第七个时钟周期

如图 2-27 所示,第三条指令进入 WB 级、第四条指令进入 MEM 级。这 2 条指令在各自的流水线级上同时进行操作。

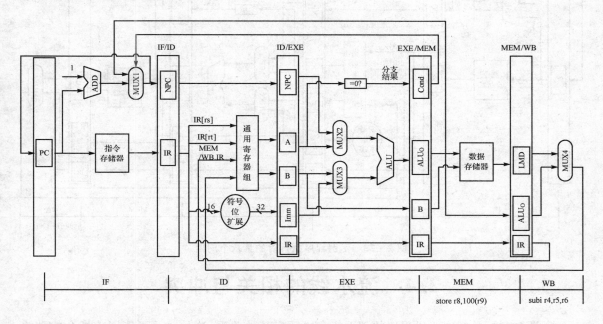

图 2-27 示例程序执行时的第七个周期

① 第三条指令"subi r4,r5,r6"处在 WB 级上,将减法结果写入寄存器堆的 r4 寄存器中,即 Regs[MEM/WB.$IR_{16\cdots20}$] 为 r5 + r6 的值,至此,第三条指令也完成了它的执行,退出流水线。

② 处在 MEM 级的第四条"store r8,100(r9)",MEM/WB.IR 为 EXE/MEM.IR 的内容,即"store r8,100(r9)",Mem[EXE/MEM.ALU_0] 为 EXE/MEM.B 的内容,即寄存器 r8 的内容。

第七个时钟周期结束后,即刚进入第八个周期时,第三条指令执行完,Mem[EXE/MEM.ALU_0] 为寄存器 r8 的内容,MEM/WB.IR 为"store r8,100(r9)"。

(8) 第八个时钟周期

如图 2-28 所示,本周期中,第四条指令进入 WB 级。第四条指令 store 处在 WB 级,实际上 store 指令在上一个周期已完成执行,在这个时钟周期不作任何操作,直接退出流水线。此时,所有的指令都已执行完毕。

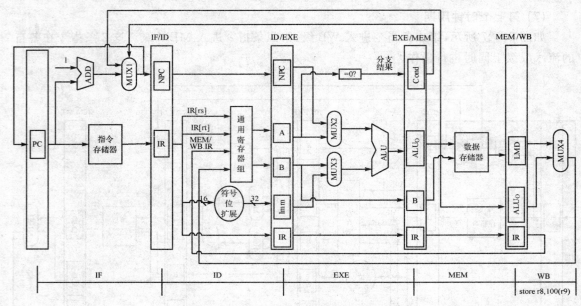

图 2-28 示例程序执行时的第八个周期

2.4 流水线的相关与冲突

所谓"相关"是指在一段程序的邻近指令之间有某种关系,这种关系可能影响指令的重叠执行。如果指令之间没有任何关系,那么当流水线有足够的硬件资源时,它们就能在流水线中顺利地重叠执行,不会引起任何停顿。而如果两条指令相关,则它们就有可能无法在流水线中重叠执行或者只能部分重叠。处理器设计的一个重要目标就是识别出可能导致流水线停顿的所有相关,并找出减少相关影响的方法。

2.4.1 流水线相关

按照对程序执行过程可能造成的影响,相关可以分为局部相关和全局相关两类。如图 2-29 所示,如果程序内有一个两路的条件分支操作指令,它把程序分为三个部分(B_0、B_1 和 B_2)。在每一部分内部不再有分支操作指令,同时除了最后一条指令外,没有指令会跳出当前块,通常把这样的程序段称为一个基本块(basic block)。在同一个基本块内的相关称为局部相关(local correlation),在基本块之间的相关称为全局相关(global correlation)。除了条件分支操作之外,会引

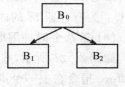

图 2-29 程序结构

起全局相关的还有中断等指令。全局相关主要是转移指令引起的相关,会导致流水线断流,此时,流水线中的后续指令全部作废。局部相关主要指资源或结构相关、指令相关和数据相关,会导致流水线停顿,此时,流水线中的后续指令有效。

按相关类型来划分,流水线相关可分为数据相关、名相关和控制相关。

1. 数据相关

在执行某条指令的过程中,如果用到的指令、操作数、变址偏移量等正好是前面指令的执行结果,而这些指令均在流水线中重叠执行,就可能引起数据相关(data dependence)。数据相关分为三种:"先写后读"(写-读)、"先读后写"(读-写)和"写后写"(写-写)相关。由于数据相关影响到的仅仅是本条指令附近的少数几条指令,因此一般将其视为局部相关。

① "先写后读"(read after write):运算对象被修改以后很快就读取该操作对象。因为前一条指令并没有完成操作对象相应的写操作,所以后一条指令可能读取错误的数据。

② "先读后写"(write after read):读取一个操作对象后很快就向该操作对象进行写操作。因为运算对象的写操作可能在它的读操作之前就已经完成,所以可能读取了新的已经进行了写操作的数据,因而发生错误。

③ "写-写"相关(write after write):两条指令向相同的运算对象进行写操作,如果第一条指令在第二条指令执行完成后才完成,那么运算对象最后得到并不是期望的第二条指令的运算结果,而是第一条指令执行完成后的结果。

下面看一下数据相关对流水线性能的影响,例如,两条指令

I_1　　ADD.D R4,R3,R1
I_2　　SUB.D R7,R4,R6

加法指令的结果放入寄存器 R4,R4 接着又作为减法指令的一个源操作数,因此产生了"先写后读"数据相关。假设加法、减法操作需一个时钟周期来完成,执行的过程就如图 2-30 所示。由于必须确保用流水线处理器执行指令所得到的结果与顺序执行所得到的结果是相同的,所以当两个指令操作彼此依赖时,必须以正确的次序执行,以保证结果的正确性。当译码部件在第三个周期对减法指令译码时,可知 R4 要用作源操作数,因此,直到加法指令的 W_1 步完成

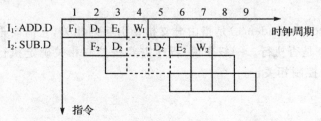

图 2-30　由于 D_2 和 W_1 之间的数据相关导致的流水线拖延

后,减法指令的 D_2 步才能进行,D_2 步的完成必须延迟到第五个周期,流水线执行产生了两个周期的延迟。

2. 名相关

这里的"名"是指:指令所访问的寄存器或存储器单元的名称。如果两条指令使用相同的名,但是它们之间并没有数据流动,则称这两条指令存在名相关(name dependence)。名相关有以下两种:

① 反相关(anti-dependence)。如果指令 j 写的名与指令 i 读的名相同,则称指令 i 和 j 发生反相关。反相关指令之间的执行顺序是必须严格遵守的,以保证指令 i 读出正确的值。

② 输出相关(output dependence)。如果指令 j 和指令 i 写相同的名,则称指令 i 和 j 发生了输出相关。输出相关指令的执行顺序也是不能颠倒的,以保证最后的结果由指令 j 写入。

与"实"数据相关不同,名相关的两条指令之间没有数据的传送,只是使用了相同的名而已。如果把其中一条指令所使用的名换成别的,并不会影响另外一条指令的正确执行。因此可以通过改变指令中操作数的名来消除名相关,这就是换名(renaming)技术。对于寄存器操作数进行换名称为寄存器换名(register renaming)。这个过程既可以由编译器静态实现,也可以由硬件动态完成。

例如,考虑下述代码:

```
DIV.D   R1,R2,R3
SUB.D   R2,R0,R5
ADD.D   R8,R2,R7
```

DIV.D 和 SUB.D 存在反相关,进行寄存器换名(R2 换成 R4)后的代码是:

```
DIV.D   R1,R2,R3
SUB.D   R4,R0,R5
ADD.D   R8,R4,R7
```

这样就可以消除程序段中的名相关。

3. 控制相关

控制相关(control dependence)是指由分支指令引起的相关,它需要根据分支指令的执行结果来确定后续指令是否执行。一般来说,程序需要按控制相关确定执行的顺序。简单举例如下,语句 P1 和 B1 控制相关:

```
If  B1 then{
        P1;
        };
P2;
```

存在控制相关的指令在流水线中要遵循下面的要求才不会发生错误：

① 与一条分支指令控制相关的指令不能被移到该分支之前，否则这些指令就不受该分支控制了。对于上述的例子，then 部分中的指令不能移到 if 语句之前。

② 如果一条指令与某分支指令不存在控制相关，就不能把该指令移到分支之后，对于上述例子，不能把 P2 移到 if 语句的 then 部分中。

2.4.2 流水线冲突

流水线冲突(pipeline hazards)是指流水线中由于相关的存在，使得指令流中的下一条指令不能在指定的时钟周期执行。

流水线冲突有以下 3 种类型：

① 结构冲突(structural hazards)：多条指令进入流水线后，在同一机器周期内争用同一功能部件所发生的冲突，也可称为资源冲突。

② 数据冲突(data hazards)：当指令在流水线中重叠执行时，因需要用到前面指令的执行结果而发生的冲突。

③ 控制冲突(control hazards)：流水线遇到分支指令或其他会改变 PC 值的指令所引起的冲突。

流水线实现中的一个主要问题是如何使流水线连续不断地流动，即尽量少地出现断流，这样才能获得较高的效率。断流的原因很多，除了编译生成的目标程序不能发挥流水结构的作用，或者存储系统不能及时供应连续流动所需的指令和操作数外，主要还与出现的相关、转移以及中断指令有关。

1. 结构冲突

当功能部件不是完全流水或资源不足时，容易发生结构冲突。下面给出一个简单的结构冲突的例子，设系统中只有 1 个浮点加部件，并且执行浮点加法的延时为 2 个周期：

I_1　ADD.F　F_1, F_2, F_3
I_2　ADD.F　F_4, F_5, F_6

程序运行时，由于指令 I_1 在 EXE 阶段需要占用唯一一个浮点加部件，浮点加法延时为 2 个时钟周期，因此指令 I_2 在 ID 阶段后由于不能获得浮点加法部件而发生结构冲突，无法引入 EXE 阶段执行，如图 2-31 所示。

为了消除这一冲突，有两个解决办法，一是在时间上停顿一拍流水线，二是在空间上重复设置被争用的功能部件。重复设置被争用的功能部件需要增加硬件部件，比如此例中可增加一个浮点加部件。假如结构冲突并不是经常发生，那就不值得为了消除结构冲突而大量增加

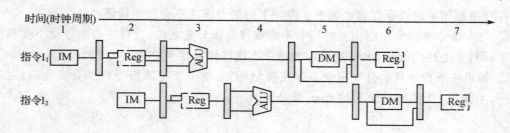

图 2-31 由于缺少浮点加法部件而产生的结构冲突

硬件。停顿一拍流水线是指在指令 I_1 执行时将流水线停顿 1 个时钟周期,推迟指令 I_2 的执行操作,该停顿周期被称为"流水线气泡",简称"气泡"。可用图 2-32 所示的时-空图来表示上述停顿情况。图中将停顿周期标记为 stall,并将指令 I_2 的所有操作右移一个时钟周期。在这种情况下,第四个时钟周期不能启动指令 I_2 的 EXE 部件执行。

指令编码	时钟周期							
	1	2	3	4	5	6	7	8
I_1	IF	ID	EXE		MEM	WB		
I_2		IF	ID	**stall**	EXE		MEM	WB

图 2-32 为消除结构相关而插入的流水线气泡的时-空图

2. 数据冲突

让我们来看看下列指令在流水线中的执行情况。

I_1 SUB.D   R1,R2,R3
I_2 ADD.D   R5,R1,R4
I_3 AND   R6,R1,R7
I_4 XOR   R8,R1,R9

SUB.D 后面的指令都需要用到 SUB.D 指令的计算结果,如图 2-33 所示。SUB.D 指令在其 WB 段(第五个时钟周期)才将计算结果写入寄存器 R1,但是 ADD.D 指令在其 ID 段需要从寄存器 R1 中读取结果,这就是一个典型的数据冲突。除非采取措施防止这一情况的发生,否则 ADD.D 指令读到的值就是错误的,AND 指令也会受到影响,它在第四个时钟周期读出的值也是错误的。

解决此种类型冲突,可以采用以下几种方法。

(1) 推后分析法

推后分析法是在遇到数据相关时,推后本条指令的分析,直至所需要的数据写入到相关的存储单元中时才继续指令的执行。示例中的数据冲突属于 RAW(先写后读)冲突,如果采用

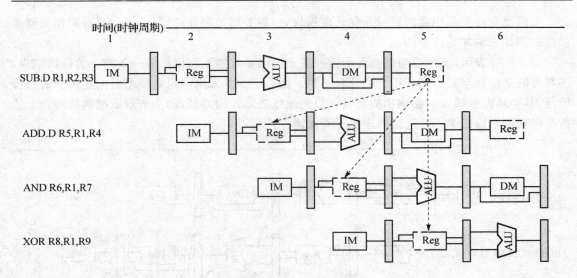

图 2-33 流水线的数据相关

后推分析法,流水线会停顿后继指令的运行,直到前面指令结果生成后再运行后续指令。

在示例中,指令 I_1 运行结束后才能运行指令 I_2,流水线上产生气泡,指令 I_2 的所有操作右移 3 个时钟周期,如图 2-34 所示是相应的时-空图。这种方法实现简单,但是运算速度损失较大。为了减少速度损失,可以将指令 I_1 的写操作安排在时钟周期的前半拍,把读操作安排在后半拍完成。这样 XOR 指令就能及时读到指令 I_1 刚刚写入的结果。

指令编码	时钟周期									
	1	2	3	4	5	6	7	8	9	10
I_1	IF	ID	EXE	MEM	WB					
I_2		IF	ID	stall	stall	EXE	MEM	WB		
I_3			IF	stall	stall	ID	EXE	MEM	WB	
I_4				IF	stall	stall	ID	EXE	MEM	WB

图 2-34 消除数据相关引入停顿的流水线时-空图

(2) 设置专用数据通路

如果采用设置专用数据通路的方法,指令的执行则不必等待需要的数据写入到相关存储单元中,而是经专门设置的数据通路读取所需要的数据。当前后两条指令发生"先写后读"冲突时,后一条指令的读操作要从存储单元读出前一条指令还未写入的内容。设想在读段与写段之间设置一个专用通路,使得后一条指令不必从存储单元读取数据,而是把前一条指令在写段的数据直接读出来,从而避免后一条指令读操作的停止(推后),这就是相关专用通路的概念。虽然设置相关专用通路可以避免速度损失,但需要增加额外的硬件,因此只有对相关概率很高的部件来说才是值得的。

图 2-34 表明,流水线中的指令所需要的定向结果可能不仅仅是前一条指令的计算结果,还有可能是前面与其不相邻指令的计算结果。图 2-35 是采用了定向技术后上述例子的执行情况,其中从流水线寄存器到功能部件入口的连线表示定向路径,箭头表示数据的流向。上述指令序列可以按图 2-35 进行顺序执行而无需停顿。

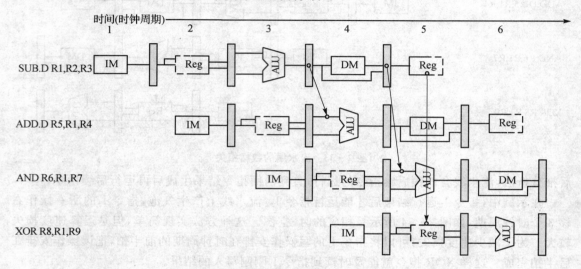

图 2-35 采用专用数据通路消除数据相关

对于通用寄存器数据冲突来说,通用寄存器往往作为累加器或负责保存中间结果,因此经常"本条指令存,下条指令取",相关概率很高。所以,为了不牺牲速度并保证数据相关的正确处理,应增设相关专用通路。

假设相关专用通路的实现方法如图 2-36 所示,其中,

① 在 EXE 段和 MEM 段之间的流水寄存器中保存着 ALU 运算结果,且该结果总是被回送到 ALU 的入口。

② 当定向硬件检测到前一个 ALU 运算结果写入的寄存器就是当前 ALU 操作的源寄存器时,控制逻辑就选择定向的数据作为 ALU 的输入,而不采用从通用寄存器组读出的值。

上述定向技术可以推广到更一般的情况:将结果数据从其产生的地方直接传送到所有需要它的功能部件。也就是说,结果数据不仅可以从某一功能部件的输出定向到其自身的输入,还可以定向到其他功能部件的输入。当流水的功能段较多或在处理器中有多条流水线时,需要的专用路径数很多,专用路径的控制非常复杂;因此,出现了多种设置专用路径的专门方法,如:采用分散控制的公共数据总线法(Tomasulo 算法),采用集中控制的 CDC 记分板法等,在后续章节中将作详细介绍。

第 2 章 流水线技术

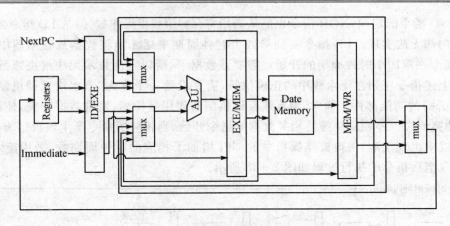

图 2-36 流水线增设的专用通路

(3) 流水线互锁机制

前面讨论了如何利用专用通路来消除数据冲突引起的停顿,但是并不是所有的数据冲突都可以用专用通路来解决。举例说明如下:

I_1　　LD　　　R1,100(R2)
I_2　　ADD.D　R5,R1,R4
I_3　　AND　　R6,R1,R7
I_4　　XOR　　R8,R1,R9

图 2-37 给出了该指令序列在流水线中执行时所需要的定向路径。显然,可以实现从 LD

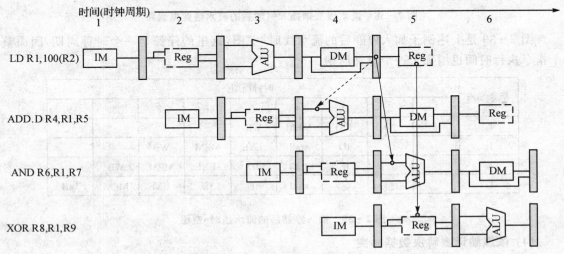

图 2-37 无法将 LD 指令的结果定向到 ADD.D 指令

指令到 AND 指令的定向，XOR 指令也能从通用寄存器组获得操作数，但从 LD 指令到 ADD.D 指令的定向却无法实现。LD 指令要到第四个时钟周期末尾才能将数据从存储器中读出，而 ADD.D 指令在第四个时钟周期的开始就需要该数据了，所以定向技术无法解决该数据冲突。为了保证上述指令序列在流水线中的正确执行，需要设置一个称为"流水线互锁机制"(pipeline interlock)的功能部件。通常，流水线互锁机制的作用是检测、发现数据冲突，使流水线停顿，直至冲突消失。停顿是从等待相关数据的指令开始，到相应的指令产生该数据为止。停顿导致流水线中出现气泡，使得被停顿指令的 CPI 增加了相应的时钟周期数，采用流水线互锁机制插入气泡后指令的执行过程如图 2-38 所示。

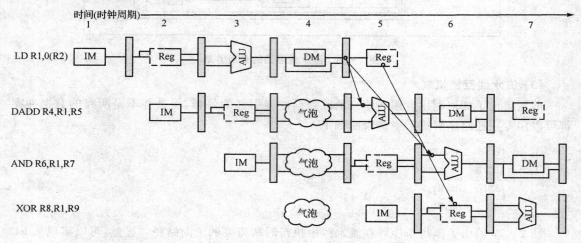

图 2-38　流水线互锁插入气泡后的流水线数据通路

图 2-39 是上述例子加入停顿后的流水线时-空图，这里的停顿是一个时钟周期，因而整个指令执行时间也增加了一个时钟周期。

指令编码	时钟周期								
	1	2	3	4	5	6	7	8	9
I_1	IF	ID	EXE	MEM	WB				
I_2		IF	ID	stall	EXE	MEM	WB		
I_3			IF	stall	ID	EXE	MEM	WB	
I_4				stall	IF	ID	EXE	MEM	WB

图 2-39　插入停顿后的流水线时-空图

(4) 依靠编译器解决数据冲突

为了减少停顿，对于无法采用数据通路解决的数据冲突，可以依靠编译器在编译时重新组织指令顺序来消除，这种技术称为"指令调度"(instruction scheduling)。实际上，各种冲突，都有可能采用指令调度来解决。

例如,采用典型的代码生成方法对表达式 A=B+C 进行处理后,可以得到如下所示的指令序列。从图 2-40 中可以看出必须在 ADD.D 指令的执行过程中插入一个停顿周期,才能保证它所用的 C 值是正确的。

I_1	LD	Rb,B
I_2	LD	Rc,C
I_3	ADD.D	Ra,Rb,Rc
I_4	SD	Ra,A

指令编码	时钟周期								
	1	2	3	4	5	6	7	8	9
I_1	IF	ID	EXE	MEM	WB				
I_2		IF	ID	EXE	MEM	WB			
I_3			IF	ID	stall	EXE	MEM	WB	
I_4				IF	stall	ID	EXE	MEM	WB

图 2-40 流水线时-空图

现在考虑为以下表达式生成代码:

A = B + C;
D = E - F;

调度前后的指令序列如表 2-2 所示。在指令 I_2 与指令 I_3 之间存在数据冲突,同理 D=E-F 中也存在数据冲突。为了保证流水线正确执行调度前的指令序列,必须在指令的执行过程中插入两个停顿周期。在调度后的指令序列中加大了相关数据的距离,可以通过定向消除数据冲突,因而不必在执行过程中插入任何停顿周期。

表 2-2 调度前后的代码序列

调度前代码		调度后代码	
LD	Rb,B	LD	Rb,B
LD	Rc,C	LD	Rc,C
ADD.D	Ra,Rb,Rc	LD	Re,E //避免暂停 ADD 指令
SD	Ra,A	ADD.D	Ra,Rb,Rc
LD	Re,E	LD	Rf,F
LD	Rf,F	SD	Ra,A //避免暂停 SUB 指令
SUB.D	Rd,Re,Rf	SUB.D	Rd,Re,Rf
SD	Rd,A	SD	Rd,A

(5) 异步流动

假设有一串指令的执行顺序是先执行 h,然后依次是执行 $i、j、k、\cdots$,它们将在有 8 个功能段的流水线里流动,如图 2-41 所示。如果有 h 和 j 两条指令对同一存储单元有"先写后读"的要求,当指令 j 到达读段时,指令 h 还没到达写段,则指令 j 读出的数是错的,这就是"写-读"相关。解决的方法是,当指令 j 到达读段时发现是与指令 h 相关,则指令 j 在读段停止,当指令 h 流过写段后,指令 j 才继续流下去。这样虽然解决了相关,但出现了空段,会降低流水线的吞吐率和效率。

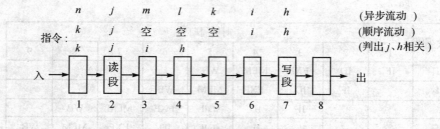

图 2-41 顺序流动和异步流动

但如果指令 j 以后的指令与进入流水线的全部指令都没有相关问题,那么完全可以越过停止的指令 j 进入流水线向前流动,这样的处理使指令流出的顺序发生了变化,因此称为异步流动,如图 2-41 所示。显然采用异步流动的方式能提高整个流水线的吞吐率和效率,这也是现在较多系统采用异步流动方法的原因。

但是异步流动的流水线有可能会出现"写-写"相关和"读-写"相关。例如,指令 $k、j$ 都有写操作,且写入同一存储单元,若出现指令 k 先于指令 j 到达写段,则该存储单元的内容是由指令 j 最后写入的,而非指令 k 写入的,这种情况就是"写-写"相关。又如指令 j 的读操作和指令 k 的写操作是同一存储单元,若指令 k 的写操作先于指令 j 的读操作,则指令 j 读出的是指令 k 写入的内容,产生错误,这种情况就是"读-写"相关。

3. 控制冲突

控制冲突是一种经常发生的冲突,主要是由转移指令引起的,当转移发生时,将使流水线的流动受到破坏。在转移发生之前,转移指令的若干条后续指令已经被取到流水线中,一旦发生了指令跳转,就会影响后续指令的执行。通常,若转移指令从取指到执行完毕需要 n 个时钟周期,则 $(n-1)$ 条后续指令将受到影响。所以控制冲突可能比流水冲突产生更多的性能损失,所以需要进行很好的处理。

处理分支指令最简单的方法是"冻结"(freeze)或"排空"(flush)流水线。一旦在流水的 ID 段检测到分支指令,就暂停执行其后的所有指令,直到分支指令到达 MEM 段,确定下一条指令地址为止,如图 2-42 所示。在这种情况下分支指令带给流水线 3 个时钟周期的延迟,我们把由分支指令引起的延迟称为分支延迟(branch delay)。

指令编码	时钟周期								
	1	2	3	4	5	6	7	8	9
分支指令	IF	ID	EXE	MEM	WB				
分支后继指令/分支目标指令		IF	stall	stall	IF	ID	EXE	MEM	WB
分支目标指令+1						IF	ID	EXE	MEM
分支目标指令+2							IF	ID	EXE

图 2-42 采用排空流水线技术实现的时-空图

采用这种方法的优点在于实现简单,不用分析分支后继指令是否为分支跳转的真实地址,而是根据 PC 值计算目的地址。实际上当分支指令的目的地址和分支指令的后继地址相同时,此种方法就浪费了在流水线上已经完成的取址操作。为了减少因转移而引起的流水线性能损失,可采用下述方法:"预测分支失败"法、"预测分支成功"法、延迟转移技术。

(1)"预测分支失败"法

如果流水线采用"预测分支失败"的方法处理分支指令,那么当流水线译码到一条分支指令时,流水线继续取指令,并允许该分支指令后的指令继续在流水线中流动。当分支指令到达MEM 段确定分支转移成功与否及确定分支的目标地址之后,如果分支转移成功,流水线必须将在分支指令之后取出的所有指令转化为空操作,并在分支目标地址处重新取出有效的指令;如果分支失败,那么可以将分支指令看作是一条普通指令,流水线正常流动,无需将在分支指令之后取出的所有指令转化为空操作。采用"预测分支失败"的方法处理分支指令的时-空图,如图 2-43、图 2-44 所示。

指令编码	时钟周期							
	1	2	3	4	5	6	7	8
失败的分支指令I	IF	ID	EXE	MEM	WB			
I_1		IF	ID	EXE	MEM	WB		
I_2			IF	ID	EXE	MEM	WB	
I_3				IF	ID	EXE	MEM	WB

图 2-43 分支指令为失败的流水线时-空图

如果程序执行时,转移指令占 20%,无条件转移、条件转移成功和条件转移不成功各占 1/3,这与总是浪费 3 个周期的方法相比,此方法可以节省 $(1/3) \times 20\% = 6.7\%$ 的周期。

指令编码	时钟周期							
	1	2	3	4	5	6	7	8
成功的分支指令I	IF	ID	EXE	MEM	WB			
I_1		IF	idle	idle	idle	idle		
I_2			IF	idle	idle	idle	idle	
分支目标指令J					IF	ID	EXE	MEM	WB

图 2-44　分支指令为成功的流水线时-空图

(2)"预测分支成功"法

另一种降低流水线分支损失的方法便是"预测分支成功"方法,一旦流水线译码到一条指令是分支指令,且完成了分支目标地址的计算,就假设分支转移成功,并开始在分支目标地址处取指令执行。

对 DLX 流水线而言,因为在知道分支转移成功与否之前,无法知道分支目标地址(检测和计算分支目标地址均在 ID 段完成),所以这种方法对降低 DLX 流水线分支损失没有任何好处。而在某些流水线中,特别是那些具有隐含设置条件码或分支条件更复杂的指令的流水线机器中,在确定分支转移成功与否之前,便可以知道分支的目标地址,这时采用这种方法便可以降低这些流水线的分支损失。

(3)"延迟分支"法

为降低流水线分支损失而采用的第三种方法就是"延迟分支"(delayed branch)方法。其主要思想是从逻辑上"延长"分支指令的执行时间。延迟长度为 n 的分支指令的执行顺序是:

分支指令
顺序后继指令 1
$\vdots$
顺序后继指令 n
分支目标处指令(如果分支成功)

所有顺序后继指令都处于"分支延迟槽"(branch-delay slots)中,无论分支成功与否,流水线都会执行这些指令。延迟转移技术简单解释为:在遇到转移指令时,依靠编译器把一条或几条没有数据相关和控制相关的指令调度到转移后面。当被调度的指令执行完成之后,转移指令的有效目标地址也就计算出来了。具有一个分支延迟槽的 DLX 流水线的时-空图如图 2-45 所示。

从图 2-45 中可以看出,基于"延迟分支"的方法,无论分支成功与否,其流水线时-空图所描述的流水线的行为是类似的,流水线中均没有插入停顿周期,极大地降低了流水线分支损失。

延迟技术一般只用于单流水线标量处理器中,而且流水线的级数不能太多,因为流水线的级数越多,需要调度到转移指令后面的没有数据相关和控制相关的指令条数也要越多。

指令编码	时钟周期							
	1	2	3	4	5	6	7	8
失败的分支指令I	IF	ID	EXE	MEM	WB			
延迟分支指令I_1		IF	ID	EXE	MEM	WB		
延迟分支指令I_2			IF	ID	EXE	MEM	WB	
I_3				IF	ID	EXE	MEM	WB

(a) 顺序执行的流水线时-空图

指令编码	时钟周期							
	1	2	3	4	5	6	7	8
成功的分支指令I	IF	ID	EXE	MEM	WB			
延迟分支指令I_1		IF	ID	EXE	MEM	WB		
延迟分支指令I_2			IF	ID	EXE	MEM	WB	
分支目标指令J				IF	ID	EXE	MEM	WB

(b) 基于"延迟分支"法的流水线时-空图

图 2-45 流水线时-空图对比

习 题

2.1 名词解释:
  流水线   多功能流水线   静态流水线   结构相关
  线性流水   部件级流水线   动态流水线   控制相关
  数据相关   定向

2.2 流水技术有哪些特点?

2.3 设一条指令的执行过程分为"取指令"、"分析"和"执行"三段,每一段的执行时间分别为 Δt、$2\Delta t$ 和 $3\Delta t$。在下列各种情况下,分别写出连续执行 m 条指令所需要的时间表达式。
  (1) 顺序执行方式;
  (2) 仅"取指令"和"执行"重叠;
  (3) "取指令"、"分析"和"执行"重叠;
  (4) 先行控制方式。

2.4 评价流水线的性能指标是什么?

2.5 按照流水线所完成的功能来分,流水线可分为哪两类?

2.6 一条线性流水线有 4 个功能段组成,每个功能段的延迟时间都相等,都为 Δt。开始 5 个 Δt,每间隔 1 个 Δt 向流水线输入 1 个任务,然后停顿 4 个 Δt,如此重复。求流水线的实际吞吐率、加速比和效率。

2.7 有一个浮点乘积流水线如图 2-46(a)所示,其乘积可直接返回输入端或暂存于相应缓冲寄存器中,画出实现 A*B*C*D 的时空图以及输入端的变化,并求出该流水线的吞吐率和效率;当流水线改为图 2-46(b)形式实现相同计算时,求该流水线的效率及吞吐率。

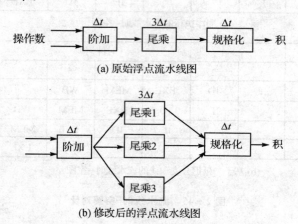

图 2-46 浮点乘积流水线

2.8 按照同一时间内各段之间的连接方式来分,流水线可分为哪两类?

2.9 DLX 流水线寄存器的作用是什么?

2.10 一条线性静态多功能流水线由 6 个功能段组成,加法操作使用其中的 1、2、3、6 功能段,乘法操作使用其中的 1、4、5、6 功能段,每个功能段的延迟时间均相等。流水线的输入端与输出端之间有直接数据通路,而且设置有足够的缓冲寄存器。现在用这条流水线计算:

$$F = \sum_{i=1}^{6}(a_{[i]} * b_{[i]})$$

要求获得最好的性能。画出流水线时空图,并计算流水线的实际吞吐率、加速比和效率。

2.11 试举例说明在 DLX 流水线中所有数据相关都可以通过定向技术消除,而不需要暂停吗?

2.12 为提高流水线的效率可采用哪两种主要途径来克服速度瓶颈?现有 3 段流水线各段经过的时间依次为 Δt、$3\Delta t$、$2\Delta t$。

(1) 分别计算在连续输入 4 条指令时和 40 条指令时的吞吐率和效率。
(2) 按两种途径之一改进，画出你的流水线结构示意图。同时计算连续输入 4 条指令和 40 条指令时的吞吐率和效率。
(3) 通过对(1)、(2)两小题的计算比较可得出什么结论？

2.13 流水线中有哪三种相关？各是什么原因造成的？

2.14 解决流水线数据相关的方法有哪些？

2.15 在一台单流水线多操作部件的处理机上执行下面的程序，取指令、指令译码各需要 1 个时钟周期，MOVE、ADDT 和 MUL 操作各需要 2 个、3 个和 4 个时钟周期。每个操作都在第一个时钟周期从寄存器中读取操作数，在最后 1 个时钟周期把运算结果写到通用寄存器中。

```
I:     MOVE   R1,R0;      R1←R0
I+1:   MUL    R0,R2,R1    ;R0←(R1)×(R2)
I+2:   ADD    R0,R2,R3    ;R0←(R2)+(R3)
```

(1) 就程序本身而言，可能有哪几种相关？
(2) 在程序实际执行过程中，有哪几种相关会引起流水线的停顿？
(3) 画出指令执行过程的流水线时-空图，并计算处理机执行完成这 3 条指令共需要多少个时钟周期？

第 3 章 指令级并行

在了解指令级并行的概念之前,有必要认识并行性的概念和并行处理的概念。在计算机领域,数值计算、数据处理、信息处理以及问题求解过程中,可能存在着可同时运算或操作的部分,称这些部分的这种性质为并行性(parallelism)。显而易见,在现今软硬件飞速发展的形势下,提高计算机资源的利用率势在必行。开发并行性的目的就是为了进行并行处理,从而提高计算机资源的利用率和工作效率。例如:流水线利用了连续指令流中指令可同时执行的并行性,实现多条指令的重叠操作,像生产装配流水线一样,在特定时间内,充分发挥软硬件资源的作用。

3.1 指令级并行的概念

以减少程序运行时间为目的,发现和利用程序中的并行性,这样的过程称为并行处理(parallel processing)。通俗地讲,并行处理就是用计算机多个资源的同步应用来解决计算问题。根据规模大小,并行处理可分为指令内部并行、指令级并行、任务级或过程级并行、作业或程序级并行。以上的划分是按照并行性颗粒度(granularity)来进行的,在并行处理中,颗粒度是计算与通信的比率的量化标准,颗粒度一般分为细颗粒度和粗颗粒度。

指令级并行 ILP(Instruction-Level-Parallelism)是指在指令序列中存在的潜在并行性。现阶段,几乎所有的处理器都采用了流水线的方式,要保证流水线的性能,就要尽可能少地发生流水线停顿。作为流水线技术的扩展,指令级并行技术是研究的一个重点,它主要是发现指令序列之间的并行性并进行指令级的并行处理,以达到提高计算机性能的目的。指令级并行性又称细粒度并行,而粗粒度主要指程序间的并行性。存储器的访问指令、整型指令、浮点指令之间的并行性等都属于指令级并行。

指令级并行一般由处理器硬件和编译器自动识别并利用,对程序员是透明的。也就是说,程序员无需为指令级并行而对程序作任何修改。根据以上情况可以看出,发现和利用指令级并行可以通过硬件(一般为处理器)方法动态地开发,也可以利用软件(一般在编译器阶段)静态地开发。现阶段,这两种开发方式经常相互交叉,但总体来说,硬件的动态开发在市场上占有主导地位,软件的静态开发起到辅助作用或者主要应用于教学、科研和其他一些特定领域。指令级并行技术的发展往往与处理器的发展紧密联系、息息相关。

本章将介绍一些基本的指令级并行技术,包括循环展开技术、记分板机制、Tomasulo算法以及动态分支预测技术,并将介绍各技术或算法的基本原理和特点,通过实例来说明算法的具体执行方法。作为指令级并行技术的基本方法,循环展开的主要作用是有效减少控制相关停顿；动态指令调度的经典方法是记分板机制和 Tomasulo 算法，通过指令的动态调度有效地减少数据相关停顿；分支预测技术可以通过对分支指令的预测来达到减少控制相关停顿的目的。

3.2 循环展开

程序段中的转移指令在流水线中经常造成控制冒险，而这些转移指令很多都是来自循环体，循环展开是一种简单而有效的开发指令级并行的软件方法，它可以有效地减少控制冒险。另一方面，程序基本块中的并行性是指令级并行研究的重点，但一个基本块中往往没有多少并行性可以应用，可对于最常见的基本块——循环体，却可以通过循环展开技术，将原来循环级的并行转换为指令级的并行，从而大大提高基本块的并行性。

3.2.1 循环展开的原理

循环展开的基本原理是把循环体代码展开，通过多次复制循环体代码并调整循环出口代码而得到一个新的循环体。所以，可以把循环展开看作是一种循环变换。展开后的循环体包含更多的指令，可以使编译器更加方便地发现互不相关的指令并进行并行处理；同时，循环展开后循环体内的代码被重复执行的次数相对减少了，这意味着循环展开可以减少循环转移的开销。

为了说明循环展开的原理，下面的例子经常被引用。

```
for     (a=1000; a>0; a=a-1)
        A(i) = A(i) + k;
```

转换成 MIPS 汇编代码，见代码 3-1。

代码 3-1

```
Loop:   L.D     F0,0(R1)        ;数组元素的值存入 F0
        ADD.D   F4,F0,F2        ;F2 中的值加数组元素的值，存入 F4
        S.D     F4,0(R1)        ;F4 的值存入数组元素中
        DADDUI  R1,R1,#-8       ;递减指针，指向下一个数组元素
        BNE     R1,R2,Loop      ;当 R1 和 R2 不等时转移
```

代码 3-1 并没有进行流水调度，从循环体中可以看出，循环体内部程序指令之间并没有足够可利用的并行性。根据表 3-1 对浮点单元的时延假设，该循环在调度之前，执行一次循环体代码需要消耗 9 个周期，见代码 3-2。

代码 3-2

```
Loop:   L.D     F0,0(R1)
```

```
        stall
        ADD.D     F4,F0,F2
        stall
        stall
        S.D       F4,0(R1)
        DADDUI    R1,R1,#-8
        stall
        BNE       R1,R2,Loop
```

经过调度之后,需要 7 个时钟周期,功能部件的利用率仍然很低,见代码 3-3。

表 3-1 本章假设的浮点操作延迟时间

产生结果的指令类型	使用结果的指令类型	延迟的时钟周期
浮点 ALU 操作	另一个浮点 ALU 操作	3
浮点 ALU 操作	双精度 Store 操作	2
双精度 Load 操作	浮点 ALU 操作	1
双精度 Load 操作	双精度 Store 操作	0

代码 3-3

```
Loop:   L.D       F0,0(R1)
        DADDUI    R1,R1,#-8
        ADD.D     F4,F0,F2
        stall
        stall
        S.D       F4,0(R1)
        BNE       R1,R2,Loop
```

如果使用循环展开的方法,将循环展开 4 次后,循环展开的执行时间只有 14 个时钟周期(单个循环代码执行周期平均为 3.5 个时钟周期),经过调度见代码 3-4。

代码 3-4

```
Loop:   L.D       F0,0(R1)
        L.D       F6,-8(R1)
        L.D       F10,-16(R1)
        L.D       F14,-24(R1)
        ADD.D     F4,F0,F2
        ADD.D     F8,F6,F2
        ADD.D     F12,F10,F2
        ADD.D     F16,F14,F2
```

```
S.D      F4,0(R1)
S.D      F8,-8(R1)
DADDUI   R1,R1,#-32
S.D      16(R1),F12
BNEZ     R1,LOOP
S.D      8(R1),F16
```

循环展开对循环间无关的程序可以有效降低其停顿,在应用循环展开的过程中,需要注意很多细节问题。编译器的指令调度是实现指令调度的软件方法,在完成指令调度任务时,程序固有的指令级并行性和流水线功能部件的执行延迟是影响调度结果的主要因素。如果采用了循环展开的方法,编译器必须保证循环展开后,程序运行的结果不发生改变。比如,移动 S.D 到 DADDUI 和 BNEZ 后,需要调整 S.D 中的偏移;删除不必要的测试和分支后,循环步长等控制循环的代码也要发生相应的变化;以及原来发生在不同次的循环代码,原则上使用不同的寄存器,这样可以避免新的冲突的出现;另外,循环展开后,可能会出现新的相关性,编译器也要能够发现和处理此类相关,才能保证程序的有效性。循环展开中的 Load 和 Store,以及原来发生在不同次循环的 Load 和 Store 都是相互独立的,可以进行并行处理,需要分析对存储器的引用,保证它们没有引用同一地址。所以,程序指令级并行性的提高为编译器的设计提出了更高的要求。

3.2.2 循环展开的特点

循环展开的研究已经有几十年的历史了,无论是在大规模并行领域,还是在细粒度的指令级并行领域,该方法都已经被证实对提高编译器的性能非常有效,仔细分析上面的例子,我们会发现,循环展开后,功能部件利用率有效提高,系统的开销也有所减小,主要原因是:

① 循环展开后,有更多的指令在一个循环体中执行,更利于把不相关的指令调度到一起并行执行,可以得到更好的并行效果。

② 循环展开减少了循环体重复执行的次数,从而减小了循环转移开销。分析上一节中的例子就可以发现,经过调度后,一次循环执行的时间从 9 个周期减少到了 7 个周期,在这 7 个周期中,只有 L.D、DADDUI 和 ADD.D 是有效操作,而其余的时钟周期都是为了实现控制循环而附加的,循环展开的方法是减少这种控制循环最简单有效的方法。

③ 循环展开后,循环变量的赋值操作减少了,这样指令发射的总数也减少了。

但是,循环展开也带来一些负面的影响:

① 为了避免读-写相关 WAR(Write After Read)和写-写相关 WAW(Write After Write),需要对展开的每个循环体分配不同的寄存器,这就增加了所需寄存器的数目,这是循环展开的应用受到限制的最主要的原因。过分地展开和调度循环可能会导致寄存器不足,使

部分活变量没有可分配的寄存器。虽然从理论上来讲,循环展开调度后的代码会运行得快一些,但寄存器的压力可能会使这种优势部分或全部丧失。寄存器数目与循环展开应用的这种矛盾被称作寄存器压力。当循环展开和指令调度结合起来时,寄存器压力尤为明显;在多发射的处理器上,寄存器压力更为突出。

② 循环展开的次数很难确定,而这直接影响到循环展开的并行优化程度。

③ 循环展开会引起代码量的增长。对于代码较多的循环体,代码量的增大会增大存储空间的压力。例如,在嵌入式系统中,存储空间的限制会直接影响到循环展开的应用。循环展开后代码量的增长还可能使指令缓存的缺失率提高。

循环展开引起的这些问题给编译器的设计提出了更高的要求,现在的编译器已经变得越来越复杂了,为了得到更好的运行结果,需要不断实践和验证,但它们的实际效果在代码生成之前往往是很难衡量的。

3.3 动态指令调度

在本节中,我们将首先为读者介绍静态指令调度和动态指令调度的概念和区别;然后,介绍动态指令调度的基本思想;进而,详细讲解和分析动态指令调度算法——ScoreBoard 算法(记分板算法)和 Tomasulo 算法。

3.3.1 静态指令调度与动态指令调度

所谓静态指令调度就是在编译阶段由编译器实现的指令调度,目的是通过调度尽量地减少程序执行时由于数据相关而导致的流水线暂停(即处理器空转)。所以,静态指令调度方法也叫做编译器调度法。由于在编译阶段程序没有真正运行,有一些相关可能未被发现,这是静态指令调度无法根本解决的问题。

动态指令调度是由硬件在程序实际运行时实施的,它通过硬件重新安排指令的执行顺序,绕过或防止数据相关导致的错误,减少处理器空转,提高程序的并行性。采用由硬件实现的动态指令调度方法可以对编译阶段无法确定的相关进行优化,从而简化了编译器的工作。这样,代码在不同组织结构的机器上,同样可以有效地运行,即提高代码的可移植性。当然,动态指令调度的这些优点是以显著提高的硬件复杂度为代价的。

当遇到无法消除的数据相关时,静态指令调度和动态指令调度的执行思想有根本的不同。这里,我们用最通俗的方式来解释两种方式的不同,静态指令调度本着"避开矛盾或冲突"的宗旨,通过编译器的调度,尽量分离有相关的指令,使它们避免产生冲突,从而得到尽量减少暂停、加大并行性的指令调度。相反,动态指令调度本着"先执行可以执行的指令"的宗旨,并不介意指令执行时产生的冲突,而是尽量通过调度减少暂停的时间,动态指令调度允许 stall 后的指令继续向前流动。

当然,在实际应用中,两种调度方法可以结合使用,即采用静态调度方法生成的代码也可以在采用动态调度的处理器中运行。

3.3.2 动态指令调度的基本思想

动态指令调度完全抛弃了之前流水线技术中的一个严重局限:按序发射指令。

由于流水线中的这种限制,经常出现这样的情况:一条指令在流水线中被暂停,那么它后面的指令也无法继续向前流动。最糟糕的情况是,如果两条相邻指令存在相关,就会马上引起流水线的停滞。如果暂停的时间较长,那么就会使多个功能部件都转入空闲状态,暂时失去了流水线并行执行的特性。

代码 3-5

```
DIV.D   F0,F2,F4
ADD.D   F10,F0,F8      ;与上一句存在数据相关,不能执行
SUB.D   F8,F8,F14      ;与上两句都没有相关,但不能执行
```

分析以上 3 句代码的相关性可以发现,ADD.D 与 DIV.D 两条指令相关,当 DIV.D 进入流水线并还未计算出结果之前,ADD.D 语句不能执行。而且,后面的 SUB.D 语句虽然与其他指令都无关,但由于按序发射指令的限制,也不能执行。

由 3.3.1 小节可知,当发生数据相关所产生的冲突时,动态指令调度允许 stall 后的指令继续向前流动,这打破了前面所说的按序发射指令的限制。动态指令调度中,指令队列要进行重新排序,借助指令缓冲区,以一种全新的顺序来执行指令流;硬件负责调度指令的执行以减少流水的停顿,允许将多条指令不按程序规定的顺序分开发送给各相应电路单元处理;根据各电路单元的状态和各指令能否提前执行的具体情况分析后,将能提前执行的指令立即发送给相应电路单元执行,尽量不因指令序列中前面指令的停顿影响后面指令的执行,即实现指令的乱序执行(out-of-order execution);然后,由重新排列单元将各个执行单元结果按指令顺序重新排列;这样,指令的结束也是乱序的。

乱序执行需要许多额外的硬件,以便记录指令的原有顺序、当前顺序和使用的资源,这会使处理器的制造更为复杂。指令乱序执行必然导致指令乱序结束,从而使异常处理更为复杂,执行不精确,异常出现后,很难确定和恢复现场,导致此方法在提高并行性上只对很少一类程序有效。

根据需要,将基本流水的译码阶段(ID)分成两个阶段:

① 发射(Issue,IS):指令译码,并检查结构冒险的情况。

② 读操作数(Read Operands,RO):数据冒险检查,当检测到没有数据相关引起的数据冒险时,就读操作数。

程序的指令先被存至指令队列中,由硬件实现以上两个阶段的检测,一旦满足发射条件就

发射指令,满足读操作数条件就读操作数,接着是执行阶段,执行阶段的处理与前面介绍的基本流水的工作过程相同。根据不同的运算类型,指令的执行可能需要不同的时钟周期,一条指令开始执行与执行完毕之间的时间为执行时间。

记分板(score board)机制和 Tomasulo 算法是动态指令调度技术中的两项经典技术。在 3.3.3 小节和 3.3.4 小节中将详细介绍这两种技术。

3.3.3 动态指令调度算法:记分板

记分板技术是动态调度的一种方法,1964 年第一次与乱序执行的概念共同提出,该项技术应用于 CDC 公司开发的 CDC6600,这两种概念的提出开启了动态指令调度的新篇章。

1. 记分板概述

记分板技术的主要思想是通过一个记分板来保证数据依赖关系,进而控制指令的发送、执行与结果写入,它可以充分开发程序中的指令级并行性,使由于程序的数据相关引起的停顿减到最小。采用这项技术,一条指令如果与在它前面的指令之间存在写-写相关或写-读相关,则它不能被发送到功能部件,如果指令在要将结果写回时发现有读-写相关,则其结果要延迟写入。图 3-1 给出了采用记分板技术的 DLX 基本结构。

如图 3-1 所示,记分板是一个集中控制部件,主要工作是记录和跟踪寄存器和多个执行单元的状态情况,负责相关的检测、控制指令的发射和执行。寄存器和功能部件的状态随时报告给记分板。寄存器与功能部件的数据是通过数据总线相互传递的。DLX 有 2 个浮点乘法器、1 个浮点除法器、1 个浮点加法器和 1 个整数(定点)部件。所有的存储器访问、转移操作和整数操作都由整数部件来完成。每条指令都要通过记分板,由记分板判断、建立并保存其数据相关结构,由记分板决定何时读操作数、执行指令。如果由于数据相关不能立即执行指令,记分板会根据寄存器和功能部件随时报告的状态来决定何时执行指令。在记分板机制下,相关的检测和指令执行的控制完全集中于记分板进行。

在记分板技术中会碰到原来少有涉及的 RAW 数据冒险,在允许乱序执行的流水线中,指令也是乱序结束的,这就导致了下面这种情况的发生:对于两条指令 A 和 B,假设在程序中指令 A 先于指令 B,指令 A 要读取的数据恰恰是指令 B 要改写的数据,这在基本流水线中不会产生冒险,但在乱序执行的机制下,指令 B 可能在指令 A 读取数据之前就改写了数据,导致指令 A 读到的是错误的数据,这就是所说的 RAW 数据冒险。下面考察代码 3-6。

代码 3-6

```
DIV.D    F0,F2,F4
ADD.D    F10,F0,F8
SUB.D    F8,F8,F14
```

第 3 章 指令级并行

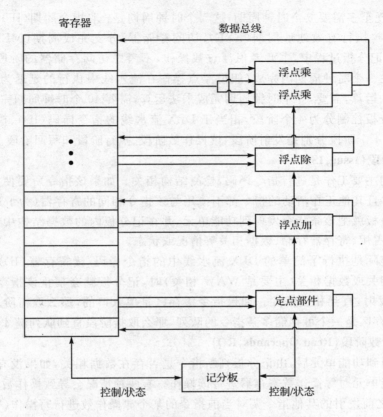

图 3-1 采用记分板技术的 DLX 基本结构

在指令 ADD.D 与 SUB.D 之间存在着 RAW 数据冒险,若在乱序执行中 SUB.D 在 ADD.D 取数据之前完成数据的存储,那么,程序的运行就出现了错误。此外,在乱序执行中,还要注意监测 WAW,见代码 3-7。

代码 3-7

```
DIV.D    F0,F2,F4
ADD.D    F10,F0,F8
SUB.D    F10,F8,F14
```

如果 SUB.D 的目标寄存器为 F10,那么,就可能产生 WAW 数据冒险。在后面的介绍中将会看到在记分板机制下指令的执行是如何避免多种数据冒险的。

2. 记分板控制的各指令阶段

简单的 DLX 流水线各级的操作在第 2 章介绍过,在不涉及浮点数运算等条件下,每一条

DLX 指令的实现至多需要 5 个时钟周期,这 5 个时钟周期是:取指令周期(IF),指令译码/读寄存器周期(ID),执行有效地址周期(EXE),访问存储器/分支完成周期(MEM),写回周期(WB)。在说明记分板过程中,主要考虑浮点数操作,不考虑访问存储器的阶段,由于浮点数运算也不可能在一个时钟周期内完成(假设浮点操作在流水线中执行的延迟为:需要 2 个时钟周期完成加法运算,需要 10 个时钟周期完成乘法运算,需要 40 个时钟周期完成除法运算),所以可以把记分板控制分为 4 个阶段,相当于 DLX 流水线的指令译码(ID)、执行(EXE)、写结果(WB)。这 4 个阶段分别是发射阶段、读操作数阶段、执行阶段和写回阶段。

(1) 发射阶段(Issue, IS)

这一阶段的主要工作是进行指令译码,检测结构相关。如果该指令所要使用的功能单元(FU)有空闲,并且其他正在活动的指令都不使用与该指令相同的寄存器(为了避免 WAW 冒险的出现),记分板就把该条指令发射到功能单元,并在记分板内的数据结构中记录指令执行状态、功能单元占用、寄存器存储、数据相关等情况或状态。

这一阶段实际是执行了简单的 DLX 流水线中的指令译码/读寄存器(ID)的部分功能。在检测到结构相关或数据相关(主要是 WAW 相关)时,记分板就会禁止该指令的发射,也暂停后继指令的发射,直到相关解除。如果指令缓存区是单入口的,那么取指阶段也会马上暂停;如果指令缓存区是一个可存储多条指令的队列,那么取指阶段直到队列满才会被暂停。

(2) 读操作数阶段(Read Operands, RO)

指令被发射到功能单元后,由记分板判断指令是否存在数据相关,如果没有数据相关,记分板就允许功能单元对源操作数寄存器进行读操作。有两种情况会导致操作数无效:

① 该指令之前发射的其他指令要对当前指令的某个源操作数进行写操作(WAR 相关);
② 某功能单元正在对当前指令的某个源操作数进行写操作。

这一阶段与第一阶段的工作相当于简单的 DLX 流水线中的指令译码/读寄存器(ID)的全部功能。该阶段记分板要检测的数据相关是 WAR 相关,虽然在指令乱序执行机制下导致 WAR 冒险的发生,但由于先于该指令发射的其他指令的数据相关情况被实时存储在记分板内的数据结构中,记分板只要进行简单的判断,就动态地解决了冒险的发生。一旦记分板检测到该源操作数有效,就会通知功能单元读操作数。

(3) 执行阶段(Execution, EXE)

功能单元在接收到操作数后,指令进入第三阶段——执行,功能单元开始执行计算,计算过程可能会花费多个时钟周期,计算出结果后,它会通知记分板,由记分板决定何时进入下一阶段。这一阶段代替了简单的 DLX 流水线中的执行阶段(EXE)。

(4) 写回阶段(Write Result, WR)

记分板一旦被通知指令执行完毕,就会对目标寄存器的占用或数据相关情况进行检测,如果目标寄存器空闲,就会通知操作单元将结果写入目标寄存器,同时释放该条指令所占用的操作单元、记分板内部的数据等资源。这一阶段代替了简单的 DLX 流水线中的写回阶段

(WB)。发生这种情况不能将结果写入目标寄存器:该指令之前发射的某条指令还未读取操作数,而其中一个源操作数存储的寄存器与当前指令要写入的寄存器为同一个寄存器(RAW相关)。

3. 记分板记录的信息

记分板不但要检测各指令间的相关,还要检测功能单元指令执行情况等。记分板中有专门的电路来记录这些丰富的信息,这些信息分为三部分:

① 指令状态信息(instruction status)。记录当前正在执行的各条指令处于 4 个阶段(发射、读操作数、执行、写回)的哪一阶段。

② 功能单元状态信息(functional unit status)。记录功能单元(FU)的状态。每个功能单元状态信息表有 9 个域:

Busy:表示现在功能单元是否正在使用。

Op:表示功能单元所执行的操作。

Fi:记录功能单元操作的目标寄存器。

Fj、Fk:记录功能单元操作的源寄存器。

Qj、Qk:产生源寄存器数据的功能单元。

Rj、Rk:表示 Fj、Fk 源寄存器的数据是否准备好的标志位。

③ 结果寄存器状态信息(register result status)。该域记录各寄存器的占用情况,以及各功能单元与其占用的目标寄存器的对应关系,如果寄存器未被占用,则这个域为空。

用表 3-2 可以描述出记分板流水线控制的 4 个阶段的工作条件和内容,其中,FU 是该指令所使用的功能单元,D 是目标寄存器名,S1 和 S2 表示源寄存器名,Op 表示要执行的操作。

表 3-2 记分板流水线控制

指令状态	工作条件	记分板记录的内容	
发射	Not busy (FU) and not result(D) //指令所需功能单元不忙,没有结果要写入目标寄存器	Busy(FU)←yes;	//功能单元设为忙
		Op(FU)←Op;	//记录功能单元的操作
		Fi(FU)←'D';	
		Fj(FU)←'S1';	
		Fk(FU)←'S2';	//记录功能单元的目标寄存器名、源操作数寄存器名
		Qj←Result('S1');	
		Qk←Result('S2');	//查找结果寄存器状态信息,记录产生源操作数的功能 //单元
		Rj←not Qj;	
		Rk←not Qk;	//设置源操作标志位:未准备好
		Result('D')←FU;	//将 FU 设置为产生寄存器的功能单元

续表 3-2

指令状态	工作条件	记分板记录的内容
读操作数	Rj and Rk //源操作数寄存器都准备好	Rj←No；Rk←No； //设置源操作数寄存器标志位为未准备好,表示已经取走了就绪的数据
完成执行	Functional unit done //功能单元完成操作	
写回	∀f((Fj(f)≠Fi(FU) Or Rj(f)=No) &(Fk(f)≠Fi(FU) or Rk(f)=No)) //当没有其他功能单元要读当前目标寄存器(RAW)	∀f(if Qj(f)=FU then Rj(f)←Yes)； ∀f(if Qk(f)=FU then Rk(f)←Yes)；//告知等结果的功能单元操作数准备好 Result(Fi(FU))←0；　　　　　　//释放目标寄存器的使用 Busy(FU)←No；　　　　　　　　//释放功能单元,单元可用

注：表中凡加单引号(' ')的表示寄存器的名称而不是寄存器的值。

4. 示例说明记分板机制

下面通过一个具体程序代码段详细分析记分板流水线记录的信息内容,从而说明记分板流水线具体的工作过程。下面考察代码 3-8。

代码 3-8

```
L.D     F6,34(R2)
L.D     F2,45(R3)
MUL.D   F0,F2,F4
SUB.D   F8,F6,F2
DIV.D   F10,F0,F6
ADD.D   F6,F8,F2
```

延续之前的假设,DLX 流水线中有 5 个功能单元：2 个浮点乘法器、1 个浮点除法器、1 个浮点加法器和 1 个整数部件；并假设浮点操作在流水线中执行的延迟为：需要 2 个时钟周期完成加法运算,需要 10 个时钟周期完成乘法运算,需要 40 个时钟周期完成除法运算。

那么第 1 个时钟周期结束时,记分板的状态如图 3-2 所示。

流水线开始执行代码,第 1 个时钟周期开始时,L.D 命令的发射条件满足(需要的整数部件空闲,且目标寄存器 F6 无数据相关)。所以记分板中记录下该指令运行到发射阶段；记录下对应功能单元的状态变化,如：整数部件设为忙,操作为 Load,目标寄存器是 F6 等；同时记分板还要记录下结果寄存器的对应关系,整数部件 Integer 要对寄存器 F6 进行写操作。图 3-2

指令状态信息	指令	i	j	k	发射	读操作数	执行完成	写回		时钟周期
	L.D	F6,	34	(R2)	1					
	L.D	F2,	45	(R3)						
	MUL.D	F0,	F2,	F4						1
	SUB.D	F8,	F6,	F2						
	DIV.D	F10,	F0,	F6						
	ADD.D	F6,	F8,	F2						

功能单元状态	Time	Name	Busy	Op	Fi	Fj	Fk	Qj	Qk	Rj	Rk
		Integer	Yes	Load	F6		R2				Yes
		Mult1	No								
		Mult2	No								
		Add	No								
		Divide	No								

结果寄存器状态		F0	F2	F4	F6	F8	F10	F12	...	F30
	FU				Integer					

注：图中灰度表示记分板发生变化的位置和变化的内容。

图 3-2 记分板状态（第 1 个时钟周期结束时）

中，指令状态信息里的数字表示指令在第几个时钟周期进入相应的执行阶段，后面类似的图就不再另行说明。

由于功能单元 Integer 的源操作数 R2 已经准备好（Rk(Integer)＝ok），所以满足读操作数的要求，当第 2 个时钟周期结束时，记分板的状态如图 3-3 所示。在第 2 个时钟周期中，指令 L.D 进入读操作数的阶段，记分板允许功能单元 Integer 读取源操作数寄存器 R2 的内容。同时记分板要修改功能单元 Integer 中标志位 Rk 为 No，表示已经取走了操作数。

指令状态信息	指令	i	j	k	发射	读操作数	执行完成	写回		时钟周期
	L.D	F6,	34	(R2)	1	2				
	L.D	F2,	45	(R3)						
	MUL.D	F0,	F2,	F4						2
	SUB.D	F8,	F6,	F2						
	DIV.D	F10,	F0,	F6						
	ADD.D	F6,	F8,	F2						

功能单元状态	Time	Name	Busy	Op	Fi	Fj	Fk	Qj	Qk	Rj	Rk
		Integer	Yes	Load	F6		R2				No
		Mult1	No								
		Mult2	No								
		Add	No								
		Divide	No								

结果寄存器状态		F0	F2	F4	F6	F8	F10	F12	...	F30
	FU				Integer					

图 3-3 记分板状态（第 2 个时钟周期结束时）

既然是流水线作业，为什么在第 2 个周期中，第 2 条指令没有发射呢？原因很简单，第 2 条指令 L.D 所需的功能单元 Integer 只有一个，且正被第 1 条指令占用，所以不能发射第 2 条指令。这里有一个小问题需要读者注意，虽然记分板机制下的流水线允许指令的乱序执行，但是指令还是要遵循原来的顺序进行发射。所以一旦某条指令的发射条件不满足,那么其后续指令的发射也被阻塞。所以,在第3个时钟周期到来时,第3条指令 MUL.D 也不能被发射。

功能单元 Integer 取走操作数后自动执行,Load 操作只需 1 个时钟周期,所以在第 3 个时钟周期结束时,功能单元就完成了 Load 操作。

在第 4 个时钟周期到来时,记分板要为第 1 条 L.D 指令判断是否可以进入写回阶段,一方面,功能单元 Integer 完成了操作,另一方面,$\forall f((Fj(f) \neq F6 \; Or \; Rj(f) = No) \& (Fk(f) \neq F6 \; or \; Rk(f) = No))$,即没有其他功能单元要对目标寄存器 F6 进行读操作(RAW 相关),所以该指令的状态满足进入写回阶段的条件,第 1 条指令进入写回阶段。在指令 L.D 的写回阶段,记分板允许功能单元 Integer 将计算结果写入目标寄存器 F6,同时记分板对指令状态进行记录,释放功能部件(Integer 标志位设为忙 busy(Integer) = No),释放结果寄存器的占用(result(F6(integer)) = No)。第 4 个时钟周期结束时,记分板的状态如图 3-4 所示。

指令状态信息	指令	i	j	k	发射	读操作数	执行完成	写回		时钟周期
	L.D	F6,	34	(R2)	1	2	3	4		
	L.D	F2,	45	(R3)						
	MUL.D	F0,	F2,	F4						4
	SUB.D	F8,	F6,	F2						
	DIV.D	F10,	F0,	F6						
	ADD.D	F6,	F8,	F2						

功能单元状态	Time	Name	Busy	Op	Fi	Fj	Fk	Qj	Qk	Rj	Rk
		Integer	No								
		Mult1	No								
		Mult2	No								
		Add	No								
		Divide	No								

结果寄存器状态	F0	F2	F4	F6	F8	F10	F12	...	F30
FU									

图 3-4 记分板状态(第 4 个时钟周期结束时)

第 5 个时钟周期记分板的状态和指令的执行情况与第 1 个时钟周期类似。

在第 6 个时钟周期到来时,由于第 2 条指令在上个时钟周期已经顺利发射(此时第 2 条指令进入取操作数阶段),第 3 条指令 MUL.D 也满足了发射条件(需要的乘法部件空闲,且目标寄存器 F0 无数据相关),该指令进入发射阶段。记分板会马上修改相应的信息,乘法部件设为忙,操作为 Mult,目标寄存器是 F0 等,乘法部件 Mult 要对寄存器 F0 进行写操作。功能部件 Integer 读操作数 R3,Rk(Integer) = No。第 6 个时钟周期结束时,记分板的状态如图 3-5 所示。

在第 7 个时钟周期,流水线主要有以下两个工作:第 2 条 L.D 指令执行操作,第 4 条指令 SUB.D 的发射。**注意**,这个时钟周期到来时,第 3 条指令的功能单元 Mult1 不能读取操作数,因为第 1 个源操作数寄存器 F2 的数据还未准备好(Integer 单元还未写回 F2)。第 4 条指令 SUB.D 的两个源操作数 F6、F2 分别与第 1、第 2 条 L.D 指令相关,而此时,F2 的数据还未写

指令状态信息	指令	i	j	k	发射	读操作数	执行完成	写回
	L.D	F6,	34	(R2)	1	2	3	4
	L.D	F2,	45	(R3)	5	6		
	MUL.D	F0,	F2,	F4	6			
	SUB.D	F8,	F6,	F2				
	DIV.D	F10,	F0,	F6				
	ADD.D	F6,	F8,	F2				

时钟周期
6

功能单元状态	Time	Name	Busy	Op	Fi	Fj	Fk	Qj	Qk	Rj	Rk
		Integer	Yes	Load	F2		R3				No
		Mult1	Yes	Mult	F0	F2	F4	Integer		No	Yes
		Mult2	No								
		Add	No								
		Divide	No								

结果寄存器状态	F0	F2	F4	F6	F8	F10	F12	...	F30
FU	Mult1	Integer							

图 3-5 记分板状态(第 6 个时钟周期结束时)

入,所以记分板要分别设置标志位 Rj(Add) 和 Rk(Add) 为 Yes 和 No。第 7 个时钟周期结束时,记分板的状态如图 3-6 所示。

指令状态信息	指令	i	j	k	发射	读操作数	执行完成	写回
	L.D	F6,	34	(R2)	1	2	3	4
	L.D	F2,	45	(R3)	5	6	7	
	MUL.D	F0,	F2,	F4	6			
	SUB.D	F8,	F6,	F2	7			
	DIV.D	F10,	F0,	F6				
	ADD.D	F6,	F8,	F2				

时钟周期
7

功能单元状态	Time	Name	Busy	Op	Fi	Fj	Fk	Qj	Qk	Rj	Rk
		Integer	Yes	Load	F2		R3				No
		Mult1	Yes	Mult	F0	F2	F4	Integer		No	Yes
		Mult2	No								
		Add	Yes	Sub	F8	F6	F2	Integer		Yes	No
		Divide	No								

结果寄存器状态	F0	F2	F4	F6	F8	F10	F12	...	F30
FU	Mult1	Integer			Add				

图 3-6 记分板状态(第 7 个时钟周期结束时)

在第 8 个时钟周期到来时,记分板的主要工作是:

① 判断并允许第 2 条 L.D 指令可以进入写回阶段,在指令 L.D 的写回阶段,记分板允许功能单元 Integer 将计算结果写入目标寄存器 F6,同时记分板对指令状态进行记录,Rj(Mult1)＝Yes,Rk(Add)＝Yes,释放功能部件(Integer 标志位设为"忙",busy(Integer)＝No),释放结果寄存器的占用(result(F2(integer))＝NO)。

② 判断出第 5 条指令 DIV.D 满足发射条件,发射,修改记分板。

第 9 个时钟周期,功能部件 Mult1 和 Add 所需的源操作数寄存器数据准备好,对应的两条指令 MUL.D 和 SUB.D 进入读操作数阶段。第 9 个时钟周期结束时,两个功能单元已经读到操作数(记分板中两个功能单元中标志位 Rj、Rk 设为 No,表示已经取走的操作数),下一个周期就要开始执行运算操作了。**注意**,在这个时钟周期中,由于指令 ADD.D 所需的功能单元 Add 只有一个且正在被占用,所以该指令不能被发射。

进入第 10 个时钟周期,两个浮点运算功能单元 Mult1 和 Add1 开始运算操作,延时分别为 10 个时钟周期和 2 个时钟周期,所以,当第 10 个时钟周期结束时,这两个功能单元完成计算分别还需 9 个时钟周期和 1 个时钟周期。由于指令 DIV.D 的源操作数 F0 与之前的指令 MUL.D 存在 WAR 数据相关,而指令 MUL.D 的运算结果还未写入寄存器 F0,所以,功能单元不能读入操作数。第 10 个时钟周期结束时,记分板的状态如图 3-7 所示,图中左侧灰色底色的部分表示功能单元完成计算的剩余周期数。

指令状态信息	指令	i	j	k	发射	读操作数	执行完成	写回	时钟周期
	L.D	F6,	34	(R2)	1	2	3	4	
	L.D	F2,	45	(R3)	5	6	7	8	
	MUL.D	F0,	F2	F4	6	9			10
	SUB.D	F8,	F6	F2	7	9			
	DIV.D	F10,	F0	F6	8				
	ADD.D	F6,	F8	F2					

功能单元状态	Time	Name	Busy	Op	Fi	Fj	Fk	Qj	Qk	Rj	Rk
		Integer	No								
	9	Mult1	Yes	Mult	F0	F2	F4			No	No
		Mult2	No								
	1	Add	Yes	Sub	F8	F6	F2			No	No
		Divide	Yes	Div	F10	F0	F6	Mult1		No	Yes

结果寄存器状态	F0	F2	F4	F6	F8	F10	F12	...	F30
FU	Mult1				Add	Divide			

图 3-7 记分板状态(第 10 个时钟周期结束时)

第 11 个时钟周期,流水线中 Mult1 和 Add 功能单元继续执行计算操作。到该时钟周期结束时,功能单元 Add 完成计算操作,功能单元 Mult1 还需 8 个时钟周期才能完成计算操作。所以指令"SUB.D F8,F6,F2"在第 11 个时钟周期结束时完成了指令的执行。

在第 12 个时钟周期,指令"SUB.D F8,F6,F2"进入写回阶段(记分板判断无 RAW 相关),释放占用的功能单元 Add 和占用的结果寄存器 F8。功能单元 Mult1 还需 7 个时钟周期才能完成计算操作。

进入第 13 个时钟周期,由于 Add 功能单元的空闲,记分板判断第 6 条指令 ADD.D 如果满足发射条件,则发射并修改记分板内容。功能单元 Mult1 还需 6 个时钟周期才能完成计算操作。第 13 个时钟周期结束时,记分板的状态如图 3-8 所示。

第 14 个时钟周期:指令 ADD.D 对应的功能单元 Add 读操作数。

第 15 个时钟周期:功能单元 Mult1 和 Add 继续执行计算。

第 16 个时钟周期:指令 ADD.D 完成执行。

第 17 个时钟周期时,由于在之前发射的指令 DIV.D 的一个源操作数 F6 还未取走数据,

F6 是指令 ADD.D 的目标寄存器，这是 RAW 相关，所以指令 ADD.D 不满足写回条件，不能进行写寄存器操作。也就是说，此时由于指令 MUL.D 没有完成计算，其结果也未写入其目标寄存器 F0，导致指令 DIV.D 无法得到源操作数寄存器 F0 的数据，虽然另外一个源操作数寄存器 F6 准备好了数据，但也不能进行操作数的读入。指令 DIV.D 的后续指令 ADD.D 由于乱序执行先结束了运算，但由于其目标寄存器 F6 的数据未被前面发射的指令 DIV.D 取走，也不能做写回操作。第 17 个时钟周期结束时，记分板的状态如图 3-9 所示。

指令状态信息	指令	i	j	k	发射	读操作数	执行完成	写回	时钟周期
	L.D	F6,	34	(R2)	1	2	3	4	
	L.D	F2,	45	(R3)	5	6	7	8	13
	MUL.D	F0,	F2,	F4	6	9			
	SUB.D	F8,	F6,	F2	7	9	11	12	
	DIV.D	F10,	F0,	F6	8				
	ADD.D	F6,	F8,	F2	13				

功能单元状态	Time	Name	Busy	Op	Fi	Fj	Fk	Qj	Qk	Rj	Rk
		Integer	No								
	6	Mult1	Yes	Mult	F0	F2	F4			No	No
		Mult2	No								
		Add	Yes	Add	F6	F8	F2			Yes	Yes
		Divide	Yes	Div	F10	F0	F6	Mult1		No	Yes

结果寄存器状态		F0	F2	F4	F6	F8	F10	F12	...	F30
	FU	Mult1			Add		Divide			

图 3-8 记分板状态（第 13 个时钟周期结束时）

指令状态信息	指令	i	j	k	发射	读操作数	执行完成	写回	时钟周期
	L.D	F6,	34	(R2)	1	2	3	4	
	L.D	F2,	45	(R3)	5	6	7	8	17
	MUL.D	F0,	F2,	F4	6	9			
	SUB.D	F8,	F6,	F2	7	9	11	12	
	DIV.D	F10,	F0,	F6	8				
	ADD.D	F6,	F8,	F2	13	14	16		

功能单元状态	Time	Name	Busy	Op	Fi	Fj	Fk	Qj	Qk	Rj	Rk
		Integer	No								
	2	Mult1	Yes	Mult	F0	F2	F4			No	No
		Mult2	No								
		Add	Yes	Add	F6	F8	F2			No	No
		Divide	Yes	Div	F10	F0	F6	Mult1		No	Yes

结果寄存器状态		F0	F2	F4	F6	F8	F10	F12	...	F30
	FU	Mult1			Add		Divide			

图 3-9 记分板状态（第 17 个时钟周期结束时）

第 18 个时钟周期，功能单元 Mult1 继续执行运算，其他功能单元继续等待。

第 19 个时钟周期结束时，功能单元 Mult1 完成浮点乘法的运算，得出结果，并通知了记分板。

第 20 个时钟周期，记分板负责判断出指令 MUL.D 符合写回条件，指令 MUL.D 进入写回阶段。记分板修改相应的内部信息：释放功能单元 Mult1、结果寄存器 F0，Rj(Divide) = Yes。

第 21 个时钟周期，记分板允许指令 DIV.D 对应的功能单元 Divide 读操作数。记分板修改相应信息，即 Rj(Divide) = No, Rk(Divide) = No，表示两个源操作数寄存器的数值已经取走。

第 22 个时钟周期，由于之前被阻塞的指令 ADD.D 的目标寄存器 F6 的数据被取走，所以解除阻塞，进入写回操作，释放功能单元和结果寄存器。同时，在这个时钟周期，功能单元 Divide 开始进行浮点运算（需要 40 个时钟周期完成除法运算）。第 22 个时钟周期结束时，记分板的状态如图 3-10 所示。

指令状态信息	指令	i	j	k	发射	读操作数	执行完成	写回	时钟周期
	L.D	F6,	34	(R2)	1	2	3	4	
	L.D	F2,	45	(R3)	5	6	7	8	22
	MUL.D	F0,	F2,	F4	6	9	19	20	
	SUB.D	F8,	F6,	F2	7	9	11	12	
	DIV.D	F10,	F0,	F6	8	21			
	ADD.D	F6,	F8,	F2	13	14	16	22	

功能单元状态	Time	Name	Busy	Op	Fi	Fj	Fk	Qj	Qk	Rj	Rk
		Integer	No								
		Mult1	No								
		Mult2	No								
		Add	No								
	39	Divide	Yes	Div	F10	F0	F6			No	No

结果寄存器状态	F0	F2	F4	F6	F8	F10	F12	F30
FU						Divide		

图 3-10 记分板状态（第 22 个时钟周期结束时）

第 23～61 个时钟周期中，功能单元 Divide 进行浮点除法运算。第 61 个时钟周期完成运算，指令 DIV.D 完成第 3 阶段的执行。

第 62 个时钟周期，记分板判断指令 DIV.D 可以进入写回阶段，写回结果后，释放功能单元 Divide 和结果寄存器 F10。至此，全部的功能单元和结果寄存器全部释放，程序代码执行完毕。

现在再重新审视一下这 6 条指令的执行过程，考察它们是在哪个时钟周期进入各状态阶段的。图 3-11 是各条指令进入指令执行各阶段的时钟周期号，除了指令的发射是按照顺序先后进行的，其余的执行过程都是乱序的，正是乱序执行、乱序结束。

5. 记分板机制小结

总结记分板机制的特点如下：

① 相关的检测和指令执行的控制是集中进行的。每条指令都要从记分板通过，在这里建

指令	i	j	k	发射	读操作数	执行完成	写回
L.D	F6,	34	(R2)	1	2	3	4
L.D	F2,	45	(R3)	5	6	7	8
MUL.D	F0,	F2,	F4	6	9	19	20
SUB.D	F8,	F6,	F2	7	9	11	12
DIV.D	F10,	F0,	F6	8	21	61	62
ADD.D	F6,	F8,	F2	13	14	16	22

图 3-11　各条指令进入指令执行各阶段的时钟周期号

立数据相关关系,由记分板判断决定何时向功能单元发射指令,何时允许功能单元取源寄存器操作数,何时允许功能单元将结果写入目标寄存器。所有的相关检测和指令的控制都是集中在记分板完成的。

② 动态解决 RAW 相关,但 WAR 和 WAW 相关会引起指令发射阻塞。记分板可以控制指令写入目标寄存器的操作,所有的冒险检测和解除都是集中在记分板上完成的。如果存在 WAR 和 WAW 相关,那么记分板不允许指令发射,同时也阻止了后续指令的发射,直到阻塞解除。

③ 功能单元的结果没有旁路送入使用该结果的功能单元中,操作数都是由寄存器提供的。在记分板机制中没有使用取数功能的部件,也没有使用存储功能部件,更没有可以用来广播计算结果的总线,所有这些都是与寄存器进行交互的,这样只有记分板把结果写回寄存器时,需要此操作数的功能部件才能竞争着去读取它。

④ 记分板逻辑的硬件开销较小。指令相关检测和执行的控制都集中在一个单元——记分板中进行,记分板逻辑的硬件开销相对较小。

另外,影响记分板消除流水停顿的因素主要有以下几个方面:

① 指令中可开发的并行性。基本块中相邻指令的相关性越多,意味着指令中可开发的并行性就越少,也意味着对流水线的影响越大,有时候不管运用什么样的动态指令调度方法都没有办法减少这种影响所带来的停顿。

② 记分板的容量。在我们介绍的记分板机制中,始终认为一个简单的基本块中的线性指令都可以作为候选进入执行状态的待检查的指令集,但有时候记分板的容量是有限的,或是记分板的容量可以大大超过基本块中的线性指令的数量,这些情况对流水线查找那些独立不相关的指令的能力有着很大的影响。

③ 功能单元的数量与类型。由于实际实施指令中计算功能的部件始终是功能单元,那么功能单元的数量与类型就是影响流水线性能的重要因素,合理地安排功能单元的数量与类型,在一定的硬件成本下,可以有效地减少资源冲突的可能性。

④ 反相关和输出相关的存在。在记分板机制下,反相关和输出相关会导致读写冲突和写写冲突,那么为了保证程序指令读到正确的数值或在正确的时机写入寄存器都会引起流水停

顿,这也是影响动态指令调度流水性能的原因之一。

通过对记分板机制的分析可以发现,记分板机制硬件上的局限在一定程度上限制了它的性能。主要体现在以下几个方面:

① 记分板中没有定向的数据通路,所有的数据都是由寄存器来交互的,这样就增加了读写寄存器的资源阻塞的几率。例如,当有多个功能单元要读取一个寄存器中的数据时,它们不会同时读取,而是通过竞争相继读取,这就大大增加了流水的停顿。在后面介绍的 Tomasulo 算法中,计算所得的结果会通过专用的数据总线进行广播,所有需要该结果的部件都可以无须竞争地同时进行读取。

② 由于记分板中容量的限制,指令窗口较小,仅限于在基本块内进行并行性调度,从而缩小了可开发并行性的范围。

③ 在 CDC6600 中,功能单元较少,很容易产生结构相关,所有的存取操作是由整数部件完成的,很容易产生功能单元的资源冲突。当产生结构冲突时,记分板机制不允许发射相应指令,同时也阻塞了后续指令的发射。WAW 相关是通过阻塞指令的发射实现的,这显然也强行限制了该指令和后续指令写回阶段前的几个阶段的运行。

④ 在记分板机制中,对于因为某种原因不能进入取指阶段的指令,虽然已经准备好该指令需要的源操作数,该指令却不能读取,从而直接影响了后续指令对该操作数寄存器的写操作(RAW 相关)。这显然是不合理的,在后面介绍的 Tomasulo 算法中,这种情况将得到改善。

3.3.4 动态指令调度算法:Tomasulo 算法

在 CDC6600 推出 3 年后,Tomasulo 算法首次在 IBM 360/91 的浮点功能单元上使用。IBM 想在整个 360 系列只涉及一个指令系统和一个编译器,希望在没有专用编译器的情况下,同样可以达到提高系统性能的目的。该算法是以它的发明者 Robert Tomasulo 来命名的。

1. Tomasulo 算法概述

Tomasulo 算法对记分板机制进行了改进,基于保留站(reservation station)实现了寄存器换名(register renaming)的方法,在发生冲突后仍然允许指令继续执行,可以有效地避免写后写和读后写冲突。Tomasulo 算法的提出,为现代超标量处理器的设计打下了基础。图 3-12 给出了 IBM 360/91 基于 Tomasulo 算法的浮点单元基本结构。

IBM 360/91 采用流水功能部件而不是多个功能部件,它们的区别是,流水功能部件每一个时刻的总周期最多只启动一个操作,所以在讨论算法时,可以认为流水功能部件相当于多个功能部件。基于 Tomasulo 算法的浮点单元可同时进行 3 个浮点加操作、2 个浮点乘操作。浮点加法器可以进行浮点加法和减法操作,浮点乘法器可进行浮点乘法和除法操作。在此浮点单元结构中,增加了读数缓冲区和写数缓冲区,最多可支持总数为 6 个的浮点取数操作或存储

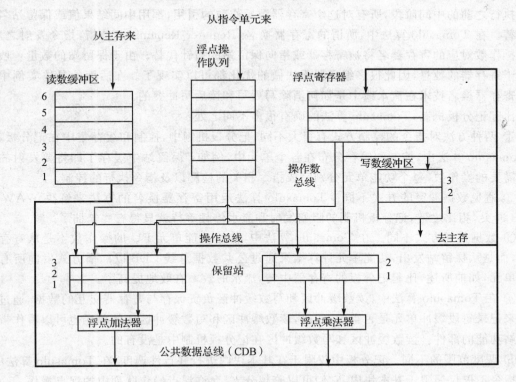

图 3-12 基于 Tomasulo 算法的浮点单元基本结构

器访问操作以及最多 3 个浮点存储器写操作。指令单元把浮点操作指令送入指令队列，译码后，运算符、操作数以及检测冒险的相关信息会保存在保留站中。从主存读取的数据由读数缓冲区负责保存，而需要写入主存的数据及地址由写数缓冲区负责保存。

Tomasulo 算法加入了公共数据总线（Common Data Bus,CDB），它连接了两个功能单元的输出、所有保留站、读数缓冲区、写数缓冲区和浮点寄存器。这样，功能单元计算所得的结果可以广播到公共数据总线 CDB，保留站中需要该数据的指令会将数据从 CDB 上存入本地锁存器。写数缓冲区和浮点寄存器如果是该数据的目标寄存器，也要从 CDB 上读取该数据。公共数据总线 CDB 的引入方便了数据从产生数据的功能单元到多个需求数据部件的直接传递，无需像记分板机制那样通过寄存器中转，需求数据的多个部件也无需竞争读取寄存器了。

Tomasulo 算法与记分板机制最根本的区别在于引入了保留站，从而在硬件上实现了寄存器换名，避免了写后写和读后写冲突。前面提到，保留站中缓存了要发射的指令所需的操作数，这是为了尽早取得缓存操作数，避免因为该指令迟迟不读取操作数，而影响其后续发射的指令对该寄存器的写操作，从而尽可能地避免读后写冲突。如果发生多个操作都要对寄存器进行写操作的情况，那么最后一个发射的指令才被允许对寄存器进行写操作，那么在真正的写操作执行之前的中间阶段,所有对这个寄存器源操作数的引用,都用中间结果值或保留站名字来代替。在 Tomasulo 算法中,所谓的寄存器换名(Register Renaming)是指,指令发射之后,存放操作数对应的寄存器名将被寄存器或指向保留站的指针代替。由于保留站的数量一般都会多于寄存器的数量,因此很多编译器无法做的优化都可以实现了。在后面的具体实例中将看到寄存器换名技术在流水线中是如何消除写后写和读后写冲突的。

比起记分板机制,Tomasulo 算法的确有很多不同之处:

① 两种方法对指令的控制方式有很大不同,记分板机制中,控制和缓存集中在记分板,而在 Tomasulo 算法中,控制和缓存分布在各个单元中,例如:保留站中缓存了即将要发射的指令所需要的操作数,每个功能单元分别完成指令相关的检测以及指令执行的控制。

② 避免数据冲突的方式不同。Tomasulo 算法运用寄存器换名的方法来解决 WAW 和 WAR 冲突,相比之下,记分板机制的阻塞发射和流水停顿等待就显得有些笨拙了。

③ 数据传递方式不同。在 Tomasulo 算法中,传给功能单元 FU 的操作数不是从寄存器发出,而是从保留站发出,功能单元计算结果通过公共数据总线 CDB 以广播方式发向所有的功能单元,如前所述,比起记分板的寄存器中转,流水的效率有效地提高了。

④ 在 Tomasulo 算法中,读数缓冲区和写数缓冲区负责保存与寄存器交互的数据,通过标志位来记录每段缓冲单元是否空闲,所以,读数缓冲区和写数缓冲区中的单元也可以看作带有保留站功能的部件。读数缓冲区和写数缓冲区在记分板机制中是没有的。

⑤ 调度范围的不同。记分板中仅限于在基本块内进行并行性调度,在 Tomasulo 算法中,部分指令不仅仅局限于基本块内,它们可以跨越分支,允许浮点操作队列中的浮点操作。

2. Tomasulo 算法控制的各指令阶段

下面要讨论的是在 Tomasulo 算法中,指令运行过程中经历的阶段,以及与记分板机制下指令运行的不同。Tomasulo 算法控制的指令阶段只有 3 个。

(1) 发射阶段(Issue,IS)

指令经过译码后,如果是浮点操作,则被排进浮点操作队列,等待被发射。如果该指令是浮点运算指令并且有空闲的保留站,就把指令发射到一个空闲的保留站中,并且把寄存器中已经准备好的操作数同时送入保留站;如果该指令是读存储器或写存储器操作,则当有空闲的缓冲单元时,才发射这条指令。如果发生结构冲突,即没有空闲的保留站或相应的缓冲单元,指令就只能等到有空闲功能单元时才能发射。

在发射阶段,就进行寄存器换名,如果所需源操作数寄存器已经有数值,就将数值直接读入此条指令的保留站中,否则,就将产生该操作数的功能单元所对应的虚拟寄存器标号存入此条指令的保留站中。也就是说,一旦某条指令被发射,原来操作数的寄存器名将不再被引用。

(2) 执行阶段(Execution,EXE)

指令发射后,若其所需的操作数都已经准备好,就可以开始该指令的运算。

如果有源操作数没有准备好,则那些已经准备好的操作数,应该已经存入了保留站;对于没有准备好的操作数,保留站会在站中的标志域中写入换名后使用的虚拟寄存器的标号(在我们所介绍的 Tomasulo 算法的浮点单元基本结构中,标号都是 4 位的,分别指示 5 个保留站或 6 个读数缓冲单元中的一个,即产生所需结果的缓冲单元或功能单元),标号指示该操作数在哪里可以得到,监听公共数据总线 CDB,等待其他功能单元对计算结果的发布,当广播的标号与本地的记录一致的时候,保留站会从 CDB 上读取结果并存入保留站。如果指令的操作数有一个不是具体的数据,那么就表示指令在等待操作数。

通常的数据总线在传送数据的时候广播的信息是:数据和数据的目标地址("go to" bus)。从上面的描述中可以看出,在 Tomasulo 算法中的公共数据总线在传送数据的时候广播的信息是:数据和数据的源地址(或虚拟寄存器的标号)("come from" bus)。

(3) 写回阶段(Write Result,WR)

当功能单元计算出结果后,指令进入写回阶段,结果会被送到公共数据总线 CDB 上广播,供需要的寄存器或其他保留站读取。

3. 保留站的结构

在 Tomasulo 算法中,保留站保存了运算符和操作数及检测相关所需要的信息,多个保留站分别完成多个指令的相关检测和执行控制。所以,保留站既担负了虚拟寄存器的角色,又负责控制部件的工作。每一个保留站有 6 个域:

➢ Op:运算符。即要对源操作数 S1 和 S2 所做的运算。
➢ Qj、Qk:产生源操作数的保留站。保留站所记录的操作如果有操作数没有准备好,那么就在这两个域中记录产生源操作数的保留站(在这里 6 个读数缓冲单元也看作是保留站之一)。如果 Qj(或 Qk)=0,则表示此源操作数已经准备好并存入了 Vj(或 Vk)中。
➢ Vj、Vk:两个源操作数的值。当此域为空时,表示该操作数还没有准备好。
➢ Busy:标记保留站及相关的功能单元是否正在使用。

在前面已经介绍过,读数缓冲区和写数缓冲区的缓冲单元也可以看作是虚拟寄存器,也可以看作是特殊的保留站。它们有 2 个域:

➢ Busy:标记缓冲区是否空闲,如果正在读数或写数,则此域标记为 Yes。一旦缓冲区取数或写数完成并把结果广播,则此域记为 No。
➢ A:Load 指令和 Store 指令刚被发射时,该域保存指令的立即数。地址计算结束后,这个域保存存储器的有效地址。

用表 3-3 可以描述出 Tomasulo 算法控制下指令进入 3 个运行阶段的条件、各个阶段中的动作以及保留站和读写缓冲区各域中记录的信息。

表 3-3 Tomasulo 算法流水线控制

指令状态		工作条件	动作或记录的内容	

发射	浮点操作	保留站 r (r 为任意空的保留站)	if(RegisterStat[rs].Qi≠0)
			　　{RS[r].Qj←RegisterStat[rs].Qi}
			else{RS[r].Vj←R[rs];RS[r].Qj←0};
				//如果目标寄存器 rs 中的操作数还没有就绪
				//那么就把产生源操作数值的保留站号记录在
				//当前指令的保留站 Qj 域中
				//如果已经就绪,则把操作数保存在当前指令
				的保留站 Vj 域中,Qj 域设为 0

			if(RegisterStat[rt].Qi≠0)
			　　{RS[r].Qk←RegisterStat[rt].Qi}
			else{RS[r].Vk←R[rs];RS[r].Qk←0};
				//如果目标寄存器 rt 中的操作数还没有就绪
				//那么就把产生源操作数值的保留站号记录在
				//当前指令的保留站 Qk 域中
				//如果已经就绪,则把操作数保存在当前指令
				的保留站 Vk 域中,Qk 域设为 0

			RS[r].Busy←yes; RegisterStat[rd].Q←r	//保留站 r 被占用 //产生目标寄存器 rd 值的保留站记录为 r

	读取或保存指令	缓存 r 空	if(RegisterStat[rs].Qi≠0)
			　　{RS[r].Qj←RegisterStat[rs].Qi}
			else{RS[r].Vj←R[rs];RS[r].Qj←0};
			RS[r].A←imm;
			RS[r].Busy←yes;
			对读取指令执行:
			RegisterStat[rt].Q←r
				//立即数作为一个操作数来处理
				//缓存 r 被占用
				
				//如果是读取指令,则产生操作数 rt 的虚拟寄
				//存器是 r

			对保存指令执行: if(RegisterStat[rt].Qi≠0) 　　{RS[r].Qk←RegisterStat[rt].Qi} else{RS[r].Vk←R[rs];RS[r].Qk←0};	//要保存的数据作为另一个操作数来处理
执行	浮点操作	(RS[r].Qj=0)&(RS[r].Qk=0)//两个操作数都已经准备好	Vj 和 Vk 中的操作数进入流水进行计算	

	读取/存储指令	RS[r].Qj=0 & //r 是读取/存储队列的头	RS[r].A←RS[r].Vj+RS[r].A;
			完成上一步的计算后读取操作进行:
			从 M[RS[r]].A 中读取
				//立即数与 Vj 的值就是要做读操作的存储器地址
				//保存指令不做下一步的操作
				
				//从存储器的相应地址中读取

续表 3-3

指令状态		工作条件	动作或记录的内容	

写回	浮点操作或读取指令	r 上的执行完成 & CDB 就绪	(x)if(RegisterStat[x].Qi=r);
			　{Reg[x]←result;RegisterStat[x].Qi←0};
			(x)if(RS[x].Qj=r);
			　{RS[x].Vj←result;RS[x].Qj←0};
			(x)if(RS[x].Qk=r);
			　{RS[x].Vk←result;RS[x].Qk←0};
			RS[r].Busy← no
				//对于所有等待该结果的寄存器，读取结
				//果，并设寄存器数值有效
				
				//对于所有等待该结果的保留站，读取结
				//果，并设保留站中的相应操作数有效
				//释放对缓存的占用

	存储指令	r 上的执行完成 & RS[r].Qk =0	M[RS[r].A←RS[r].Vk;] RS[r].Busy← no	//将数据写入存储器 //释放对缓存的占用

注：对于某个正在发射的指令，r 是分配给它的保留站或缓存单元，rd 是它的目标寄存器名，rs 和 rt 是它的源操作数寄存器名。RS 是保留站的数据结构，RegisterStat 是寄存器状态数据结构。Imm 是符号扩展立即数字段，R[ ] 表示寄存器文件，M[ ] 表示存储器单元。

存储器读取指令和保存指令在进入各自的读数缓冲区和写数缓冲区之前，需要在一个功能单元中计算有效地址。所以在程序的执行阶段，存储器读取指令和保存指令与一般的浮点运算指令有所不同。读取指令要经过两步，首先是计算存储器地址，其次是从计算出的存储器地址取数。保存指令在执行阶段需要计算要存储数据的有效地址以及等待要保存的值，保存指令在写回阶段需要将结果写向存储器，同时完成指令的执行。所以，无论是寄存器还是存储器，所有的写操作都发生在写回阶段。

4. 示例说明 Tomasulo 算法

下面，我们用两段具体程序代码详细地分析 Tomasulo 算法中流水线的指令执行，以及过程中各保留站的状态变化，从而说明 Tomasulo 算法的流水线工作原理。第一段代码主要侧重说明 Tomasulo 算法的基本原理以及与记分板算法的区别，第二段代码侧重说明 Tomasulo 算法中的寄存器换名技术在消除数据冲突中的作用。

下面仍然考察代码 3-8，这段代码与说明记分板算法时的示例代码相同。

前面已经提过 Tomasulo 算法在实际应用中一般采用流水功能部件而不是多个功能部件，流水功能部件的每一个时钟周期最多只启动一个操作，这是流水功能部件与多个功能部件唯一的区别，所以在讨论算法时，只要遵循每个时钟周期只启动一个操作的约定，就可以认为流水功能部件相当于多个功能部件。

假设流水线中的功能单元为：5个保留站（3个浮点加保留站、2个浮点乘保留站）、3个浮点存储器写数缓冲单元、6个存储器读数缓冲单元。在这个例子中，只涉及到最多2个读数缓冲单元，未涉及写数缓冲区，所以在本书中，状态表中不说明其他未使用的缓冲单元数据结构的状态。假设浮点操作在流水线中执行的延迟为：需要2个时钟周期完成加法运算，需要10个时钟周期完成乘法运算，需要40个时钟周期完成除法运算。

上面的代码在开始运行后先要经过指令译码，如果是浮点操作就被排进浮点操作队列，等待被发射。

第1个时钟周期，由于读数缓冲区有空闲单元，第1条L.D满足发射条件，指令进入发射阶段。那么第1个时钟周期结束时，保留站和各指令的运行状态如图3-13所示。

指令状态信息	指令	i	j	k	发射	执行完成	写回		时钟周期
	L.D	F6,	34,	(R2)	1				
	L.D	F2,	45,	(R3)					
	MUL.D	F0,	F2,	F4					1
	SUB.D	F8,	F6,	F2					
	DIV.D	F10,	F0,	F6					
	ADD.D	F6,	F8,	F2					

保留站及读数缓冲	Time	Name	Busy	Op	Vj	Vk	Qj	Qk	A
		Load1	Yes	Load					34+R2
		Load2	No						
		Add1	No						
		Add2	No						
		Add3	No						
		Mult1	No						
		Mult2	No						

结果寄存器状态	F0	F2	F4	F6	F8	F10	F12	...	F30
FU				Load1					

图3-13 代码3-8的保留站和各指令的运行状态（第1个时钟周期结束时）

与CDC6600的记分板机制不同，Tomasulo算法支持多个存储器读数操作。第2个时钟周期，由于读数缓冲区有空闲单元，第2条L.D指令满足发射条件，指令进入发射阶段。与此同时，第1条L.D指令计算要读取的操作数的有效地址（需要1个时钟周期完成）。那么在第2个时钟周期结束时，保留站和各指令的运行状态如图3-14所示。

进入第3个时钟周期，由于第1条L.D指令存储器地址在上一个时钟周期计算完成，在这个周期才真正实施到存储器中读取数的操作，下一个周期读数缓冲区将会把操作数放在公共数据总线CDB上广播。第2条L.D指令在此周期进行有效地址的计算。

由于浮点乘保留站有空闲，第3条指令MUL.D在此周期发射，源操作数F4已经就绪，遂将数值直接存入保留站，即RS[Mult1].Vk←R(F4)，RS[Mult1].Qk←0（第2个源操作数有效）；源操作数F2还未就绪，遂将要产生该操作数的保留站名存入保留站，即RS[Mult1].Qj←Load2。**注意**，这里保留站并不记录源操作数寄存器名F2，在这里Tomasulo算法实现了寄存器换名技术，变化虽小，作用却很大，从此MUL.D指令的执行与F2已经不相关，Load2

指令状态信息	指令	i	j	k	发射	执行完成	写回		时钟周期
	L.D	F6,	34,	(R2)	1				
	L.D	F2,	45,	(R3)	2				2
	MUL.D	F0,	F2,	F4					
	SUB.D	F8,	F6,	F2					
	DIV.D	F10,	F0,	F6					
	ADD.D	F6,	F8,	F2					

保留站及读数缓冲单元状态	Time	Name	Busy	Op	Vj	Vk	Qj	Qk	A
		Load1	Yes	Load					34+R2
		Load2	Yes	Load					45+R3
		Add1	No						
		Add2	No						
		Add3	No						
		Mult1	No						
		Mult2	No						

结果寄存器状态	F0	F2	F4	F6	F8	F10	F12	...	F30
FU		Load2		Load1					

图 3-14 代码 3-8 的保留站和各指令的运行状态(第 2 个时钟周期结束时)

读数结束后会将数据在 CDB 上广播,Mult1 和其他需要此操作数的功能部件都可以同时读取,有效避免了争相读寄存器的冲突,同时 Mult1 是否读已取操作数与 F2 的写操作也毫不相关,从而避免了 RAW 冲突。按顺序发射的指令如果出现了对同一个寄存器操作的指令,寄存器换名技术使最后一个发射的指令才真正实施写寄存器的操作,从而有效地避免了 WAW 相关。由于寄存器换名的概念很容易理解,所以在以下的示例说明中,将不再重复特别指明保留站存储信息时在哪里还使用了寄存器换名技术。第 3 个时钟周期结束时,保留站和各指令的运行状态如图 3-15 所示。

指令状态信息	指令	i	j	k	发射	执行完成	写回		时钟周期
	L.D	F6,	34,	(R2)	1	3			
	L.D	F2,	45,	(R3)	2				3
	MUL.D	F0,	F2,	F4	3				
	SUB.D	F8,	F6,	F2					
	DIV.D	F10,	F0,	F6					
	ADD.D	F6,	F8,	F2					

保留站及读数缓冲单元状态	Time	Name	Busy	Op	Vj	Vk	Qj	Qk	A
		Load1	Yes	Load					34+R2
		Load2	Yes	Load					45+R3
		Add1	No						
		Add2	No						
		Add3	No						
		Mult1	Yes	MUL.D		R(F4)	Load2		
		Mult2	No						

结果寄存器状态	F0	F2	F4	F6	F8	F10	F12	...	F30
FU	Mult1	Load2		Load1					

图 3-15 代码 3-8 的保留站和各指令的运行状态(第 3 个时钟周期结束时)

进入第 4 个时钟周期,第 2 条 L.D 真正实施到存储器中读取数的操作,完成指令的执行阶段。第 1 条 L.D 指令在此周期进入写回阶段,即把从存储器读取的数据放到 CDB 上(如果 CDB 未就绪不能进入写回阶段)。本周期结束时,第 1 条 L.D 指令对读数缓冲单元 Load1 的占用被释放,即 RS[Load1].Busy←No。寄存器 F6 对 CDB 监听,将结果写回寄存器。此时若有其他保留站也需要此结果,会在这个周期同时读入结果。MUL.D 指令对应的保留站 Mult1 继续等待操作数就绪。

由于浮点加保留站有空闲,第 4 条指令 SUB.D 发射。操作数 F6 就绪,直接将值保存到保留站,即 RS[Add1].Vj←M(A1)(其中 A1 是地址,值为 34+R2),RS[Add1].Qj←0;操作数 F2 未就绪,所以把将要产生操作数的保留站名 Load2 记录到保留站中,即 RS[Add1].Qk←Load2。第 4 个时钟周期结束时,保留站和各条指令的运行状态如图 3-16 所示。

指令状态信息	指令	i	j	k	发射	执行完成	写回		时钟周期
	L.D	F6,	34	(R2)	1	3	4		
	L.D	F2,	45	(R3)	2	4			4
	MUL.D	F0,	F2,	F4	3				
	SUB.D	F8,	F6,	F2	4				
	DIV.D	F10,	F0,	F6					
	ADD.D	F6,	F8,	F2					

保留站及读数缓冲单元状态	Time	Name	Busy	Op	Vj	Vk	Qj	Qk	A
		Load1	No						
		Load2	Yes	Load					45+R3
		Add1	Yes	SUB.D	M(A1)			Load2	
		Add2	No						
		Add3	No						
		Mult1	Yes	MUL.D		R(F4)	Load2		
		Mult2	No						

结果寄存器状态		F0	F2	F4	F6	F8	F10	F12	…	F30
	FU	Mult1	Load2		M(A1)	Add1				

图 3-16 代码 3-8 的保留站和各指令的运行状态(第 4 个时钟周期结束时)

与第 1 条 L.D 指令在第 4 个时钟周期的运行情况相同,第 2 条 L.D 指令在第 5 个时钟周期进入写回阶段,在公共数据总线 CDB 上广播 M(A2)的值,所有正在监听并等待此结果的保留站同时从 CDB 上读取数据。Add1 和 Mult1 同时获得源操作数,两个保留站分别保存操作数,2 条指令各自的两个操作数均就绪,相应指令的浮点运算从下一个时钟周期开始执行。加法运算和乘法运算分别需要 2 个时钟周期和 10 个时钟周期完成。

在第 5 个时钟周期,由于仍旧有空闲的浮点乘保留站,所以第 5 条指令 DIV.D 发射,这条指令的一个操作数已经就绪,M(A1)保存到保留站,另一个还未就绪,将产生该操作数的保留站名记入当前指令的保留站,RS[Mult2].Qj←Mult1。第 5 个时钟周期结束时,保留站和各指令的运行状态如图 3-17 所示。

在第 6 个时钟周期,由于仍旧有空闲的浮点加保留站,所以第 6 条指令 ADD.D 发射。与

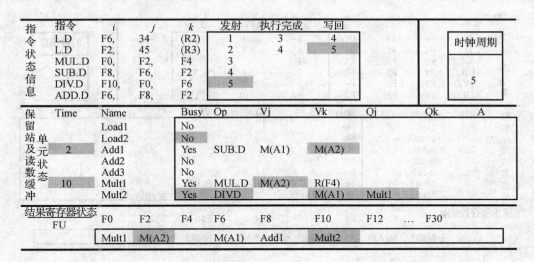

图 3-17 代码 3-8 的保留站和各指令的运行状态(第 5 个时钟周期结束时)

之前的记分板机制相对比,第 6 条指令在第 13 个时钟周期才得以发射。可见 Tomasulo 算法力图尽早地发射指令,将控制权交给保留站,这样一旦操作数都准备好就马上进行运算。

在第 7 个时钟周期,Add1 完成浮点加运算;Mult1 继续进行浮点乘运算,还需 8 个时钟周期完成运算。其他指令继续等待操作数就绪。

在第 8 个时钟周期,指令 SUB.D 进入写回阶段,保留站 Add1 将运算结果在 CDB 上广播,等待此操作数的保留站或寄存器(Add2、F8)获得操作数的值。Mult1 继续进行浮点乘运算,还需 7 个时钟周期完成运算。

在第 9 个时钟周期,指令 ADD.D 的两个源操作数都已经就绪,开始浮点加运算。到第 9 个时钟周期结束时,Add2 需 1 个时钟周期完成浮点加运算,Mult1 还需 6 个时钟周期完成浮点乘运算。

在第 10 个时钟周期结束时,Add2 完成浮点加运算,Mult1 还需 5 个时钟周期完成浮点乘运算。

在第 11 个时钟周期,指令 ADD.D 进入写回阶段,功能单元 Add2 把浮点加运算结果放置在 CDB 上供需要此操作数的保留站或寄存器读取,Mult1 还需 4 个时钟周期完成浮点乘运算。至此,指令序列中所有的快速指令已经执行完毕。在记分板机制中,所有的快速指令执行完毕需要 22 个时钟周期。在这点上,Tomasulo 算法要明显优于记分板机制下流水线的性能。第 11 个时钟周期结束时,保留站和各指令的运行状态如图 3-18 所示。其中 M—M 和 M—M+M 表示浮点运算中间结果的加减关系及最终运算结果。

直到第 15 个时钟周期,Mult1 才结束浮点乘的运算。第 16 个时钟周期,指令 MUL.D 进入写回阶段,寄存器 F0 和保留站 Mult2 获得 CDB 上广播的运算结果。第 17 个时钟周期,保

指令状态信息	指令	i	j	k	发射	执行完成	写回		时钟周期
	L.D	F6,	34	(R2)	1	3	4		
	L.D	F2,	45	(R3)	2	4	5		
	MUL.D	F0,	F2,	F4	3				11
	SUB.D	F8,	F6,	F2	4	7	8		
	DIV.D	F10,	F0,	F6	5				
	ADD.D	F6,	F8,	F2	6	10	11		

保留站及读数缓冲单元状态	Time	Name	Busy	Op	Vj	Vk	Qj	Qk	A
		Load1	No						
		Load2	No						
		Add1	No						
		Add2	No						
		Add3	No						
	4	Mult1	Yes	MUL.D	M(A2)	R(F4)			
		Mult2	Yes	DIVD		M(A1)	Mult1		

结果寄存器状态		F0	F2	F4	F6	F8	F10	F12	...	F30
	FU	Mult1	M(A2)		M−M+M	M−M	Mult2			

图 3-18 代码 3-8 的保留站和各指令的运行状态(第 11 个时钟周期结束时)

留站 Mult2 的 2 个操作数已经就绪,开始浮点乘运算。第 56 个时钟周期结束时,保留站 Mult2 完成浮点乘运算。第 57 个时钟周期时,指令 DIV.D 进入写回阶段,在 CDB 上广播运算结果,F10 获得运算结果。至此,程序段的所有指令运行完成,所有保留站和读数/写数缓冲区单元的占用都已经被释放。第 57 个时钟周期结束时,保留站和各指令的运行状态如图 3-19 所示。

指令状态信息	指令	i	j	k	发射	执行完成	写回		时钟周期
	L.D	F6,	34	(R2)	1	3	4		
	L.D	F2,	45	(R3)	2	4	5		
	MUL.D	F0,	F2,	F4	3	15	16		57
	SUB.D	F8,	F6,	F2	4	7	8		
	DIV.D	F10,	F0,	F6	5	56	57		
	ADD.D	F6,	F8,	F2	6	10	11		

保留站及读数缓冲单元状态	Time	Name	Busy	Op	Vj	Vk	Qj	Qk	A
		Load1	No						
		Load2	No						
		Add1	No						
		Add2	No						
		Add3	No						
		Mult1	No						
		Mult2	No						

结果寄存器状态		F0	F2	F4	F6	F8	F10	F12	...	F30
	FU	M*F4	M(A2)		M−M+M	M−M	M/M			

图 3-19 代码 3-8 的保留站和各指令的运行状态(第 57 个时钟周期结束时)

图 3-20 是各条指令在两种方法下进入各执行阶段的时钟周期号,同记分板机制下的流

水一样，指令是顺序发射、乱序执行、乱序结束的。Tomasulo 算法下所有指令的执行完成和写回的时钟周期号都要先于记分板机制下的指令，Tomasulo 算法指令完成的速度之所以这么快主要有以下原因：一是算法采用了更多的保留站（这里可以看作功能部件），减少了结果冲突引起的流水停顿；二是寄存器换名技术的使用，大大减小了 RAW 冲突，比如，在记分板机制中，ADD.D 必须等待 DIV.D 读取 F6 之后才能执行写入操作，而在 Tomasulo 算法下就无需这种等待。

指令	i	j	k	记分板				Tomasulo 算法		
				发射	读操作数	执行完成	写回	发射	执行完成	写回
L.D	F6,	34	(R2)	1	2	3	4	1	3	4
L.D	F2,	45	(R3)	5	6	7	8	2	4	5
MUL.D	F0,	F2,	F4	6	9	19	20	3	15	16
SUB.D	F8,	F6,	F2	7	9	11	12	4	7	8
DIV.D	F10,	F0,	F6	8	21	61	62	5	56	57
ADD.D	F6,	F8,	F2	13	14	16	22	6	10	11

图 3-20 代码 3-8 的各条指令在两种方法下进入各执行阶段的时钟周期号

下面的循环代码示例可以更清晰地说明动态寄存器换名技术是如何消除 RAW 和 WAW 数据相关引起的阻塞，见代码 3-9。

代码 3-9

```
Loop:   L.D     F0,0(R1)
        MUL.D   F4,F0,F2
        S.D     F4,0(R1)
        DADDIU  R1,R1,-8
        BNE     R1,R2,Loop;    Branches if R1≠R2
```

这段代码将数组中的每个元素与 F2 中的标量相乘，如果这段代码中的循环体将多次执行，在本章前面的介绍中，可知，循环展开技术可以对这样的代码进行静态并行处理，但缺点是要使用大量的寄存器。在 IBM360 的体系结构中，只有 4 个浮点寄存器，显然，为了不产生大量的写后写和读后写冲突，循环展开方法并不适合应用在这里。通过寄存器换名技术的应用，Tomasulo 算法使用大量的虚拟寄存器来代替寄存器，虚拟寄存器包括保留站和读写数缓冲单元，这样，使用少量的寄存器就可以使多个循环体同时运行，即寄存器换名技术从逻辑上大大扩展了可用寄存器的数量。如果分支预测成功（在 3.4 节将介绍分支预测技术），那么循环展开的工作就可以由硬件自动实现，不用改变程序代码。

在说明中假设：循环程序已经发射了两个循环体的指令，只是存储器存取、浮点运算都还没有执行；忽略整数部件 ALU 的操作；假设完成浮点乘法操作需要 4 个时钟周期；第一次 Load 取数指令需要 8 个时钟周期（cache miss），第二次需要 1 个时钟周期（Hit）；且 DADDIU 和 BNE 的时钟周期也考虑在内；假设 R1 中的地址是 80。

第 1 个时钟周期，由于读数缓冲区有空闲单元，第 1 条 L.D 指令进入发射阶段。R1 中存储的地址是 80，所以，读数缓冲区中的 A 域存储 80，操作数就绪，下一个时钟周期进入执行阶段。那么第 1 个时钟周期结束时，保留站和各指令的运行状态如图 3-21 所示。图中只列出了展开后的指令序列（硬件自动实现循环展开的指令序列），但请不要忘记 R1 的自减操作以及转移指令的执行。考虑存储器存取操作的时钟周期和缓冲区单元的占用，所以图中也加入了缓冲区单元的状态。

	指令	i	j	k	发射	执行完成	写回			时钟周期	
指令状态信息	L.D	F0,	0	(R1)	1						
	MUL.D	F4,	F0,	F2						1	
	S.D	F4,	0	(R1)							
	L.D	F0,	0	(R1)							
	MUL.D	F4,	F0,	F2							
	S.D	F4,	0	(R1)							

	Name	Busy	Op	Vj	Vk	Qj	Qk	Name	Busy	A	FU
保留站及缓冲单元状态	Add1	No						Load1	Yes	80	
	Add2	No						Load2	No		
	Add3	No						Load3	No		
	Mult1	No						Store1	No		
	Mult2	No						Store2	No		
								Store3	No		

结果寄存器状态	F0	F2	F4	F6	F8	F10	F12	...	F30
FU	Load1								

图 3-21 代码 3-9 的保留站和各指令的运行状态（第 1 个时钟周期结束时）

第 2 个时钟周期，由于浮点乘保留站有空闲，第 2 条指令"MUL.D F4,F0,F2"进入发射阶段。第 1 条 Load 指令进入执行阶段，还需要 7 个时钟周期完成取数。

第 3 个时钟周期，第 1 条 Load 指令进入执行阶段，还需要 6 个时钟周期完成取数。第 2 条指令"MUL.D F4,F0,F2"的操作数 F0 未就绪，等待操作数。由于写数缓冲区有空闲单元，第 3 条指令"S.D F4,0(R1)"进入发射阶段。第 3 个时钟周期结束时，保留站和各指令的运行状态如图 3-22 所示。

在这个时钟周期中，寄存器动态实现了寄存器换名，在保留站和缓冲区中，如果操作数没有就绪，就不记录源操作数寄存器，而是记录产生源操作数的虚拟寄存器名，即保留站名或缓冲区单元名。保留站 Mult1 的第一个操作数 F0 将由 Load1 缓冲单元提供，写数缓冲单元 Store1 的操作数将由保留站 Mult1 提供。这样就抛弃了寄存器名，实现了虚拟寄存器之间的数据相关，建立了新的数据流图，一旦根部虚拟寄存器产生相应的操作数就会马上传递给需要的虚拟寄存器，请注意图 3-22 中箭头的方向表示数据的流动方向。

在第 4 个时钟周期，发射 DADDIU 指令，实现 R1 的自减，R1=72。在第 5 个时钟周期，发射 BNE 指令。第 1 条 Load 指令还需要 4 个时钟周期完成取数。

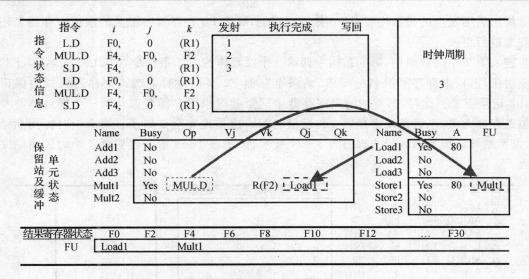

图 3-22 代码 3-9 的保留站和各指令的运行状态（第 3 个时钟周期结束时）

在第 6 个时钟周期，开始发射第 2 个循环体中的指令。第 6 个时钟周期结束时，保留站和各指令的运行状态如图 3-23 所示，第 1 条 Load 指令还需要 3 个时钟周期完成取数。

	指令	i	j	k	发射	执行完成	写回				
指令状态信息	L.D	F0,	0	(R1)	1						
	MUL.D	F4,	F0,	F2	2				时钟周期		
	S.D	F4,	0	(R1)	3						
	L.D	F0,	0	(R1)	6				6		
	MUL.D	F4,	F0,	F2							
	S.D	F4,	0	(R1)							

	Name	Busy	Op	Vj	Vk	Qj	Qk	Name	Busy	A	FU
保留站单元状态及缓冲	Add1	No						Load1	Yes	80	
	Add2	No						Load2	Yes	72	
	Add3	No						Load3	No		
	Mult1	Yes	MUL.D		R(F2)	Load1		Store1	Yes	80	Mult1
	Mult2	No						Store2	No		
								Store3	No		

结果寄存器状态	F0	F2	F4	F6	F8	F10	F12	...	F30
FU	Load2		Mult1						

图 3-23 代码 3-9 的保留站和各指令的运行状态（第 6 个时钟周期结束时）

请注意，图 3-23 中结果寄存器 F0 在等到 Load1 得到结果之前就已经将所记录的虚拟寄存器名称改成了 Load2。这充分体现了寄存器换名技术的应用——多个指令对一个寄存器进行写操作，那么 Tomasulo 算法只允许最后发射的那个指令真正实施写操作，所以寄存器 F0 只需要记录最后一个对其实施写操作的虚拟寄存器 Load2 就可以了，如果在动态调度中，算法分析出后面发射的指令还有对 F0 做写操作的,那么 F0 寄存器中记录的虚拟寄存器名还要动态地进行更改。

进入第 7 个时钟周期,第 5 条指令即第 2 个循环体的第 2 条指令"MUL.D F4,F0,F2"满足发射条件,根据寄存器换名的要求,结果寄存器 F2 要把最后生产该寄存器数据的保留站 Mult2 记录下来。此时,所有的结果寄存器中记录的虚拟寄存器名都与第一个循环体涉及的虚拟寄存器无关,也就是说寄存器文件已经与第一次迭代完全分离了。第 7 个时钟周期结束时,保留站和各指令的运行状态如图 3-24 所示,第 1 条 Load 指令还需要 2 个时钟周期完成取数。

	指令	i	j	k	发射	执行完成	写回				
指令状态信息	L.D	F0,	0	(R1)	1			时钟周期 7			
	MUL.D	F4,	F0,	F2	2						
	S.D	F4,	0	(R1)	3						
	L.D	F0,	0	(R1)	6						
	MUL.D	F4,	F0,	F2	7						
	S.D	F4,	0	(R1)							
	Name	Busy	Op	Vj	Vk	Qj	Qk	Name	Busy	A	FU
保留站单元状态及缓冲	Add1	No						Load1	Yes	80	
	Add2	No						Load2	Yes	72	
	Add3	No						Load3	No		
	Mult1	Yes	MUL.D			R(F2)	Load1	Store1	Yes	80	Mult1
	Mult2	Yes	MUL.D			R(F2)	Load2	Store2	No		
								Store3	No		
结果寄存器状态	F0	F2	F4	F6	F8	F10	F1	...	F30		
	FU	Load	Mult2								

图 3-24 代码 3-9 的保留站和各指令的运行状态(第 7 个时钟周期结束时)

第 8 个时钟周期,第 6 条指令也满足发射条件,至此,循环的 2 次迭代完全展开。第 1 条 Load 指令还需要 1 个时钟周期完成取数。

第 9 个时钟周期,Load1 指令完成取数操作,下一个周期进入写回阶段,将在公共数据总线 CDB 上广播,保留站 Mult1 正在等待这个操作数。**注意**,此周期还要完成 R1 的自减操作,R1=64。

第 10 个时钟周期,第 1 条 Load 指令进入写回阶段,CDB 上广播数据,Mult1 读取并保存数据到保留站;Load2 完成取数操作(只用了 1 个时钟周期完成取数 Hit),下一个周期广播数据;Mult1 的操作数都已经就绪,下一个周期开始执行运算,需要 4 个时钟周期完成;**注意**,此周期还要完成 BNE 指令的执行。

在第 11 个时钟周期,由于读数缓冲区仍有空闲,所以可以进行第三次迭代代码的发射了,第三个取数指令 L.D 发射,由于第三个 L.D 指令是目前对 F0 进行写操作的最后一条指令,所以结果寄存器中 F0 对应的虚拟寄存器记录为 Load3;Load2 将取数结果在 CDB 上广播,

Mult2 得到数据,该运算所需要的操作数全部就绪,下一个时钟周期开始运算。

在第 12 个时钟周期,由于 2 个浮点乘保留站都被占用,第 3 次迭代的浮点乘指令不能被发射。Mult1 和 Mult2 完成运算分别还需要 2 个时钟周期和 3 个时钟周期。第 12 个时钟周期结束时,保留站和各指令的运行状态如图 3-25 所示。

指令状态信息	指令	i	j	k	发射	执行完成	写回		时钟周期
	L.D	F0,	0	(R1)	1	9	10		
	MUL.D	F4,	F0,	F2	2				12
	S.D	F4,	0	(R1)	3				
	L.D	F0,	0	(R1)	6	10	11		
	MUL.D	F4,	F0,	F2	7				
	S.D	F4,	0	(R1)	8				

保留站元及状态缓冲	Name	Busy	Op	Vj	Vk	Qj	Qk	Name	Busy	A	FU
	Add1	No						Load1	No		
	Add2	No						Load2	No		
	Add3	No						Load3	Yes	64	
	Mult1	Yes	MUL.D	M[80]	R(F2)			Store1	Yes	80	Mult1
	Mult2	Yes	MUL.D	M[72]	R(F2)			Store2	Yes	72	Mult2
								Store3	No		

结果寄存器状态	F0	F2	F4	F6	F8	F10	F12…	F30
FU	Load2		Mult2					

图 3-25 代码 3-9 的保留站和各指令的运行状态(第 12 个时钟周期结束时)

到第 20 个时钟周期结束时,循环的 2 次迭代操作全部完成,第 3 次迭代也已经开始执行。前两次迭代的指令完成各阶段的执行时钟周期号如图 3-26 所示。不难发现,即使是不同次迭代中的指令也是乱序执行,乱序结束,在一定程度上实现了并行调度。

指令状态信息	指令	i	j	k	发射	执行完成	写回
	L.D	F0,	0	(R1)	1	9	10
	MUL.D	F4,	F0,	F2	2	14	15
	S.D	F4,	0	(R1)	3	18	19
	L.D	F0,	0	(R1)	6	10	11
	MUL.D	F4,	F0,	F2	7	15	16
	S.D	F4,	0	(R1)	8	19	20

图 3-26 前两次迭代的指令完成各阶段的执行时钟周期号

需要特别说明的是,在 Tomasulo 算法中,不同迭代的指令可以乱序执行是有条件的。比如第二次迭代的取数操作在第一次迭代的存数操作完成之前就可以执行,这是因为存取数据的存储器地址不同,存取操作可以正确地乱序执行,这需要算法作出判断。在发射读存储器指令之前,算法需要先检查缓存中的所有地址,如果读存储器指令与之前的写存储器指令地址相同,那么读存储器指令就必须被阻塞,直到与所有缓存中的写存储器指令地址都不同,才能执行读存储器指令。这同编译器中静态调度读写存储器指令经常用到的存储器地址判别技术是相似的。

5. Tomasulo 算法小结

总结 Tomasulo 算法的主要特点如下：

（1）保留站的使用

① 保留站的使用把相关的检测和指令执行的控制分散开来。由每个单元的保留站负责分别完成相应指令的相关检测和执行控制。

② 保留站的使用增加了指令的调度范围，不仅限于基本块内的并行调度。

③ 保留站的使用是实现寄存器换名技术的基础条件。

④ 保留站为源操作数提供了缓存服务，提前了操作数载入的时间。

（2）寄存器换名技术的使用

① 寄存器换名技术的使用动态地消除了记分板无法解决的 WAR 和 WAW 冲突，避免了两种伪相关所引起的流水线阻塞。

② 寄存器换名技术的使用避免寄存器成为指令执行的瓶颈。由 CDB 的广播替代多个对寄存器的读操作，多个对寄存器的写操作只允许最后一个发射的指令执行真正的写操作。

（3）硬件逻辑开销大

① Tomasulo 算法实现指令动态调度、允许硬件做循环展开，硬件逻辑开销很大。因此在设计超标量处理器时，若设计目标是实现高性能的超标量处理器，则建议采用的动态调度策略为 Tomasulo 算法；这一建议可从当代的多数高性能超标量处理器都采用基于 Tomasulo 算法的动态调度策略来得到证实。

② Tomasulo 算法提供了从产生结果的执行单元到引用结果的执行单元间的直接通路，加快了 RAW 相关的解决速度；执行单元的结果通过 CDB 送入等待操作数的保留站中，同时送入相应的结果寄存器中；这要求高速 CDB，所以 Tomasulo 算法的性能受限于 CDB 的性能。

③ Tomasulo 算法将读存储器指令和写存储器指令作为基本的功能单元。

另外，由于 Tomasulo 算法也继承了动态指令调度允许指令乱序完成的应用，从而也出现了异常处理不精确的问题。比如，在第一个例子中，SUB.D 和 ADD.D 指令在 MUL.D 指令产生异常之前就已经完成，SUB.D 和 ADD.D 指令的目标寄存器 F8 和 F6 也已经被新的结果更新，及时进行异常处理也不可能精确。在后续介绍的基于硬件的推断执行中，指令必须是顺序完成的，可以进行精确异常处理。

在 IBM 360/91 之后，Tomasulo 算法曾被冷落了几年，但自 20 世纪 90 年代开始，有很多处理器又重新使用了这个算法，如 Pentium Ⅱ、PowerPC 604、MIPS R10000、HP-PA 8000、Alpha 21264 等。

不论是记分板机制还是 Tomasulo 算法都是通过动态的指令调度来减少由数据相关引起

的流水线停顿,但程序中的分支和跳转指令会经常引起流水线的停顿,随着指令级并行性的提高,控制相关的影响使提高并行性的难度越来越大,这是必须考虑的问题,在 3.4 节中,针对控制相关引起的流水线停顿,将探讨流水线中的动态分支预测技术,它是通过硬件实现的。动态分支预测技术不同于第 2 章曾介绍的几种编译技术中经常采用的静态方法,而是在指令执行过程中动态地进行分析、判断、预测,提前对分支操作做好准备,加快分支处理的速度。某一个分支转移成功与否?是否能尽早地得到转移的目标地址?这是 3.4 节要集中讨论和回答的问题。

3.4 动态分支预测

数据相关所引起的流水线停顿可以通过记分板技术和 Tomasulo 算法得到有效的控制,从而大大提高指令级并行性。事实上,在流水线中,控制相关造成的损失要比数据相关更大,本节中,我们将讨论怎样通过动态分支预测技术来减少或消除控制相关引起的流水线停顿所带来的性能损耗。

分支预测技术最早出现在 20 世纪 80 年代初,开始时主要采用静态预测方法,通过对程序的一次甚至多次扫描,得到一些可利用的信息,然后利用这些信息作为预测的依据,对程序中的分支进行预测,这种方法的特点是:由于对程序在执行之前就进行了分析,因此预测的准确率比较高。但是由于在程序执行之前要进行预扫描,因此效率比较低。所以通常不作为单独的分支预测方法进行使用。20 世纪 80 年代中期开始,动态预测方法的研究就逐渐为人们所重视。

不管是在每个时钟周期发射一条指令的处理机,还是那些每个时钟周期发射多条指令的处理机,控制相关造成的流水线停顿都绝不能忽视,而且,在一个时钟周期发射多条指令的情况下,分支指令的出现更为频繁。流水线处理器只有在流水模式下才能达到最大的吞吐率,在取指阶段,流水模式是指从程序存储器中的连续地址中顺序地取指,一旦程序的控制流违反了这种顺序,吞吐率就必然受到影响。对无条件的分支指令,确认地址以后才能到相应地址取指令;而对于条件分支指令,操作就更为麻烦,处理器必须等待分支转移条件的判断结果,如果要进行分支转移,还要继续等待分支地址的产生,进而取指,否则只能顺序读取下一条指令。

在流水线中,分支指令必须等到 MEM 阶段才能确认是否执行分支,动态分支预测可以采用静态分支预测的基本思想来完成最简单的分支预测——"预测分支转移失败"。这样不必等到分支指令执行到 MEM 阶段就可以流水执行后续指令,当然,前提是分支转移失败,一旦发生转移成功,后续指令的执行要马上停止并清除这些指令对流水线的占用。这种方法的优点是硬件实现简单,缺点是预测的成功率很低(经统计,平均大约有 67% 的分支指令都是成功的)。那是否可以"预测分支成功"呢?

由于无法知道分支目标地址,所以即使采用"预测分支转移成功"的方法,也不会对流水线的优化作出任何贡献。在流水线中,指令必须等到 MEM 阶段才能确认是否执行分支,后续指令都必须暂停等待,为了尽早确认是否执行分支,可将测试分支条件寄存器的操作移到 ID 段完成,同时可以在流水线的硬件上进行改进,在 ID 段增设一个加法器,这样,分支转移成功和失败时的 PC 就在 ID 段开始计算了,节省了一个时钟周期的时间。如果分支转移成功,就只需要清除一条指令,即正在发射的那条指令。

如果有更多的硬件支持,就可以实现更好的分支预测方法。在一些多重循环比较常见的应用程序中会发现:在多重循环里,分支转移总是有很强的偏向性,也就是说分支总是经过多次同向的执行,才会偶尔转向另外一个方向,然后很快又会转回到原来方向,所以分支指令之前的执行情况对动态分支预测尤为重要。

动态分支预测的基本思想就是通过分支指令的历史记录来进行当前分支指令的预测,历史记录中记录的内容可能包括分支指令最近一次或多次是否转移成功的信息、转移成功的目标地址、目标地址处的一条或多条指令,根据不同处理器的需要,历史记录中可能包括以上内容的一种或多种信息。那么很明显,动态分支预测技术的两个关键技术一个是如何记录分支指令的历史记录信息,另一个是如何根据历史记录的信息预测分支指令的转移方向。大多数的分支指令在真正执行后会根据预测情况和实际执行情况对历史记录进行修改。当某条流水指令执行时,根据指令的地址查找历史记录,"该指令是否是分支指令?""如果是,之前执行该指令时是否转移成功?"根据查找的结果,对那些分支指令的转移是否能够成功进行预测。

3.4.1 采用分支预测表

正是由于静态预测方法的效率比较低,因此从 20 世纪 80 年代中期开始,动态预测方法的研究就逐渐为人们所重视。

首先来讨论历史记录最简单的一种动态分支预测方法——分支预测表(Branch Prediction Table,BPT,或 Branch History Table,BHT)的使用。分支预测表的尺寸是可大可小的,最简单的分支预测表只记录分支指令最近一次(或多次)的执行分支转移是否成功,分支预测表用分支指令地址的低位来索引,只用 1 位标志位来记录相应分支指令上一次指令转移是否成功(假设 1 表示分支转移成功,0 表示分支转移不成功),称此标志位为预测位,除此之外,表中没有任何其他的信息(即没有其他的标志位)。

这种单个预测位所记录的分支转移情况很简单,只记录了"这条指令上次分支转移成功了(或不成功)"。那么再遇到这条分支指令的时候,如果预测位为 1,则预测下一次分支转移成功,如果预测位为 0,则预测下一次分支转移不成功。分支指令的实际执行结果会直接对预测位产生影响,如果分支转移成功,要设置预测位为 1,如果分支转移不成功,要设置预测位为 0。它的状态转移图如图 3-27 所示。

既然是预测技术就一定存在错误的情况,有时预测的错误率甚至会很高,那么当"预测"被

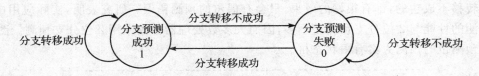

图 3-27 有 1 位预测位的预测方案有限状态机

证实是错误的时候,处理器又如何应对呢? 处理器在进入预测的方向之前要保护现场,一旦预测被证实是错误的,就马上恢复现场(修改程序计数器 PC,程序从分支指令处重新执行),同时修改预测位。分支预测的性能取决于分支所需要预测的次数和预测准确的次数。

只要一个简单的循环程序就可以发现只有 1 个预测位的分支预测表的性能缺陷。上一次执行循环的最后一条分支指令一定是转移不成功,预测位被修改成 0,下一次执行该分支指令时会被预测为分支转移不成功,但实际中再次执行到该循环时,分支指令第一次执行通常都会转移成功,出现错误的预测;同样,循环的最后一条分支指令也会出现必然的错误预测。所以只有 1 个预测位的分支预测表对循环程序而言,只要预测出错,就会出现 2 次。

解决这个问题可以采用 N 位二进制计数器,主要有 2 位状态机和多位状态机的预测方法,即用 N 位预测位来记录分支所处的状态。N 为计数器(预测位)的数值在 0 到 2^N-1 之间变化,当分支成功转移一次时计数器加 1,不成功时减 1。如图 3-28 所示是 N 位预测位的预测方案有限状态机。

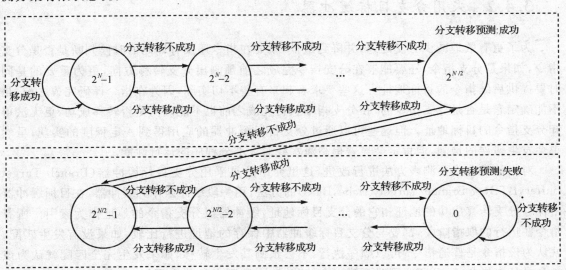

图 3-28 有 N 位预测位的预测方案有限状态机

应用比较广泛的还是 2 位状态机方法,当分支连续出现 2 次预测失误时才会改变分支的预测方向。这种两位预测位的方法,对于有很强偏向性的分支指令,不论是偏向转移成功、还是偏向转移不成功的,都有很好的效果,只会有偶尔的预测错误。研究表明,实际应用中 N 位分支预测的性能与 2 位分支预测差不多,因而大多数处理器都只采用 2 位分支预测。图 3-29 是 2 位预测位的预测方案有限状态机。

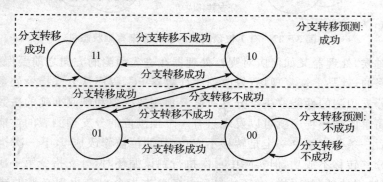

图 3-29　有 2 位预测位的预测方案有限状态机

两位状态机方法实际上是针对多重循环提出的,针对多重循环中的转移通常具有很强的偏向性,偶尔一次的分支方向改变,并不意味着分支的偏向发生变化。因此这种方法对于多重循环具有不错的效果,但是从对整个程序的预测结果来看,还是远远不能满足人们的意愿。

3.4.2　采用分支目标缓冲器

为了更有效地减少分支延迟,并降到最低,就要在指令还没有译码的时候判断是否是分支指令,如果是分支指令,还要能够在分支指令完成之前预测出分支转移方向,更为重要的是同时要提供后续指令的目标地址。这些要求看起来有些不切实际,因为在指令译码完成之前,是不能确定它是否是分支指令的,在分支指令执行完成之前也不能确认是否转移成功,更无法得知分支指令的目标地址。但这些可以通过分支目标缓冲器的应用得到一定程度的实现,虽然也会发生错误的预测,但肯定会显著提高流水线对大部分程序的运行性能。

对之前的分支预测表方法进行改进,这里介绍的是采用分支目标缓冲器(Branch Target Buffer,BTB,或 Branch Target Cache,BTC)的方法,用一段缓冲区作为缓冲器,在目标缓冲器中保存分支转移成功的地址和它的分支目标地址,缓冲器以分支指令的地址作为索引。所有指令在运行的取指阶段,都要与分支目标缓冲器中保存的地址进行比较,如果没有发生匹配,就认为该指令是普通指令,可以顺序执行,不会预测其发生转移,如果发生完全匹配就认为该指令是分支指令,而且还要同时预测它会转移成功,预测它的分支目标,即要执行的下一条指令的地址就是保存在缓冲器中的分支目标地址。图 3-30 所示是分支目标缓冲器的结构。

采用分支目标缓冲器的流水线在工作过程中,由硬件实现当前指令的 PC 与 BTB 中记录的分支转移成功的指令地址集合相比较,如果没有找到匹配项,就认为当前指令不是分支指

图 3-30 分支目标缓冲器的结构

令,按照普通的指令进行处理,如果在 BTB 的第一栏中找到匹配项,那么就认为当前指令是成功转移的分支指令,预测其分支转移成功,并把 BTB 中第二栏的目标指令地址作为下一个指令的地址送往 PC 寄存器。

考察预测错误的情况,第一种情况,当前 PC 没有与 BTB 中记录的分支指令的地址相匹配,但该 PC 实际发生了分支转移,此时,预测错误,进行预测错误恢复措施,处理器要把当前指令的 PC 值和分支目标 PC 值送入 BTB 作为一条新的记录来更新 BTB;第二种情况,当前 PC 与 BTB 中记录的分支指令的地址相匹配,但实际该指令并没有发生分支转移,此时发生预测错误,此时要清除根据 BTB 记录的地址取出的分支目标指令,从实际的后续指令地址取指,同时要删除 BTB 中对应的那条记录。

考察指令预测正确的情况就会发现,分支指令的延迟可以降到 0。在指令译码阶段(ID)开始从预测指令的 PC 处开始取下一条指令,转入正确的预测方向执行指令。如果发生了第一种预测错误,耗费的延迟多少还与该分支指令是否转移成功相关联。如果发生了第二种预测错误,就会耗费掉一个时钟周期取错误的指令,并在一个时钟周期后重新取正确的指令。在通常情况下,发生 BTB 更新的情况时就会发生流水线停顿,从而严重影响流水性能,所以解决预测错误或不命中时产生的延迟问题一直是研究人员关注的重点。图 3-31 所示是分支目标缓冲器方法处理指令的流程图。

对分支目标缓冲器的方法进一步改进是在缓冲器存入一条或多条分支目标指令,作为分支目标地址的替代或补充。这样做允许对分支目标缓存器的访问时间更长,从而可以实现指令的优化,将无条件转移以及某些情况下的条件转移的分支转移代价降为 0 时钟周期。图 3-32 所示是改进的分支目标缓冲器的结构,虚线的部分表示在缓冲器中可以用目标指令代替目标指令地址。

在高级语言中,经常会有一种分支转移,这类分支转移指令主要是由过程返回时生成的,特点是,此类分支转移的目标地址是在运行时决定的,称这类分支转移为间接分支转移。如果采用分支目标缓存器的方法,预测的准确率会很低。但在程序中,过程返回在所有转移中所占的比例不可忽略(如在 SPEC95 基准测试程序中,占 15%),而在间接转移中过程返回转移更是占绝大部分,在像 C++和 Java 这样面向对象的语言中,过程返回的频率就更高了。研究人员已经设计了名为"预测非直接分支"的技术来解决这个问题,分支运行的目的地址随着运行时间而改变。在这里不做详尽说明。

注意,我们在研究动态分支预测技术的时候不要一味关注预测的准确率,而要从流水线的

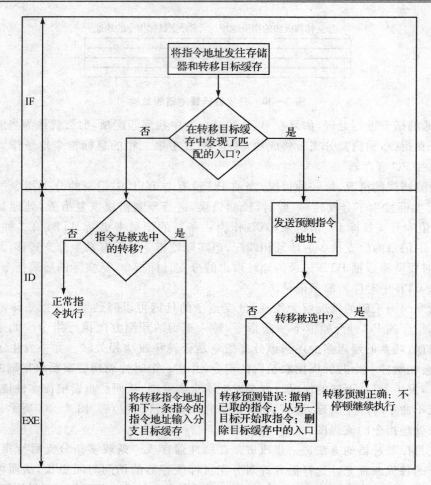

图 3-31 分支目标缓冲器方法处理指令的流程图

分支转移成功的指令地址	分支目标指令的地址	分支目标指令

图 3-32 改进的分支目标缓冲器的结构

性能的角度总体考虑,分支转移的最终延迟和硬件的开销都是重要因素,而分支转移的延迟主要受到流水线的硬件结构、分支预测方法、预测失误后的恢复策略的影响。这些因素在很多情况下会要求预测器的规模不能太大,控制也不能太复杂,这些都制约了实际应用中分支控制方案的制定。

3.4.3 基于硬件的推断执行

开发指令级并行中,控制相关引起的流水停顿是影响并行性的主要原因之一,分支预测技术可以从某种程度上减轻这一影响,但是效果还不能让人满意。使用分支预测技术时,为了提高预测的准确性所要消耗的硬件资源较高,整体性能提高并不明显。为此,研究人员设计了一种称为推断(speculation)执行的方法,该方法把动态指令调度与分支预测技术相结合,在指令执行的过程中,总是默认分支转移预测是正确的,并且按照预测的结果取指令、发射指令并执行指令。该方法用适当的硬件来完成预测,如果预测正确,就会消除所有的附加延迟,这意味着消除了控制相关的影响,当然,如果发生预测错误,预测错误的恢复机制就显得尤为重要。本小节介绍这种方法。

原来介绍的动态调度思想大多只局限于同一个基本块的调度,这是因为由于分支指令的影响,在分支是否转移确定之前,基本块之间的语句是无法调度的,基于硬件的推断执行方法总是假设分支预测是正确的,所以允许该分支指令要转移到的目标指令的取址、发射、甚至执行(不管分支转移成功与否),这相当于消除了控制相关的影响。从执行形式上看,消除了控制相关的影响后,只要操作数就绪,指令就可以执行,所以,动态调度的范围可以扩大到超过一个基本块的指令。显然,在这里指令的执行是数据流运行(data flow execution)的,这是基于硬件的推断执行之所以能够提高流水线性能的重要原因。

扩展实现 Tomasulo 算法的硬件就可以支持推断执行方法,推断执行之后,推断执行的结果也会接着被其他指令使用,产生推断执行的后续结果,但是要明确,这些都不是实际完成的结果,直到推断执行的指令确定执行结果后,才能相继解除和确认后续的结果,此时才允许真正对寄存器和存储器进行写操作。所以相对于 Tomasulo 算法,指令的执行阶段又多了一个——指令确认(instruction commit),被安排在执行阶段后。

Tomasulo 算法中,数据相关性是由顺序发射保持的,从而保证数据流分析的顺利进行,否则就会发生数据相关的混淆(如 RAW 和 WAR 的混淆),而在推断执行方法中,同样允许指令的乱序执行,但为了保证指令的前后关系,避免发生不可恢复的行为(如更新状态或产生异常),指令一定要顺序确认,即指令确认的顺序要与指令发射的顺序相同。指令在确认之前(此时可能早就执行完毕了),执行结果是不能写入寄存器或存储器的,那它执行的状态和结果就需要硬件缓冲来保存,称这样的硬件缓冲为再定序缓冲区(Reorder Buffer,ROB)。再定序缓冲区的硬件设置实现了指令的执行和确认的区分,所有未经确认的指令和结果都保存在这里,同保留站一样,再定序缓冲区中每一个单元都可以看作是一个虚拟寄存器,实现传递数据的功能。

在推断执行方法中,指令被确认后会释放对再定序缓冲区的占用,同时对寄存器和存储器进行真正的写操作,所以从这个角度上看硬件结构,再定序缓冲区代替了写数缓冲区。在指令确认之前,指令的结果是由再定序缓冲区提供的,所以再定序缓冲区也同时兼有读数缓冲区的作用。请读者注意,再定序缓冲区屏蔽了指令确认之前寄存器文件对指令结果的读取(在Tomasulo算法中,一旦产生结果立即更新寄存器文件),这显然又区别于写数缓冲区的作用。为了便于说明,可以认为读写缓冲区的功能都被集成到再定序缓冲区中了。如图3-33所示是采用Tomasulo算法并支持推断执行的浮点单元基本结构。

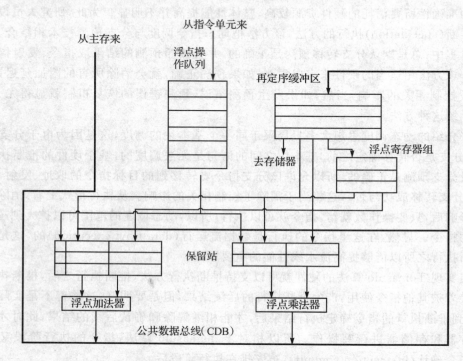

图3-33 采用Tomasulo算法并支持推断执行的浮点单元基本结构

再定序缓冲区的每个单元有4个域,分别是:指令类型、目标地址、值和就绪。指令类型可能是分支指令(未得到结果)、写存储器操作(目标地址是存储器)或寄存器操作(ALU操作或目标地址是寄存器的取操作);目标地址是对应存取操作的地址;值域用来保存确认之前指令执行的结果。

1. 基于硬件的推断执行中各指令阶段

在推断执行机制下,每条指令在确认之前在再定序缓冲区中都占用一个单元,所以用再定序缓冲区单元编号来标志结果(在Tomasulo算法中,用保留站号来标志结果),保留站中记录的是分配给对应操作指令的再定序缓冲区单元编号。这样的安排用再定序缓冲区代替保留站来完成寄存器换名的功能,保留站仍负责保存指令执行前代码的保存。基于硬件的推断执行中代码的运行分为 4 个阶段：

① 发射阶段(issue)。指令经过译码后，如果是浮点操作，就排进浮点操作队列，等待被发射。如果该指令是浮点运算指令并且有空闲的保留站和空闲的再定序缓冲单元，就发射指令，占用一个再定序缓冲单元和一个对应保留站。如果指令所需操作数在寄存器或再定序缓冲区中就绪，则送到保留站，如果没有就绪，就将要产生操作数的再定序缓冲单元编号发给相应保留站保存。如果没有空闲的保留站或再定序缓冲单元，就停止发射指令。

② 执行阶段(execution)。发射后的指令，当指令所需的操作数都准备好后，就可以开始该指令的运算。如果有操作数未就绪，则监视 CDB，随时读取操作数。此阶段实现 WAR 相关的检测。

③ 写回阶段(write result)。虚拟寄存器将运算结果通过 CDB 发送给所有等待结果的功能单元以及再定序缓冲单元，释放保留站。保留站也可以从再定序缓冲单元直接读到结果而无需进行总线竞争。

④ 确认阶段(commit)。按照指令发射的顺序，再定序缓冲区中的指令如果不是预测错误的分支指令，而且结果已经得出，就将结果写到寄存器或存储器，指令的推断执行过程结束，并将该指令从再定序缓冲区中删除，释放缓冲单元。如果发现预测失败或者出现中断时，将要为此预测错误清除再定序缓冲区，并从分支的正确入口重新开始执行。为了避免再定序缓冲占用太多存储空间，再定序缓冲区一般采用环形队列，如果队列满则阻止指令的发射。

用表 3-4 可以描述出硬件推断执行控制下指令进入各运行阶段的条件、各阶段中的动作以及保留站和再定序缓冲区各域中记录的信息。

表 3-4 硬件推断执行的流水线控制

指令状态	工作条件	动作或记录的内容	
发射	所有指令	保留站 r 和缓冲区单元 b 都空闲	if(RegisterStat[rs].Busy)	//如果 rs 目标寄存器中的操作数寄存器 //还未更新
			{h←RegisterStat[rs].Reorder; 　if(ROB[h].Ready)	//如果 ROB 单元中已经得到操作数
			{RS[r].Vj←ROB[h].value;RS[r].Qj←0};	//把 ROB 中的操作数保存在保留站 Vj //中，Qj 域设为 0
			else{RS[r].Qj←h;}	//否则记录产生操作数的指令的 ROB 号
			}else{RS[r].Vj←Regs[rs];RS[r].Qj←0;}	//如果 rs 目标寄存器已更新，则取值存入 //保留站
			RS[r].Busy←yes;RS[r].Dest←b;	//占用保留站，保留站中记录指令对应 //ROB 单元号
			ROB[b].Instruction←opcode; ROB[b].Dest←rd;ROB[b].Ready←no;	//占用 ROB 单元，并记录指令代码和目 //标寄存器

续表 3-4

指令状态		工作条件	动作或记录的内容

发射	浮点操作和 Store	保留站 r 和缓冲区单元 b 都空闲	if(RegisterStat[rt].Busy) //rt 的操作类似于 rs
			{h←RegisterStat[rt].Reorder;
			  if(ROB[h].Ready)
			
			{RS[r].Vj←ROB[h].value;RS[r].Qj←0};
			  else{RS[r].Qj←h;}
			}else{RS[r].Vj←Regs[rt];RS[r].Qj←0;}

	浮点操作		RegisterStat[rd].Qi=b; //并在寄存器文件中记录产生数值的
			                        //ROB 单元号
			RegisterStat[rd].Busy←yes; //占用 ROB 单元
			ROB[b].Dest←rd; //在 ROB 单元中记录目标寄存器

	Load		RS[r].A←imm;RegisterStat[rt].Qi=b; //立即数送保留站,保留站保存指令
			                                     //ROB 单元号

	Store		RegisterStat[rs].Busy←yes;ROB[b].Dest←rt;//占用寄存器文件,ROB 中记录操作数
			                                         //来源
			RS[r].A←imm; //立即数存入保留站

执行	浮点操作	(RS[r].Qj=0)&(RS[r].Qk=0)	Vj 和 Vk 中的操作数进入流水进行计算
	Load1	(RS[r].Qj=0)且 ROB 队列之前没有 Store 操作	RS[r].A←RS[r].Vj+RS[r].A //计算加法并存入保留站
	Load2	上条指令完成且 ROB 中之前的 Store 有不同的地址	从 M[RS[r].A]中读数 //从保留站中读出数值
	Store	(RS[r].Qj=0)且 Store 在队列头	ROB[h].Address←RS[r].Vj+RS[r].A //将结果存入寄存器或存储器里

续表 3-4

指令状态		工作条件	动作或记录的内容	

写回	不是 Store 的指令	r 中的操作完成且 CDB 空闲	b←RS[r].Reorder; RS[r].Busy←no;
			(x)if(RS[x].Qj=b);
			{RS[x].Vj←result;RS[x].Qj←0};
			(x)if(RS[x].Qk=b);
			{RS[x].Vk←result;RS[x].Qk←0};
			ROB[b].value←result;ROB[b].Ready←yes;
				//保留站结果送 CDB,释放保留站的占用
				
				//保存并广播结果

	Store	r 中的操作完成且 RS[r].Qk=0	ROB[h].value←RS[r].Vk	//结果暂存 ROB

确认		指令位于 ROB 头部（假设为 h）且 ROB[h].ready=yes	d=ROB[h].Dest;
			if(ROB[h].Instruction==Branch)
			  {if(分支预测错误)
			     {清除 ROB[h]和 RegisterStat;
			     从分支目标重新取指令;}
			else if(ROB[h].Instruction==Store)
			  {M[ROB[h].Address]←ROB[h].value;}
			else {R[d]←ROB[h].value}
			ROB[h].Busy←no;
			if(RegisterStat[d].Qi==h)
			  {RegisterStat[d].Busy←no;}
				//设 d 是 h 的目标寄存器
				//如果指令是分支指令
				//分支预测错误的处理
				
				//如果是 Store 指令
				//进行地址单元的更新
				//进行寄存器更新
				//释放 ROB 单元
				//如果没有其他指令对 d 进行写操作
				//则释放对目标寄存器的写操作占用

注：对于某个正在发射的指令,r 是分配给它的保留站或缓存单元,rd 是它的目标寄存器名,rs 和 rt 是它的源操作数寄存器名。RS 是保留站的数据结构,ROB 表示再定序缓冲区单元的数据结构,RegisterStat 是寄存器状态数据结构。Imm 是符号扩展立即数字段,R[ ]表示寄存器文件,M[ ]表示存储器单元。

2. 示例说明推断执行

下面用示例来说明扩展的 Tomasulo 算法是如何支持推断执行的。假设浮点操作在流水线中执行的延迟为：需要 2 个时钟周期完成加法运算,需要 10 个时钟周期完成乘法运算,需要 40 个时钟周期完成除法运算。为了方便对比,仍旧使用代码 3-8 来说明。

当代码 3-8 在流水线上运行,MUL.D 指令准备确认时,流水线中各个指令的状态如图 3-34 所示。

可以看出,与 Tomasulo 算法不同,虽然在 MUL.D 指令确认之前,SUB.D 指令和 ADD.D 指令已经计算完毕,但由于之前发射的 MUL.D 指令还未确认,SUB.D 和 ADD.D 指令不能

	ROB Num	Busy	指令	i	j	k	状态	目标寄存器	数值
再定序缓冲区状态	1	No	L.D	F6,	34	(R2)	确认	F6	M[34+R[R2]]
	2	No	L.D	F2,	45	(R3)	确认	F2	M[45+R[R3]]
	3	Yes	MUL.D	F0,	F2,	F4	写回	F0	ROB2*R[F4]
	4	Yes	SUB.D	F8,	F6,	F2	写回	F8	ROB1−ROB2
	5	Yes	DIV.D	F10,	F0,	F6	执行	F10	
	6	Yes	ADD.D	F6,	F8,	F2	写回	F6	ROB4+ROB2

	Name	busy	Op	Vj	Vk	Qj	Qk	A
保留站状态	Load1	No						
	Load2	No						
	Add1	No						
	Add2	No						
	Add3	No						
	Mult1	No	MUL.D	M[45+R[R3]]	R[F4]			ROB3
	Mult2	Yes	DIV.D		M[34+R[R2]]	ROB3		ROB5

结果寄存器状态		F0	F2	F4	F6	F8	F10	...
	busy	Yes	No	No	Yes	Yes	Yes	
	ROB Num	3			6	4	5	

图 3-34 MUL.D 指令准备确认时的指令执行情况（基于硬件推断执行）

进行确认，即不能完成指令的运行，不能将结果写入相应的目标寄存器或存储器。也就是说，任何指令只要其之前发射的指令还未完成，该指令也不能完成运行，必须确保顺序完成。这也是硬件推断执行与动态调度执行的最大区别。动态指令调度允许指令乱序完成，导致可能出现异常处理不精确的问题，但推断执行保证指令的顺序完成，这样，如果某指令异常引起中断，那么异常处理完成之前，后续指令是不能进行目标寄存器或存储器的更新等操作的，从而保证了精确异常处理。精确异常处理在不同的应用中有着不同的重要性，有的异常在发生时要求在处理异常后继续执行，如页面错误，此时精确异常处理显得尤为重要，有的异常被使用者和设计者认为不必做到精确异常处理，而只需在发生异常时终止程序的运行即可，此时精确异常处理可以不必考虑。

基于硬件的推断执行中，确认的顺序是按照指令发射的顺序完成的，具体在硬件实现上，当指令到达再定序缓冲区的头部时，说明该指令可以实际执行，并不是猜测执行的，此时才能够完成指令的确认阶段。在异常处理上也同样如此，指令发生异常并不急于处理，而是将异常记录下来，当指令达到再定序缓冲区的头部时才进行异常处理，如果在此期间发生了预测的错误，该指令不必执行，再定序缓冲区会对该指令进行清除，那么此异常也被同时清除。

基于硬件的推断执行需要复杂的硬件，会消耗大量的硬件资源，这是制约该机制实际应用的根本原因，因此在处理器的设计上，只有追求高性能的流水线性能，才会考虑基于硬件的推断的方案。

3.4.4 先进的分支预测技术

无论是静态预测方法还是两位状态机方法虽然各有优点,但是不足也非常明显,它们在预测时仅利用了分支指令有限的历史信息(甚至只有一次),分支指令丰富的上下文信息并没有被考虑在内,所以有很大的局限性。比如,分支指令的上下文内容并没有指导算法作出预测的动态变化,控制流提供的跳转信息也没有被算法纳入考虑范围。进入 20 世纪 90 年代,随着对计算机性能要求的不断提高,分支预测成功率的高低,越来越成为影响系统性能的瓶颈之一。因此,研究人员认识到研究高效准确的分支预测方法是突破瓶颈的有效手段,于是开始研究提高预测性能的方法,其中很多思想都源自 1991 年 Tse-Yu Yeh 和 Yale N. Patt 教授提出的两层自适应思想。随着计算机性能的提高,对预测机制的准确性要求也逐渐提高,所以,预测方法也都复杂起来,很多预测方法尝试将静态和动态的预测思想结合起来,希望能够达到取长补短的目的,但是这类方法对编译器和预处理的要求很高,虽然预测的准确率很高,但是软件的效率却很低。

密歇根大学的 Tse-Yu Yeh 和 Yale N. Patt 教授在 1991 年提出了两层自适应动态分支预测(Two-Level Adaptive Training Branch Prediction)思想,开创了非简单二值动态分支预测,他们的主要思想是:程序中执行过的分支结果记录动态地记录到记录表中,基于记录表对当前的分支进行动态分支预测,分支记录表在程序执行的过程中动态地修改。所谓两层是指在这种预测器中,有两个记录表,一个是分支历史表,主要记录最近执行的若干条分支指令,另一个是分支模式表,负责记录这若干条指令在多个模式下的行为。当遇到新的分支需要进行预测时,首先通过查寻分支历史表查出与当前转移相匹配的分支模式,然后通过查寻分支模式表对当前指令进行预测,最后根据分支预测的结果和分支指令的上下文信息来修改两个分支记录表。这种方法可以有效地提高预测的准确率,预测的精度可以达到 95% 以上。

这种分支预测算法之所以能够达到如此高的准确率,关键在于分支模式记录表的应用,两层自适应动态分支预测中分支地址索引的分支历史记录表,每个地址对应一个记录集合,即多条记录,也就是我们上面所说的分支模式表,要动态地根据分支指令的上下文信息与分支模式记录表中的信息进行对比和匹配,最后才能作出分支预测。所以,这种预测算法是高度灵活的,随着分支指令上下文的变化,它可以动态调整自身的内容和算法的执行。

作为一种预测思想,两层自适应动态分支预测方法的实用性并不理想,控制分支模式表修改的自动机非常复杂,同时也不易实现。因此,1992 年 Tse-Yu Yeh 和 Yale N. Patt 教授分析了分支历史表(BHR)和分支模式表(PHT)的各种组合方式,主要有三种:分支历史表和分支模式表的组织结构可以是全集的,即所有的分支公用一个表;也可以是组相连的,即某一类分支公用一个表项;还可以是直接相连的,也就是每个分支自己占用一个表项。实际应用中,如果分支历史表和分支模式表都可以采用这 3 种结构,那么就能出现 9 种组合。图 3-35 所示为 Tse-Yu Yeh 和 Yale N. Patt 教授提出的组合方式中的 3 种(GAg、GAp 和 PAg)。

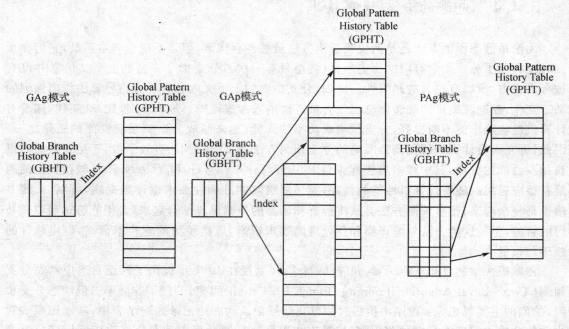

图 3-35　Tse-Yu Yeh 和 Yale N. Patt 提出的组合方式中的 3 种 GAg,GAp 和 PAg

　　Tse-Yu Yeh 和 Yale N. Patt 教授指出在所有方案中,采用直接相连的方法,显然可以获得很高的准确率,但是这种方式的硬件消耗过大。同时,通过分析认为:对于一般程序而言,GAp 方式是这 9 种组合之中不错的一种折中选择,GAp 组合中所有转移共用一个转移历史表,每一种模式都有各自的模式表。最基本的两级预测器使用 GAp 时,算法用一个多位的单个全局分支历史寄存器来索引两位的 PHT。

　　虽然在 Tse-Yu Yeh 和 Yale N. Patt 提出的 9 种组合中,GAp 的分支控制效果最好,但对于程序尤其是大段程序而言,由于 BHR 只有一个,对 PHT 的查找完全依赖于 BHR 的内容,因此对于不同的代码序列可能会在 BHR 中有相同的内容,而两个代码序列的分支行为很可能是不同的,从而使预测的方向与它们转移的实际方向截然相反,造成不命中的增加,从而降低 GAp 的预测成功率。因此,如何减少这种不同转移之间的误命中,使它们面对相同的历史记录时可以区分开来,就成为要解决的重要问题。

　　在 Tse-Yu Yeh 和 Yale N. Patt 之后,多位研究人员对两层自适应动态分支预测进行了研究或改进。1993 年,Scott Mc Farling 针对两层自适应动态分支预测的缺陷进行改进,提出了著名的 G-Share 方案(Global History with Index Sharing)。这是一种全局历史记录表预测方法,该方案被应用到很多处理器中,成为用单预测器进行分支预测的经典方案。此方案中,分支指令的地址是区分不同分支的重要因素,将 n 位地址的高 m 位与历史记录表的 m 位做"异或"操作,然后再与剩下的 $m-n$ 位地址拼成新的 n 位地址去查 PHT。图 3-36 是 G-share 方案的原理图。对于一般的应用,这种方案的性能可以令人满意。Scott Mc Farling 还提出了混合预测(hybrid prediction)的思想,即将不同的预测器组合在一起,利用它们的不同特点,取长补短,以达到提高预测成功率的目的。现在的很多处理器都采用了这种思想,或多或少地把不同预测器结合起来应用,取得了不错的效果。

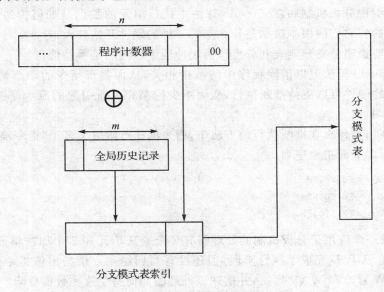

图 3-36　G-Share 方案的原理图

近年来,针对某一个或某几个特点的程序,或者具有特定应用的程序所设计的分支预测方法不断出现,由于特点和应用比较固定,所以所设计的分支预测算法的准确率很高。另外,还出现了一些仅仅用于科学研究所提出的预测思想,此类算法也能够有很高的准确率,但大多具有较高的硬件复杂度,而实际应用的可能性较小。

习　题

3.1 名词解释:

指令级并行	循环展开	名相关	控制相关
数据相关	静态指令调度	动态指令调度	记分牌
Tornasulo 算法	保留站	乱序执行	寄存器换名
公共数据总线	乱序完成	动态分支预测	分支预测表

分支目标缓冲　　　推断执行　　　　再定序缓冲

3.2 请简述静态指令调度与动态指令调度的区别。

3.3 指令的乱序执行会产生哪种数据冒险？请举例说明。在记分板机制和 Tomasulo 算法中是如何避免这些数据冒险的？

3.4 在记分板机制中，记分板中的电路需要记录哪些信息？请简要说明。

3.5 请说明记分板机制和 Tomasulo 算法中指令检测和指令控制的区别。

3.6 请说明记分板机制和 Tomasulo 算法中执行单元的数据是如何传递到引用结果的单元的？它们的根本区别是什么？哪一种的硬件开销较大？

3.7 请简要说明分支预测表和分支预测缓冲器中存储的是哪些信息？

3.8 Tomasulo 算法可以消除程序中的数据相关，从而实现指令的动态调度；Tomasulo 算法的硬件可以支持推断执行，从而减少控制相关所引起的流水停顿，请简要说明其原理。

3.9 请说明，为什么在推断执行的方法中，指令的执行阶段又多了"指令确认"阶段？

3.10 请考虑下面指令序列：

```
MUL.D    F0,F4,F8
ADD.D    F6,F0,F2
SUB.D    F2,F10,F2
```

假设一个应用记分板机制的处理器有 2 个乘法单元和 2 个加法单元，指令序列中只有 SUB.D 完成了执行阶段，但还没有写回结果。请指出该指令序列中存在的 RAW 冒险和 WAR 冒险，并描述该处理器如何避免这些数据冒险？

3.11 Tomasulo 算法与记分板机制比较也存在不足，Tomasulo 算法在每个时钟周期只能在 CDB 上传送一个结果，请用一段指令序列说明在什么情况下记分板机制不必发生流水线停顿而 Tomasulo 算法必定发生流水线停顿。

3.12 假设一个长流水线中仅对条件转移指令使用分支预测缓冲器。假设分支预测错误的开销是 4 个时钟周期，缓冲不命中的开销为 3 个时钟周期。假设：命中率 95%，预测精度为 85%，分支频率为 15%，没有分支的基本 CPI 为 1，则程序的 CPI 为多少？

3.13 下面一段代码成为 DAXPY 循环，实现在长度为 10 的向量上执行 $Y=aX+Y$，最初 $R1=0$，$F0$ 中保存 a。其浮点指令延迟见表 3-1，整数指令均为 1 个时钟周期完成，浮点和整数部件均为流水。整数操作之间以及与其他所有浮点操作之间的延迟为 0，转移指令的延迟为 0。

```
foo:L.D     F2,0(R1)     ;读 X(i)
    MUL.D   F4,F2,F0     ;乘法 a*X(i)
    L.D     F6,0(R2)     ;读 Y(i)
```

```
ADD.D     F6,F4,F6      ;加法 a*X(i)+Y(i)
S.D       F6,0(R2)      ;保存 Y(i)
DADDUI    R1,R1,#8      ;X 递增
DADDUI    R2,R2,#8      ;Y 递增
DSGTUI    R3,R1,#800    ;循环是否结束
BEQZ      R3,foo        ;如果未结束,继续循环
```

(1) 请计算,对于标准的 DLX 单流水线,该循环计算一个 Y 值需要多少时间?

(2) 如果将该循环顺序展开 4 次,不做任何指令调度,计算一个 Y 值平均需要多少时间? 加速比是多少? 如果进行优化和指令调度后,计算一个 Y 值平均最少需要多少时间? 加速比又是多少?

(3) 如果采用图 3-33 所示的推断执行机制的 DLX 处理器,处理器中只有 1 个整数部件,当循环第二次执行到"BEQZ R3,foo"时,请写出当前所有指令的状态,包括指令使用的保留站、指令起始节拍、执行节拍和写结果节拍等。

第 4 章 线程级并行

随着工艺和集成电路技术的发展,处理器实现技术由深亚微米工艺转向纳米工艺,同时,计算机系统的核心评价指标由高性能转向高效能,应用驱动由以计算为中心转向以数据为中心,这些变化将对微处理器体系结构技术的发展产生深刻的影响。由于第 3 章主要介绍指令级并行技术,本章为了充分利用计算机的整体硬件能力,介绍线程级并行技术,将处理器内部的并行由指令级上升到线程级,通过线程级的并行来增加指令吞吐量,提高处理器的资源利用率。本章首先简单阐述多线程技术概念及分类,接下来详细介绍同时多线程技术,最后以超线程技术为例,介绍其实现的前提条件及工作原理。

4.1 多线程技术发展背景

半导体技术发展至今,芯片工艺已进入了"纳米时代",90 nm 的芯片足以装下上亿只晶体管。有趣的是,这是一个喜忧掺半的结局,线宽如此之细、如此之多的晶体管,加之如此之高的主频,使得芯片在制造和使用上遇到了一系列问题,如材料、加工、光刻、过热、功耗、低良品率、电磁兼容性等一系列副作用必然制约单个处理器运算能力的提升。但另一方面,如此之高的集成技术使得多内核和多线程技术等并行计算技术的发展成为可能。

当前传统通用微处理器体系结构的发展主要受到三个方面因素的制约。

1. 处理器主频的提升不再有效

伴随着集成电路工艺水平的不断提高,微处理器的主频也在迅速提升。近年来,主频成为提升微处理器的性能的主要推动力,微处理器的主频迅速地完成了由 1990 年 33 MHz 到现在 2 GHz 以上的飞跃。但是,目前主频的增长速度正日益趋缓,且主频增长带来的副作用也日益显著。由于主频的增长是以硬件设计和工艺复杂度的提升为前提,随着芯片集成度的增加和线宽变窄,处理器的设计、验证和测试变得越来越困难,为提高性能而增加的硬件资源利用率不高,性能的增长空间有限。相对而言,主频增长所带来的功耗的增长比性能的增长则要快得多。例如,从 Intel 80486、Pentium、Pentium Ⅲ 到 Pentium Ⅳ 这 4 代处理器,整体性能提高了 5 倍左右,而晶体管数增加了 15 倍,相对功耗则增加了 8 倍。

2. 内存带宽和访问延迟的限制

在摩尔定律的推动下,CPU 的速度差不多每隔两年就提升一倍。然而,从目前的技术发展现状看,存储器的速度提高得很慢,内存的访问速度每隔六年才提升一倍。因此,这两者差距越拉越大,从而造成了 CPU 空算等待存储器的时间占了很大的比例。根据统计数据,在高主频的计算机中,有可能高达 85％的时间浪费在等待内存的存取上。从 CPU 核心到内存之间的数据交换往往受制于带宽限制,两者之间的延迟越来越高,限制了系统整体性能的提升,这一现象就是"内存墙"(memory wall)问题。

3. 指令级并行遭遇危机

为了提高处理器的性能,传统的解决方法是不断提高处理器的指令级并行性。一般从两个方面实现:一方面是将一些原来应用于大型机的体系结构技术,例如:超标量、多级缓存、预测执行等指令级并行处理技术引入到微处理器芯片;另一方面,引入深度流水技术,将指令级的执行划分为更多、更细的流水级。然而,相关技术的副作用以及计算类型的转变使得指令级并行技术已经难以满足处理器性能进一步增长的需求,并可能成为约束处理器性能增长的主要因素。

首先,超长流水线引入了超大指令窗口,一旦转移预测失败,就势必要将多个预先加载的指令清空并重新加载新的指令,这一操作过程对处理器性能的影响非常大,会带来不可忽视的性能损失,同时,流水线级数超过 10 级时处理器的设计也比较复杂。如果每个流水级太短,甚至来不及完成整数加这类基本的逻辑操作,那么电路就会变得异常复杂。超过 30 级时额外增加的流水线寄存器和旁路多路选择器产生的延迟,以及分支跳转预测失败导致的重新加载指令,这些都可能会抵消流水级数的增加带来的性能提高。

其次,指令级并行技术本身也不再适应计算应用类型的变化了。以商务处理和 Web 服务为代表的应用日益成为服务器应用的主流,回顾计算机近 30 年发展的历史不难发现,计算机应用已经从传统的以 SPEC CPU2000 为代表的计算密集型的科学技术应用,发展到了现今的以 SPEC JBB2000 为代表的数据密集型应用,表现出完全不同的执行和数据访问的特征。在传统的计算密集型应用中数据的运算操作远远多于数据的装入操作,因而代码和数据的访问具有很高的局部性,因此可以有效的利用预取操作数、Cache 等技术来弥补内存带宽的不足以及内存访问未命中造成的时间延迟,指令级并行技术比较适合用于传统的计算密集型应用。面向商务处理的主流服务器应用,是属于数据密集型的应用,这些应用所需数据的时间和空间局部性很差,数据重用的可能性很低,其控制流非常不规则,因此指令级并行度很低,这时,传统的高性能计算机的构造方法不能适应新的应用需求。主要原因在于:从计算机体系结构的角度来看,传统的技术并没有有效、充分地利用计算机的整体硬件能力。在这种情况下,线程级并行(Thread Level Parallelism,TLP)技术应运而生,TLP 技术将处理器内部的并行由指令级上升到线程级,旨在通过线程级的并行来增加指令吞吐量,提高处理器的资源利用率。其主要思想是在一个线程遇到长时延操作(例如访存指令)时,用另外一个线程的执行来掩盖长时延,从而提高处理器资源的利用率,增加处理器的吞吐量,减少长时延操作的副作用,硬件多线程处理器通过增加线程级并行来弥补低发射带宽。

4.2 线程概念

单个程序的线程包含三个层次的含义：用户级线程、内核级线程及硬件线程，如图4-1所示。用户级线程主要指应用软件所创建的线程，是一些相关指令的离散序列。在多线程应用软件中一定包含一个主线程，完成程序初始化、创建其他线程等工作。内核级线程主要指由操作系统创建和使用的线程，它是比进程更小的执行单位。硬件线程主要指线程在硬件执行资源上的表现形式。

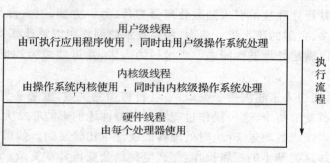

图4-1 线程的三层结构

4.2.1 用户级线程

对于不依赖运行时架构的应用程序来说，创建线程只需要直接调用系统API即可，这些系统调用在运行时就被转化为一系列对操作系统内核的调用，从而完成线程创建的工作。图4-2给出了在典型系统上执行传统应用程序时线程的执行流程。在线程定义和准备阶段，程序设计环境完成对线程的指定，编译器完成对线程的编译工作；在运行阶段，操作系统完成对线程的创建和管理；在执行阶段，处理器对线程指令序列进行实际的执行。

由公共语言运行库环境（而不是直接由操作系统）执行的代码称为托管代码（Managed Code）。托管代码应用程序可以获得公共语言运行库服务，例如自动垃圾回收、运行库类型检查和安全支持等。这些服务帮助提供独立于平台和语言的、统一的托管代码应用程序行为。托管代码是可以使用20多种支持Microsoft .NET Framework的高级语言编写的代码，它们包括：C♯、J♯、Microsoft Visual Basic .NET、Microsoft JScript .NET，以及C++等。所有的语言共享统一的类库集合，并能被编码成为中间语言（IL）。运行库编译器（Runtime-Aware Compiler）在托管执行环境下编译中间语言（IL）使之成为本地可执行的代码，并使用数组边界和索引检查、异常处理、垃圾回收等手段确保类型的安全。托管代码在托管环境中运行，托管环境执行一些应用程序函数并将这些函数转化为对底层操作系统的调用。托管环境

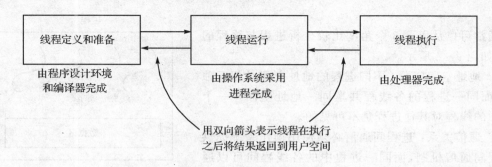

图 4-2 线程执行流程

本身不提供任何调度功能，而是依赖于操作系统的调度，线程被传递给操作系统的调度程序之后，调度程序完成剩下的线程行为。

一般来讲，多线程应用程序可以采用内建的 API 调用来实现，最常用的 API 是 OpenMP 库和显式低级线程库。采用显式低级线程库所需要的代码量比采用 OpenMP 库要大，但采用显式低级线程库的优点是可以对线程进行细粒度控制。

4.2.2 内核级线程

内核是操作系统的核心，维护着大量用于追踪进程和线程的表格，绝大多数的线程级行为都依赖于内核级线程。内核级线程能够提供比用户级线程更高的性能，并且同一进程中的多个内核线程能够同时在不同的处理器或者执行核执行。

进程由进程控制块(Process Control Block，PCB)、程序、数据集合组成，它是一个内核级的实体。在操作系统中，进程的引入改善了资源利用率，提高了系统的吞吐量。一个进程在其执行的过程中，可以产生多条执行线索，这些线索被称为线程。线程是比进程更小的执行单位，是一个动态的对象，它是处理器调度的基本单位，是进程中的一个控制点，用来执行一系列的指令。每个线程会经历它的产生、存在和消亡过程，这些是线程的动态概念。线程状态包括就绪态、运行态和挂起态，与进程状态空间相同。一旦某个线程产生一个长延时操作，如访存、处理机间通信或长浮点运算等，该线程即被挂起，随即由调度器从线程池中选择一个就绪线程进入 CPU。这样，时延被隐藏起来了。线程作为 CPU 调度的基本单位，子线程共享父线程的资源。进程可看作是由线程组成的，一个含有多线程的进程中，多个线程共享同一地址空间，所不同的只是每个线程都有私有的"栈"，这样每个线程虽然代码一样，但本地变量的数据都互不干扰。

线程的创建和调度成本大大低于进程，所以线程有时也被称作轻进程(Light Process)。众所周知，每个进程都有一块专用的内存区域，线程则不同，线程间可以共享同一内存单元，并利用其共享单元实现数据的交换、实时通信和必要的同步操作。进程与线程的关系如图 4-3

所示。

通常可以从以下 3 个角度比较分析进程与线程的差异,如图 4-4 所示。

① 地址空间资源:不同进程的地址空间是相互独立的,而同一进程的各线程共享同一地址空间。一个进程中的线程对其他进程是不可见的。

② 通信关系:进程间通信必须使用操作系统提供的进程间通信机制,而同一进程中的各线程间可以通过直接读写进程数据段(如全局变量)来进行通信。当然,同一进程中各线程间的通信也需要同步和互斥手段的辅助,以保证数据的一致性。

③ 调度切换:同一进程中的线程上下文切换比进程上下文切换要快得多。

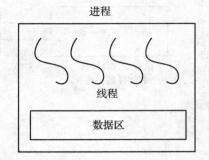

图 4-3 进程与线程关系

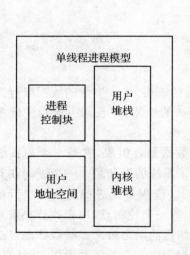
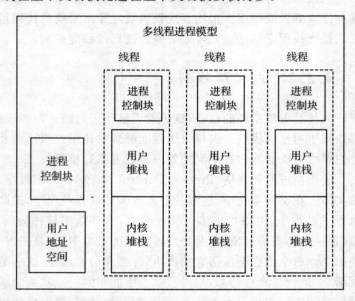

图 4-4 进程与线程的比较

每个程序由一个或多个进程组成,同时每个进程包含了一个或多个线程,每个线程都被操作系统的调度映射到处理器上执行。目前存在多种线程到处理器的映射模型:一对一(1∶1)映射、多对一(M∶1)映射和多对多(M∶N)映射,如图 4-5 所示,其中 TLS(Thread Leal Scheduler)为线程级调度程序,HAL(Hardware Abstraction Layer)为硬件抽象层,P/C(Processor or Core)为处理器或执行核。在一对一映射模型中,每个用户级线程被映射到一个内核级线程;多对一映射模型中,多个用户级线程被映射到一个内核级线程;多对多映射模型中,M 个

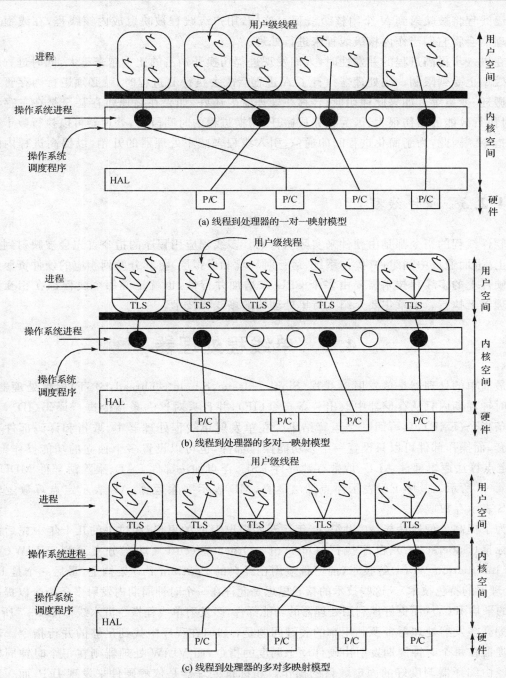

图 4-5 线程到处理器的三种映射模型

用户级线程将被映射到 N 个内核级线程。这样,用户级线程被映射成内核线程,在线程执行时处理器会将它们当作内核级线程来进行处理。

在进一步提高进程的并发性时,人们发现进程切换开销占的比重越来越大,同时进程间通信的效率也受到限制。当处理器执行了 A 进程后改去执行 B 进程时,就必须进行内存管理组态的搬迁、变更等。如果此种切换、转移在处理器内还好,如果在高速缓存甚至是在主存储器时,对执行效能的损伤很大,因为在完成搬迁、切换进程的时间段内,处理器可以执行数十到上千个指令。因此,为了简化进程间的通信,引入线程来减小处理器的开销,以提高进程内的并发度。

4.2.3 硬件线程

软件线程的指令都是由硬件来实际执行的。多线程应用程序的指令首先会被映射到各种资源上,进而通过中间组件(操作系统、运行时环境和虚拟层)将其分发到相应的硬件资源上执行。硬件上的多线程技术需要由多个 CPU 来增加并行性,也就是说每个线程都在相互独立的处理器上执行。本章主要介绍支持单处理器的多线程技术。

4.3 单线程处理器

最简单的处理器是单发射单线程(Single-Issue,Single-Thread,SIST)标量处理器,即一个时钟周期内只从存储器中取出一条指令(IF),并且只对这一条指令进行译码(ID),只执行一条指令(EXE),只写回一个运算结果。在单发射单线程处理器中,取指和译码部件各设置一套,而操作部件可以只设置一个多功能操作部件,也可以设置多个独立的功能操作部件,如:定点算法逻辑部件 ALU、取数存数部件 LSU、浮点加法部件 FAD、乘除法部件 MDU 等,如图 4-6 所示。其中 FA 表示浮点加法运算,MD 表示乘除运算,AL 表示定点算数逻辑运算,LS 表示存数取数。

为了提高处理器性能,20 世纪 90 年代开始提出 ILP 的思想,在过去的几十年中先后出现了超标量(Superscalar)、乱序执行(Out-of-Order Execute)、动态分支预测、VLIW(Very Long Instruction Word)等技术(前三种应用在经典的 Pentium Pro 架构上,最后一个是 Itanium 处理器的特色技术)。这些技术的核心思想是允许在一个时钟周期内发射多条指令以提高处理器的平均 IPC,从而更好地利用处理器的功能部件,多发射单线程指令流水线如图 4-7 所示。

提高多发射处理器资源利用率的关键问题是:如何在程序中找到足够的并行指令。超标量处理器在每个时钟周期发射由硬件动态调度的指令,而 VLIW 处理器则在每个时钟周期发射已经由编译器调度好的固定数目的操作。超标量处理器是依赖硬件来发现 ILP,而 VLIW 处理器则依赖编译器来发现 ILP。为了提高 ILP,在多发射处理器中有三种不同的指令调度

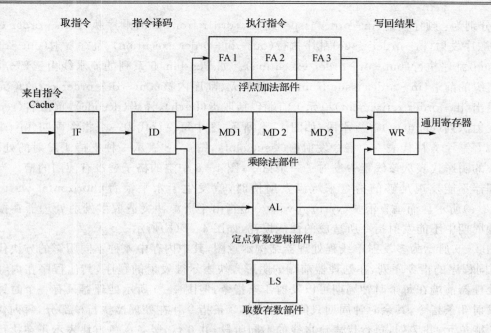

图 4-6 单发射单线程指令流水线

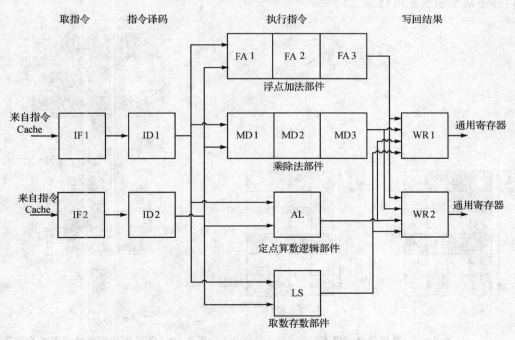

图 4-7 多发射单线程指令流水线

方法,分别为：顺序发射(in-order issue,或 in-order front end)顺序执行(in-order execution)、顺序发射(in-order issue)乱序执行(out-of-order execution)、乱序发射(out-of-order issue)乱序执行(out-of-order execution)。如 Pentium 6 系列的流水线由三部分构成：有序组织的前端(in-order issue front-end)单元、乱序内核(out-of-order core)单元和有序的退出(in-order retirement)单元。前端包括取指(fetch)、译码(decode)、重命名(rename)和入发射队列(enqueue)等流水段,如图 4-8 所示,图中每一行代表一个指令周期(instruction cycle),每一个方格代表一个指令发射槽(issue slot),图 4-8 表示一种支持 4 发射的处理器,每格中的阴影代表从该线程中发射了一条指令,图 4-8 中空的格子是没有使用的槽。当多发射处理器不能发现足够的指令来填满发射槽时,就发生了水平浪费(horizontal waste),如图 4-8(a)所示。而垂直浪费(vertical waste)是指由于资源冲突造成多发射处理器在接下来的时钟周期中不能发射指令所造成的性能损耗,如图 4-8(b)所示。

图 4-9 所示为多发射单线程处理器结构示意图,其中内存中 4 种不同阴影的方块代表了 4 个不同程序的指令序列,在处理器前端的阴影方块表示被发射的程序,其他程序在内存中等待。处理器前端在每个时钟周期可以发射 4 条指令,但图 4-9 所示处理器只有一个时钟周期同时发射 3 条指令,其余时钟周期只能同时发射 2 条指令。在处理器执行核部分,每列代表不同的功能单元,共 7 列,每行代表流水线的不同阶段,共 6 行,竖条深色方块表示正在执行的程序,白底方块表示流水线冒泡。

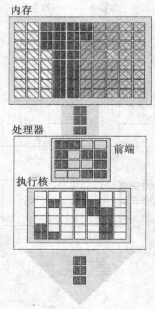

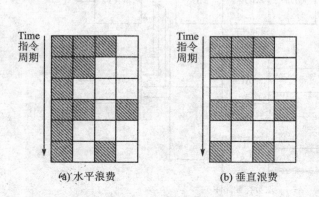

图 4-8 发射槽利用情况

图 4-9 多发射单线程处理器结构示意图

4.4 多线程技术概述

在传统的单核单线程处理器中提高处理器资源利用率,弥补处理器和主存之间速度差距的方法主要有两种:一种是采用多级缓存的方式,即当处理器需要处理下一条指令时,通常按照寄存器、一级缓存、二级缓存、内存、硬盘这一顺序去查找。其中 CPU 处理单元中的寄存器是最快的,可以在一个时钟周期内提供指令和数据,其次是一级缓存,需要几个时钟周期的访问时间,接下来是二级缓存,需要十几个时钟周期的访问时间,之后是内存,它需要几十个时钟周期的访问时间,最慢的是硬盘,它通常需要几千甚至几万个时钟周期的访问时间。如果处理器在内存中仍然找不到需要执行的指令或数据时,系统会进行上下文切换(context switch),终止此线程在 CPU 上的运行,使其处于等待状态让其他线程运行,只有当此线程需要的数据被调入到内存后,才允许其等待被再次调度到 CPU 上运行,这种线程间的上下文切换需要几十个时钟周期,额外开销很大。另一种方法是挖掘线程中的 ILP 来提高处理器资源利用率,ILP 技术更多地适用于传统的计算密集型应用。当一个程序中没有足够的并行性或可用的并行性没有有效利用,都会使硬件的利用率受到大的影响,如图 4-10 所示,单纯的提高 CPU 的运算速度,对于整个系统性能的提升所起到的作用微不足道。同时从应用的角度看,例如:在线事务处理 OLTP、决策支持系统 DSS、Web 服务等这些数据密集型的应用,程序特点是具有丰富的线程级并行性(thread level parallelism),如表 4-1 所示。但由于其控制流不规则导致缺乏 ILP,难以有效利用 ILP 技术提升性能。当传统的技术发展受到限制的时候,多线程技术

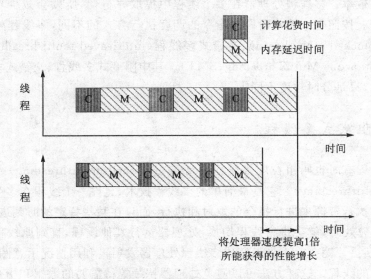

图 4-10 运算速度提高 1 倍时整体性能提升情况

应运而生,业界普遍认为,TLP将是下一代高性能处理器的主流体系结构技术,ILP将仅仅成为TLP中表示性能的辅助参数。

表4-1 常见的服务器端企业级应用中的指令级并行度和线程级并行度的比较

负载特性	Web-Centric	Application-Centric	Data-Centric		
应用类型	Web服务器	应用服务器	ERP	OLTP	ERP	DSS
指令级并行度	低	低	中	低	低	高
线程级并行度	高	高	高	高	高	高
指令/数据工作集	大	大	中	大	大	大
数据共享	低	中	中	高	高	中

多线程技术就是在单个处理核心内同时运行多个线程的技术,和芯片多处理(Chip MultiProcessing,CMP)不同,后者是通过集成多个处理内核的方式让系统的处理能力提升,现在主流的处理器都使用了CMP技术。然而CMP技术需要增加相应的电路,从而增加了成本,多线程技术只需要增加规模很少的部分线路(通常约2%)就可以提升处理器的总体能力,从而可以相对简单地提高相关应用的性能。多线程处理器对线程的调度与传统意义上由操作系统负责的线程调度存在区别,线程间的切换完全由处理器的硬件来负责。由于为每个线程维护独立的PC和寄存器,因此多线程处理器能够快速地切换线程上下文。线程高效调度的目的就是要尽可能减少处理器处于闲置状态,通过有效的线程切换来获取处理器在相同工作时间内更高的工作效率。多线程处理器在多个线程中提取并行性,所以会减少功能部件空运转造成的能量浪费。按照每一流水阶段对指令的调度执行方式的不同,多线程处理器可以分为阻塞式多线程(blocked multithread)、交错式多线程(interleaved multithreading)和同时多线程处理器(Simultaneous MultiThreading,SMT)。其中阻塞式多线程、交错式多线程都是分时共享处理器资源,只是分时粒度不同。

4.4.1 阻塞式多线程

阻塞式多线程有时也叫粗粒度多线程(coarse-grained multithreading)或者协作多线程(cooperative multithreading)。它是最简单的多线程技术,允许一个线程在多个连续的时钟周期内拥有所有的执行资源来进行指令的发射和执行,而只在某些特定的时刻进行线程切换,例如:出现Cache失效时,就会进行线程切换,处理器运行其他线程,直到原线程等待的操作完成,才会被切换回去。图4-11为阻塞式多线程处理器发射槽利用情况示意图,图中不同的阴影斜线表示不同的线程。这种方法可以避免处理器持续等待需要的数据和指令时浪费的上百个CPU时钟周期,有效地掩盖内存存取的延迟,减少了垂直浪费。阻塞式多线程技术的思想有些类似于早期的分时共享计算系统,执行多个线程的处理器在遇到某个因 Cache 失效或者分支预测失败而停顿的线程时,可以切换到另一个线程进行执行。由于这两个线程共享许多系统资源,如 CPU 的寄存器和缓存等,因此线程间的切换比上下文切换要快得多,只需要几个时钟周期,这提高了整个系统的利用率。IBM 公司的 PowerPC RS64 IV 处理器中的 pSeries 680 和 pSeries 660-6M1 上都使用过这种阻塞式多线程技术。但是由于实现阻塞式多线程的 CPU 只执行单个线程的指令,因此当线程发生阻塞时,流水线必须排空或暂停,而且阻塞后切换来的新线程在指令执行产生结果之前必须先填满整个流水线,因此,这种技术并不能有效地减少吞吐率的损失。

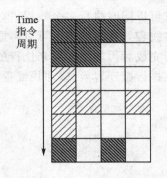

图 4-11 阻塞式多线程处理器发射槽利用情况

同时,阻塞式多线程的另一个明显的缺点是需要花费几个时钟周期进行线程级切换,这样,有些短延迟事件(如流水线竞争、资源共享冲突等)就无法通过线程切换来避免时间损耗,因为大多数此类延迟事件仅会延迟几个时钟周期。在实际系统中存在很多短延迟事件,例如分支预测错误或者内存读取指令后紧跟着与它数据相关的指令时都会产生短延迟事件,这些短延迟事件是造成 CPI 增加的一个重要因素。在现代处理器中使用的多时钟周期的一级缓存需要几个时钟周期的访问时间,二级缓存需要十几个时钟周期的访问时间,使用阻塞式多线程无法避免此类时间的浪费。

4.4.2 交错式多线程

交错式多线程处理器又叫做细粒度多线程(Fine-Grained MultiThreading,FMT)处理器。与阻塞式多线程不同,在交错式多线程结构中,微处理器会同时处理多个线程的上下文,在每个时钟周期进行一次线程切换,交错式多线程处理器实质上是通过线程的频繁切换来隐藏时延,采用流水方式开发多个线程之间的 TLP。图 4-12 为交错式多线程处理器发射槽利用情况示意图。与阻塞式多线程相比,交错式多线程结构的处理器对流水线的利用率更高,在不考虑线程切换代价的前提下能够获得更高的性能。在交错式多线程处理器中,如果一个线程遇到长延迟事件,对应这一线程执行的时钟周期就会被浪费。Sun 公司的 UltraSPARC T1 处理器就采用了交错式多线程技术。

在阻塞式多线程和交错式多线程处理器中,处理器的每个功能单元只能通过同一线程的多条指令,如图 4-13 所示,新线程的指令进入流水线到达执行段也会带来几个周期的垂直延迟,其数目取决于流水线的长度。在阻塞式多线程和交错式多线程处理器中,允许多个线程以重叠的方式共享单个处理器的功能单元。某个阻塞式多线程或交错式多线程处理器并不表示它可以同时执行多个线程,事实上在同一时间内一个多线程处理器依然是执行一个线程,只是多线程处理器的内部可以将原有线程的相关信息及变量暂时搁置,然后去执行其他的线程,执行完成后再切换回原来执行的线程,整个切换过程都在处理器内进行,不需利用高速存储或内存进行搬迁置换,以加快线程执行的速度。

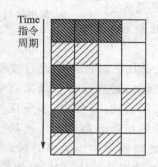

图4-12 交错式多线程处理器发射槽利用情况

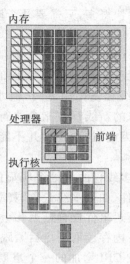

图4-13 阻塞式多线程和交错式多线程处理器结构示意图

4.4.3 同时多线程

同时多线程SMT(Simultaneous MultiThreading)的主要思想是在同一个周期内同时运行来自多个线程的指令,线程间不需要进行切换,每个功能单元可以执行来自不同线程的多条指令。根据是否可以同时发射来自不同线程的多条指令,可将SMT分为Superthreading(超级线程技术)和Hyper-Threading(超线程技术),Superthreading处理器在某一时刻只能发射来自同一线程的多条指令,Hyper-Threading则可以同时发射来自不同线程的多条指令,如图4-14所示。阻塞式多线程和交错式多线程都是针对单个执行单元的技术,不同的线程在指令级别上并不是真正的"并行",而SMT则具有多个

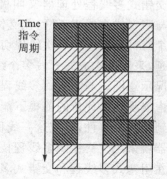

图4-14 Hyper-Threading处理器发射槽利用情况

执行单元,同一时间内可以同时执行多条指令,因此,前两种技术有时被归类为TMT(Temporal MultiThreading,时间多线程)技术。SMT没有进行资源的物理划分,它允许多个线程在同一个节拍(cycle)内竞争所有的资源,同时SMT中的线程完全依赖于软件进行编译提取和优化调度,SMT发射窗口中的多条并行指令可以来自不同的线程,它们之间不存在寄存器相关性。Hyper-Threading处理器由硬件负责从多个线程中选择能够在同一个周期中执行的指令,把它们分派到多个功能部件流水线中执行。它能够从同一个进程中识别可以并行执行的多条指令,也能够通过硬件支持ILP,所以Hyper-Threading可以适应各种级别的ILP和TLP。由于SMT要同时执行多个线程,所以对微处理器芯片的接口带宽要求非常高,为了减缓对芯片接口的压力,SMT处理器通常会采用大容量多级Cache机制。

交错式多线程、阻塞式多线程和同时多线程处理器的主要差别在于线程间共享的资源以及线程切换的机制。表4-2所示为多线程架构的异同。

表4-2 多线程架构的异同

多线程技术	线程间共享资源	线程切换机制	并行性	资源利用率的改善
交错式多线程	除寄存器、控制逻辑外的资源	每个时钟周期进行切换	较高TLP,低ILP	提升单个执行单元利用率
阻塞式多线程	除取指令缓冲、寄存器、控制逻辑外的资源	线程遇到长时间的延迟时进行切换	TLP、ILP较高	提升单个执行单元利用率
同步多线程	除取指令缓冲、返回地址堆栈、寄存器、控制逻辑、重排序缓冲、Store队列外的资源	所有线程同时活动,无切换	高TLP,较高ILP	提升多个执行单元利用率

4.5 同时多线程技术

同时多线程的概念首先是由美国加州大学的Tullsen在1995年提出的,但在此之前,已经有了不少基于这种思想的处理器研究项目,然而之前的这些研究与Tullsen提出的SMT结构在微体系结构上有很大的差别,特别是在取指部件上有很大不同。虽然Tullsen提出的SMT结构(如图4-15所示)只对传统超标量处理器结构做了很少改动,但却获得了很好的性能改善,因此主流商业SMT微处理器的设计(如DEC Alpha 21464、Intel Xeon)主要受它的影响。同时多线程技术的思想为:在一个时钟周期内发射多个线程的指令到功能部件上执行,每个线程现场执行不同的线程,由发射部件将线程现场与执行单元联系起来,并行执行来自不同线程的指令。在同时多线程结构中来自不同线程的指令之间不存在紧密的相关性,因此可以最大限度开发TLP和ILP,来提高功能部件的利用率。

为了能够在一拍内同时执行多个线程中的指令,SMT需要复制一些超标量资源,主要包括以下资源:

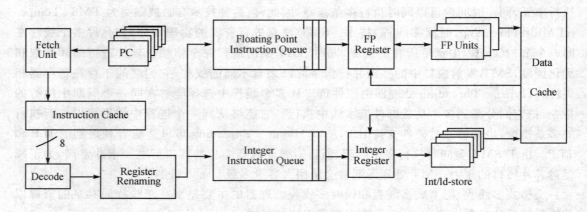

图 4-15 同时多线程体系结构

① 硬件现场资源,包括寄存器和程序计数器;
② 每个线程的流水线冲刷机制;
③ 指令执行结束后的撤出机制;
④ 每个线程的精确中断和子程序返回机制;
⑤ 在转移目标缓冲器和转换后援缓冲器 TLB 中增加线程标志。

同时多线程技术可以使用当前乱序超标量处理器中的动态指令调度硬件,将多个线程中的指令调度到功能部件。寄存器重命名后,发射逻辑动态地发射指令,功能部件不需要考虑指令来自哪个线程。同时多线程是在超标量的基础上改进得到,这有利于单线程程序充分利用硬件资源,也有利于从超标量到同时多线程的平滑转换。

4.5.1 超级线程技术概述

根据执行不同线程指令的并行程度的不同,可将 SMT 技术分为 Superthreading(超级线程)技术和 Hyper-Threading(超线程)技术。超线程比超级线程更加"超级",线程间指令的并行程度更高。图 4-16 为 Superthreading 处理器结构示意图。

Superthreading 处理器在某一时刻只能发射来自同一个线程的多条指令,这样处理器前端可以在每个时钟循环中载入 4 个指令,并将指令传入执行核内的 7 个功能单元中的任意 4 个,每个功能单元可以处理来自不同线程的指令。但 Superthreading 处理器在功能单元的每个流水线阶段只能处理来自同一线程的指令。图 4-16 中用竖线和斜线表示的箭头标明该处理器同时混合执行来自两个线程的指令,减少了浪费的执行单元。虽然 Superthreading 处理器同时读入来自同一个线程的指令,但是每个执行的线程仍然只有一个时间片,因此 Superthreading 是一种时间片多线程(time-slice multithreading)技术。

Superthreading 处理器可以有效地减轻由于内存的低速造成的延迟现象。如图 4-16 所示,当 Superthreading 处理器同时执行两个线程(竖线和斜线阴影),如果用竖线阴影表示的线程需要从存储器中读取数据,但是该数据又不在缓存中,那么这个线程在 CPU 的多个周期中无事可做,等待数据传,此时,CPU 可以执行用斜线阴影表示的线程,充分利用资源。

Superthreading 可以有效地缓解内存读取延迟的问题,但却不能解决由于单个线程糟糕的指令级并行性带来的资源浪费问题。如果在某个 CPU 执行周期中,用竖线阴影表示的线程只有两条指令同时执行,那么就会有两个发射槽没有很好利用。

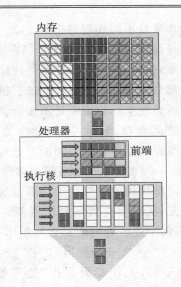

图 4-16 Superthreading 处理器结构示意图

4.5.2 超线程技术概述

超线程技术(hyper-threading technology)是 Intel 公司在奔腾 4 系列处理器中引进的突破性创新技术,是一种全新的设计理念,这与通常的以 MHz 来衡量芯片处理速度的观念发生冲突,因为超线程技术与 MHz 无关。应用该技术的处理器可以比相同 MHz 的处理器处理更多任务,即使芯片速度继续提高也是如此。对于半导体来说,体积直接关系到成本的高低,采用超线程技术的芯片体积比不采用这种技术的芯片只大 5% 左右,显然,尽管具有超线程技术的处理器速度比不上 2 枚芯片之和,但它的价格要比 2 枚芯片之和便宜很多。Intel 公司自 20 世纪 80 年代末就开始构想各种方法,以求通过分散资源来使芯片具有同时处理多项任务的能力,1995 年开始启动超线程研发项目,1999 年取得初步成果,2002 年正式发布。

多线程技术可以与支持多线程的操作系统和软件相结合,有效地增强处理器在多任务、多线程处理上的能力。超线程技术可以使操作系统或者应用软件的多个线程同时运行于一个超线程处理器上,其内部的两个逻辑处理器共享一组处理器执行单元,并行完成加、乘、加载等操作。这样做可以使得处理器的处理能力提高 30%,因为在同一时间里,应用程序可以更充分地利用芯片的各个运算单元。对于单线程芯片来说,虽然每秒钟也能处理成千上万条指令,但是在某一时刻,它只能对一条指令(单个线程)进行处理,结果必然使处理器内部的其他处理单元出现空闲。超线程技术则可以使处理器在某一时刻同步并行地处理更多指令和数据(多个线程),可以这样说,超线程是一种可以将 CPU 内部暂时闲置的处理资源充分"调动"起来的技术。

如图 4-17 所示,Hyper-Threading 处理器某时刻能发射来自不同线程的多条指令,执行核内部的每个功能单元可以处理来自不同线程的指令,同时,功能单元的每个流水线阶段可以处理来自不同线程的指令。

　　仔细观察可以发现图 4-17 是由图 4-18 变化而来,将图 4-18 中的两个处理器各自线程的执行部分组合在一起,就构成了超线程处理器结构。虽然在实际使用中是不太可能将两个线程设计得彼此吻合,但是可以看出：在实际使用中一个超线程的处理器就如同两个处理器一起工作一样,使一个物理处理器表现出多个逻辑处理器的性能。超线程的优势在于它可以最弹性地使用执行单元,从而更有效地利用资源。为了达到这个目的,每个逻辑处理器都要复制体系结构状态,并且共享一套处理器工作资源（execution resources）,工作资源是指"处理器用来进行加、乘、加载等操作的执行单元（execution unit）"。从微体系结构的角度来看,逻辑处理器发出的指令将持续不断地同时执行共享执行资源。

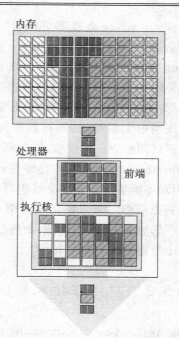

图 4-17　Hyper-Threading 处理器结构示意图

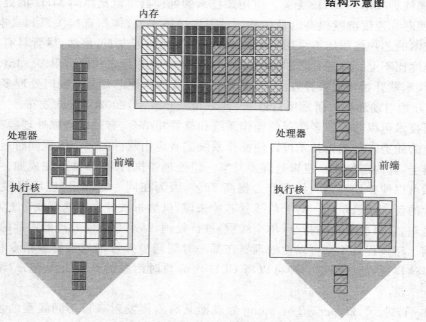

图 4-18　单线程的 SMP 处理器结构示意图

4.6 超线程技术

4.6.1 超线程技术的工作原理

超线程技术的原理很简单，就是把一颗处理器当成两颗来使用，将一颗具有超线程功能的"实体"处理器变成两个"逻辑"处理器，而逻辑处理器对于操作系统来说跟实体处理器并没什么两样，因此操作系统会把工作分派给这"两颗"处理器去执行，让多种应用程序或单一应用程序的多个线程能够同时在同一颗处理器上执行，简而言之，超线程技术实质上就是榨取 CPU 的潜能，通过优化可以大大提高空闲时间的利用率，让 CPU 在单个时钟周期里执行更多的指令。超线程技术的核心理念是提高"并行度"（parallelism），也就是提高指令执行的并行度、提高每个时钟的工作效率。

那么，超线程技术是如何工作的呢？它的做法是采用复制的方法将一颗处理器的架构指挥中心（architectural state）变成两个，使 Windows 操作系统认为是在与两颗处理器沟通，这两个架构指挥中心共享该处理器的工作资源，架构指挥中心追踪每个程序或线程的执行状况。如此一来，操作系统把调度好的工作线程分派给这两个逻辑上的处理器执行，"实体"CPU 的每个执行单元相当于同时为两个"指令处理中心"服务。在超线程技术中，操作系统把一颗实体的处理器认定为两个逻辑处理器进行工作指派，整体的工作效率当然就比没有具备 Hyper-Threading 的处理器高出许多，性价比自然也较高。

如图 4-19 所示，左边的一组框图代表具有两个分离的实体处理器的传统多处理器系统，每个处理器都有一组属于自己的处理器执行资源以及结构状态。右边的一组框图表示使用 Intel Xeon 处理器家族的多处理器系统，每个服务器都采用 Hyper-Threading 技术。各处理器的结构状态将被复制，但每个结构状态仍使用同一组工作资源。在安排线程处理顺序时，操作系统会将两个不同的结构状态视为两个分离的"逻辑"处理器。

具有多处理器功能的软件应用程序不需要经过修改，就可以使用两倍的逻辑处理器，每个逻辑处理器都可独立响应中断。每个线程可以由两个逻辑处理器之一来执行，不同线程的指令被同时分派到处理器核心，处理器核心通过乱序执行机制并发地执行两个线程，使处理器在每一个时钟周期中都保持最高的运行效率。虽然采用超线程技术能同时执行两个线程，但它并不像两个真正的 CPU 那样各自拥有独立的资源。当两个线程同时需要某一个资源时，其中一个线程要暂时停止执行并让出资源，直到该资源闲置后才能继续执行，因此超线程的性能并不等价于两颗 CPU 的性能。

为了避免 CPU 处理中出现资源冲突，负责执行某个线程的逻辑处理器使用的仅是被执行另一个线程的处理器暂时闲置的处理单元。例如：当一个逻辑处理器在执行浮点运算（使

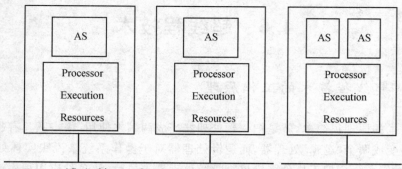

图 4-19 超线程技术示意图

用处理器的浮点运算单元)时,另一个逻辑处理器可以执行加法运算(使用处理器的整数运算单元)。这样的设计提高了处理器内部处理单元的利用率和相应的数据和指令的吞吐能力。

超线程技术增强了 Intel Net Burst 微体系结构,允许在一个含超线程技术的 Intel P4 处理器中独立且并行运行两个线程。支持超线程技术的操作系统(如 Microsoft Windows XP Professional)可将一个物理 P4 处理器"看作"两个虚拟或逻辑处理器,并为每个虚拟处理器分配一个线程进行处理。该处理器为两个逻辑处理器分配执行资源,包括高速缓存、执行单元和总线等,通过充分利用闲置资源,含超线程技术的 P4 处理器显著提高了总体系统性能。

4.6.2 实现超线程的前提条件

实际上,并不是采用了超线程技术就一定能使系统效能大幅提升,要实现超线程并不简单,需要以下 5 个方面的支持。

(1) CPU 支持

目前正式支持超线程技术的 CPU 有 Pentium 4 3.06 GHz、2.40C、2.60C、2.80C、3.0 GHz、3.2 GHz 以及 Prescott(Pentium 5)处理器,还有部分型号的 Xeon。

(2) 主板芯片组支持

正式支持超线程技术的主板芯片组的型号包括 Intel 公司的 875P、E7205、850E、865PE/G/P、845PE/GE/GV、845G(B-stepping)、845E、875P、E7205、865PE/G/P、845PE/GE/GV 芯片组,而较早的 845E 以及 850E 芯片组只要升级 BIOS 就可以支持超线程技术。SiS 公司方面支持超线程技术的主板芯片有 SiS645DX(B 版)、SiS648(B 版)、SiS655、SiS658、SiS648FX,威盛公司有 P4X400A、P4X600、P4X800。

(3) 主板 BIOS 支持

在固件(BIOS)方面,超线程处理器的运作模式和传统多处理器系统相似。支持传统双处理器和多处理器的操作系统也可以通过 CPUID 指令侦测使用超线程技术的处理器,这要求主板厂商必须在 BIOS 中开放这项功能,含超线程技术的 Pentium 4 处理器系统改变了平台 BIOS,使系统能够识别出逻辑处理器。在系统启动过程中,BIOS 会统计和记录系统中可用逻辑处理器的数量,并将这一信息记录在 Pentium 4 处理器的高级配置与电源接口(ACPI)表中,操作系统随即可按照该表为逻辑处理器调度线程。

(4) 操作系统支持

Microsoft Windows XP Professional 和特定版本的 Linux 针对超线程技术进行了专门优化。Intel 公司建议不要在其他操作系统中使用超线程技术。在 Windows XP Professional 中,操作系统使用 CPUID 指令机制来识别支持超线程技术的微处理器。Windows XP Professional 授权模型可支持超线程技术,准许用于两个物理处理器或总共 4 个(物理和逻辑)处理器。Intel 公司建议客户为 Microsoft Windows XP Professional 选择服务包 1。特定版本的 Linux 操作系统针对超线程技术进行了优化,如 RedHat * Linux 9(Professional 和 Personal 版本)、RedFlag * Linux Desktop 4.0 和 SuSe * Linux 8.2(Professional 和 Personal 版本)。

(5) 应用软件支持

使用超线程技术的处理器对于软件而言等同于多处理器,这使得原来为传统多处理器系统设计的应用软件不需要任何修改就可以直接运行在使用超线程技术的处理器上。只不过对于多处理器系统而言指令是向多个处理器分发,而现在指令分发的对象是相对独立的逻辑处理器。就目前的软件现状来说,支持多处理器技术的软件还在少数,同时由于设计的原理不同,对于大多数软件来说,还并不能从超线程技术上得到直接的好处。在多线程环境中,超线程技术无须修改代码即可大幅度提高当前软件性能。一般来说,支持多线程的软件也支持超线程,但是实际上这样的软件并不多,且多偏向于图形(如著名的图形处理软件 3DMAX、Maya)、视频等专业软件处理,极少有支持多线程或超线程的游戏软件。支持多线程或超线程的应用软件有 Office 2000、Office XP 等。

在得到操作系统和应用软件等方面的支持之下,使用超线程技术的处理器比起普通处理器的性能有很大提升。超线程技术应用到多处理器系统时,效能的提升与处理器的数量基本成线性关系增长。在理想状况下,不需要增加额外成本就能有如此可观的性能增幅,超线程技术应该有不错的发展潜力。当然,在实际运行中超线程技术可能会带来缓存命中率下降、物理资源冲突以及内存带宽紧缺等问题,这些负面影响不但会减少超线程技术所带来的性能提升,在极端情况下还可能使性能不升反降,所以,要进一步发挥超线程技术的优势,还需要在硬件和软件方面做进一步的完善。

4.6.3 Intel 的超线程技术

虽然超线程技术表面上违背了单线程处理器程序切换的方式,但它在硬件上并没有增加太多的复杂性。下面简单概述 Xeon 处理器中 Hyper-Threading 技术实现的方式。Xeon 处理器可以在两个逻辑处理器上同时执行两个线程,为了使操作系统和用户将 Xeon 处理器看成两个处理器,它必须提供两个不同的相互独立的线程。于是,该 Xeon 处理器被分为三部分:复制区(replicated)、划分区(partitioned)和共享区(shared),资源划分情况如表 4-3 所示。

表 4-3 资源分类

分 区	资 源
Replicated	Register renaming logic Instruction Pointer ITLB Return stack predictor Various other architectural registers
Partitioned	Re-order buffers (ROBs) Load/Store buffers Various queues, like the scheduling queues, uop queue, etc.
Shared	Caches: trace cache, L1, L2, L3 Microarchitectural registers Execution Units

1. 复制区

如果要在每个逻辑处理器上保存线程的内容,就需要复制一些必要的信息。例如:指令指针(Instruction Pointer,IP)。如果要在 CPU 上运行多个线程,就需要与指令流数目一致的指针,即每个逻辑处理器都需要一个自己的指令指针。在 Xeon 处理器中最大指令流数目为 2,因此也就需要 2 个指令指针。同样,Xeon 处理器有两个寄存器分配表(Register Allocation Table,RAT),每个分配表都将一个逻辑处理器的 8 个整数单元和 8 个浮点单元映射到一个共享的通用寄存器和浮点寄存器(各有 128 个)的区域中,这样寄存器分配表就在共享的资源中进行了复制。

2. 划分区

Xeon 处理器中划分资源的方法主要采用静态分割方法。如图 4-20 所示,指令序列都被分成两半,一半被固定指派到一个逻辑处理器中,另一半被固定指派到另一个逻辑处理器。

Xeon 处理器的"Fschedule queue"采用的是动态分割方法。如图 4-21 所示,假设有一个 12 项的指令序列,并不是把 0~5 项指令固定分派到某个逻辑处理器,6~11 项固定分派到另一个逻辑处理器;而是允许逻辑处理器执行任何一项指令,但每个逻辑处理器存在指令执行条

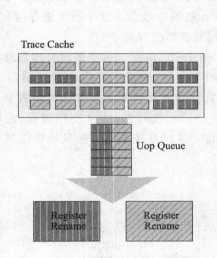

图 4-20 静态分割指令序列

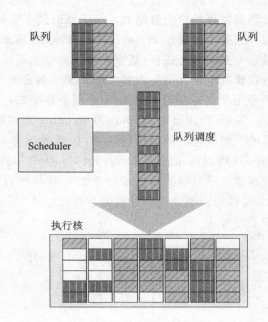

图 4-21 动态分割命令序列

目上限(此时为 6 项)。

从逻辑处理器和线程的角度而言,动态和静态分割没有什么区别,两个逻辑处理器都分到一半的指令,但是对于实际上的物理处理器而言就不一样了。指令序列调度单元(寄存器文件和执行单元)是共享的资源,是 Xeon 架构中的一部分,但对于 Hyper-Threading 技术来说是透明的,这个序列安排单元并不知道它所安排的代码来自多个线程,它只是在序列中逐条查看指令,对指令的从属关系进行估计,将指令所需的资源和物理处理器的当前共享执行资源进行比较,再根据所得信息对指令加以排列。对于在超线程部分所举的例子而言,安排单元会将一条竖线阴影表示的指令和二条用斜线阴影表示的指令在一个 CPU 周期内载入到执行区,然后将三条竖线阴影表示的指令和一条用斜线阴影表示的指令在下一个周期载入。

Xeon 处理器的安排单元采用动态分割的方式,可以防止独占情况的发生。如果没有限制单个逻辑处理器执行的指令数,那么从一个逻辑处理器来的指令可以挤满整个序列,另一个逻辑处理器就无法执行了。如果 Xeon 处理器只需要执行一个线程,那么可以将分割的资源组合起来,使单线程可以充分使用系统资源。当 Xeon 运行在单线程模式下的时候,动态分割功能就不再限制逻辑处理器执行的指令数量,静态分割时也不会强制分割指令序列。

3. 共享区

共享是超线程技术的核心部分,逻辑处理器所能共享的资源越多,超线程的效果就越好,处理器发挥的性能就越大。最主要的共享资源是执行单元,包括整数单元、浮点单元和存储单元。这些单元对于 Hyper-Threading 技术来说是透明的,当它们执行这些指令时,并不会知道指令来自哪个线程;指令对于执行单元而言是单纯的,执行单元无需在意指令来自哪个线程或逻辑处理器。另一个重要的共享资源是寄存器,Xeon 结构中包含 128 个通用寄存器和 128 个通用浮点寄存器,它们也不必理会数据来自哪个线程或逻辑处理器。

Xeon 处理器的 Hyper-Threading 处理器结构如图 4-22 所示。每个逻辑处理器维护各自的一组完整的体系结构状态,包括通用寄存器、控制寄存器、高级可编程中断控制器(Advanced Programmable Interrupt Controller, APIC)的寄存器以及一些状态寄存器。两个逻辑处理器几乎共享物理处理器上的所有其他资源,包括 Cache、执行部件、分支预测器、控制逻辑、总线等。每个逻辑处理器有自己的 APIC,发送给特定逻辑处理器的中断只能被该逻辑处理器处理。

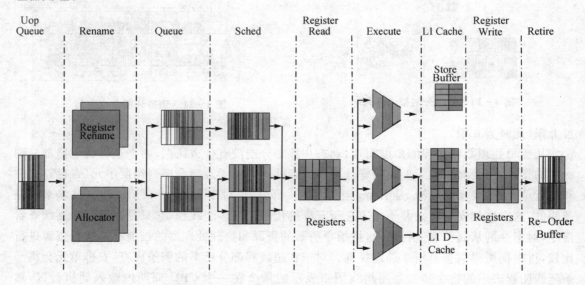

图 4-22 Intel 的 Hyper-Threading 处理器结构

当有两个线程需要执行时,由于管理缓冲队列(buffering queue)保证单个线程不可能占用所有队列项,因此保证了线程独立地向前推进。即当一个逻辑处理器由于某种原因被暂时停止时(例如 Cache 不命中、处理分支预测失败或者等待其他指令的执行结果),另一个逻辑处理器能够继续执行。

缓冲队列的主要作用是隔开流水线的逻辑块。为了保证每个线程能独立通过流水线的逻辑块,缓冲队列或是被划分的(partitioned),或是被复制的(duplicated)。Xeon 处理器中 Hyper-Threading 技术的一个设计目标是:当只执行一个线程时,处理器的速度应与不采用 Hyper-Threading 技术的处理器速度差不多。因此在 Xeon 处理器中采用了灵活的资源共享技术,当只有一个线程执行时,被划分的资源能够重新组合起来。

在 Xeon 处理器中,指令来自于执行 Trace Cache(TC),两组指令指针被用来独立地跟踪软件线程的执行进度,每个 TC 的表项中都标记有线程的信息。每个时钟周期都要仲裁两个逻辑处理器对 TC 的存取,当两个逻辑处理器同时请求存取 TC 时,先允许一个逻辑处理器存取,然后在下一个时钟允许另一个处理器存取。如果一个逻辑处理器停止或不能使用 TC,则另一个处理器可以在任意时钟周期使用 TC 的所有带宽。

如果 TC 发生了不命中,需要从二级 Cache 中取指令,然后翻译成微码(microoperation)放入 TC 中。每个逻辑处理器有自己的指令 TLB(Translation Look-aside Buffer),以及用来跟踪取指进度的指令指针。取指逻辑负责发送请求给二级 Cache,并以先来先服务的方式进行仲裁,但要保证至少为每个处理器分配一个请求槽。采用这种方式,两个逻辑处理器能够同时取指,每个逻辑处理器都有自己的两个 64 字节的流式缓冲区,用来存放取来的指令以准备译码。分支预测结构是共享的,或者是复制的。返回地址栈(return address stack)用来预测返回指令的目的地址,一般所占空间较小,因此它是复制的。分支历史缓冲区(branch history buffer)用来查找全局历史数组(global history array),它可以独立地跟踪每个逻辑处理器。由于全局历史数组较大,所以分支历史缓冲区是共享的,它的每个表项都用逻辑处理器 ID 进行标记。

当两个线程同时进行指令译码时,流式缓冲区在线程之间不断地交替,目的是使两个线程能够共享译码逻辑。即使一次只为一个逻辑处理器译码,译码逻辑也必须维护两份状态拷贝。一般来说,在切换到另一个逻辑处理器之前,译码逻辑会为当前处理器翻译多条指令。

微码队列将前端与乱序执行引擎隔开,它采用划分的方式,所以每个逻辑处理器占用一半的表项。分配器(allocator)逻辑从微码队列中取出微码,并且为微码的执行分配所需的机器缓冲区,包括 Reorder Buffer 的表项(共 126 项)、定点和浮点物理寄存器(各为 128 个)、Load Buffer(48 项)和 Store Buffer(24 项)表项。如果微码队列中同时有两个逻辑处理器的微码,分配器在每个时钟交替地从逻辑处理器中取出微码并分配资源。每个逻辑处理器最多使用 63 个 Reorder Buffer 表项、24 个 Load Buffer 表项和 12 个 Store Buffer 表项。

一旦微码完成资源分配和寄存器重命名,就会被放入内存指令队列或者通用指令队列中。两个队列都是划分的,因此来自同一个逻辑处理器的微码最多使用一半的队列项。内存指令队列和通用指令队列会尽可能快地将微码发送到五个调度器队列中,并且根据需要不断地在每个时钟周期交替地从两个逻辑处理器中取微码。

每个调度器有自己的 8~12 项的调度器队列,调度器负责从队列中取出微码并发送到执行单元进行执行。调度器根据依赖关系是否满足以及所需要的执行资源是否可用来选择执行的微码,而并不考虑微码属于哪个逻辑处理器。例如,调度器可以在一个时钟周期内发射 4 个微码,其中两个属于同一个逻辑处理器,而另外两个属于另一个处理器。为了避免死锁并保证公平,系统会对同一个逻辑处理器在某个调度器队列中所占用的最大项数做出限定。

执行核心和存储层次也无需关心逻辑处理器。执行完成后，微码被放在 Reorder Buffer 中。Reorder Buffer 会将执行阶段和提交阶段隔开。Reorder Buffer 也是采用划分方式，所以每个逻辑处理器可以使用一半的项。

当来自于两个逻辑处理器的微码准备提交时，提交处理单元会跟踪并按照每个逻辑处理器的程序来提交微码。提交处理单元会交替地为两个逻辑处理器提交微码。如果某个逻辑处理器不准备提交微码，则另一个逻辑处理器可以使用全部的提交带宽。

4.7 同时多线程技术存在的挑战

同时多线程技术可以挖掘线程级及指令级的并行，在 SMT 处理器中，线程级的并行可以是同一个多线程程序中的多个线程的并行、同一个程序内的多个并行进程或者相互独立的程序间的并行，指令级并行来自于线程或程序的内部。由于开发了两种类型的并行，SMT 处理器可以更有效地利用资源，从而提高指令吞吐率和运算加速比。

同时多线程处理器综合了多发射的超标量处理器和多线程处理器的特性。同时多线程处理器可以在一个时钟周期内发射多条指令，这是继承于超标量处理的特性；和多线程处理器类似，SMT 处理器为多个程序（或线程）保留了硬件现场。SMT 技术提高了功能部件的利用率，从而获得高指令吞吐率和加速比。处理器为各个线程动态分配资源，为功能部件的高利用率提供了可能。如果某个进程有较高的指令级并行度，这种特性可以得到满足；如果多个进程中每个的 ILP 都较低，多线程并行执行就会补偿这种指令级并发度的缺陷。这样，SMT 从水平和垂直两个方向覆盖了运算资源的浪费。

当然，同时多线程处理器在设计上有很多挑战，例如寄存器文件需要支持比以往更多的访问请求，更高的访问带宽；又如，怎样处理多个运算请求，怎样将指令分配到各个功能单元等问题都是有待解决或优化的问题。

SMT 技术获得高性能的主要方法有：
① 优化发射策略：采用该策略以期获得高功能部件利用率，进而得到高指令吞吐率。
② 优化存储子系统：优化的系统可以提供有效的策略来保证数据的供应。

1. 优化 SMT 技术的取指及发射策略

（1）取指策略

SMT 技术的取指部件利用了各个线程竞争取指带宽来提高性能。首先，SMT 技术会在各个线程间分配取指带宽，这是 SMT 技术的优点。如果取指部件只能访问一个线程，由于转移指令和 Cache 行边界的存在，使得装满发射槽很困难，而 SMT 中多个线程竞争取指部件的机制可以减少因 0 发射周期带来的浪费。其次，处理器在每个周期可以从两个以上的线程中取指，提高了有效指令的比例。最后，如果取指部件可以智能到知道应该到哪个线程取指，就可以去那些可以立即提升性能的线程中取指。

选择取指线程的简单策略——指令计数反馈(icount feedback)把高优先权分配给那些在译码、重命名和队列站台的执行指令数最少的线程。指令计数的办法从几个方面提高了处理器的性能：首先，这种技术用快速推进的线程填满了发射(dispatch)队列，避免了流水线的队列被那些有依赖关系的指令填满，或经常被长时延的指令阻塞；其次，也是最重要的，队列中的指令是可以快速推进的线程中的指令，因而提高了线程间的并行度（而且有隐藏更多时延的能力）；最后，该技术避免了线程"饿死"情况的发生，这是因为那些没有执行完成的线程的指令不在流水线上，而是在等待发射队列中，它们并不占用流水线资源。因此，尽管有 8 条线程共享并竞争发射队列，流水线队列满的周期的比例实际上比单线程的超标量处理器的小(8%～21%)。

这种策略的性能高且硬件资源的耗费很低。指令计数只需要少量附加逻辑，在线程进入译码站台（退出发射队列）时增加（减少）该线程的计数器，取指单元会选取计数器值最小的进程来取指并发射执行。

(2) 发射策略

SMT 技术的发射策略有很多种，典型的有：

① OLDEST_FIRST：优先发射最老的指令；

② SPEC_LAST：在所有其他指令发射完后才发射猜测执行的指令；

③ BRANCH_FIRST：为了迅速确定误预测的分支，尽可能早地发射分支指令。

2. 优化 SMT 技术的 Cache 组织

SMT 只有获得了更高的功能单元利用率，才能提高指令的吞吐率，要实现这一目标，存储器的层次结构需要必要的修改。要获得高指令吞吐量，多线程处理器需要和运算能力相匹配的持续的指令流，这对 Cache 提出了更高的要求，因此，Cache 系统可能成为最大的瓶颈。研究人员对适合 SMT 结构的存储层次进行了研究发现，一级指令和数据 Cache 均采用共享方式是最合适的；对 L2 Cache 进行存储层次设计时，如果忽略对 L2 Cache 的竞争情况不仅会高估应用的性能，而且很可能得出错误结论。对于 L1 Cache 而言，Cache 越大越好；采用组相联且相联度越高越好；而块的大小则较小为好。

习 题

4.1 名词解释：
　　　交错式多线程处理机　　用户线程　　内核级线程　　硬件线程
　　　阻塞式多线程处理机　　线程级并行　　同时多线程　　水平浪费
　　　垂直浪费

4.2 简述阻塞式多线程处理机与交错式多线程处理机处理事务时的区别？

4.3 为什么指令级并行技术已经难以满足处理器性能进一步增长的需求，并可能成为约束处理器性能增长的主要因素？

4.4 为了提高指令集并行度，在多发射处理器中有哪三种不同的指令调度方法？

4.5 同时多线程 SMT 技术包含超级线程 Superthreading 技术和超线程 Hyper‐Threading 技术，简述其不同之处。

4.6 简述超线程技术的工作原理？

4.7 并不是采用了超线程技术就一定能使系统效能大幅提升，要实现超线程并不简单，简述需要哪几方面对其支持？

4.8 简述在传统的单核单线程处理器中为了提高处理器资源利用率，弥补处理器和主存之间的速度差距，主要采用哪些方法？

4.9 简述多线程处理器可以分为多少种及它们之间的主要区别。

第 5 章 超流水、超标量处理器

在许多流水线处理器中,指令流水线的功能段数量一般为 4 段。它把一条指令的执行过程主要分解为"取指"、"译码"、"执行"和"写回结果"4 个功能段。多数流水线处理器的多功能操作部件采用流水线结构。有的简单指令,只要一个时钟周期就能够在"执行"这一功能段完成,而比较复杂的指令往往需要多个时钟周期才能完成。另外,还存在因转移指令的影响而产生的诸多问题。因此,一般标量流水线处理器每个时钟周期平均执行指令的条数小于 1,即它的指令级并行度 ILP<1。而本章介绍的超流水和超标量流水线技术的采用,在一个时钟周期内可以完成多条指令的执行,即指令级并行度 ILP 可以大于 1。

5.1 超级流水线处理器

超级流水线处理器是指某些 CPU 内部的流水线超过通常的 5 级或 6 级以上的处理器,例如 Pentium pro 处理器的流水线就长达 14 级。将流水线设计的级数越多,其完成一条指令的速度越快,因此才能适应工作主频更高的 CPU。这种在一个基本时钟周期内能够分时发射多条指令的处理器称为超级流水线处理器。

超级流水线通过重复设置多个"取指令"部件、多个"译码"、"执行"和"写回结果"部件,并且让这些功能部件同时工作以提高指令的执行速度。实际上这种工作原理是以增加硬件资源为代价来换取处理机的性能提升的。从流水线时-空图 5-1 中看出,超级流水线处理器采用的是时间并行性。

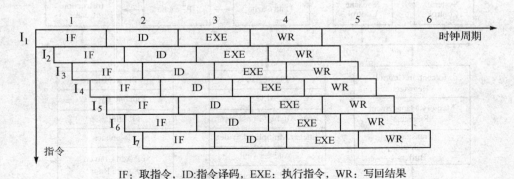

IF: 取指令, ID:指令译码, EXE: 执行指令, WR: 写回结果

图 5-1 超级流水线处理器的指令执行时-空图

5.1.1 指令执行时序

一台并行度 ILP 为 n 的超级流水线处理器,它在一个时钟周期内能够发射 n 条指令。但这 n 条指令不是同时发射的,而是每隔 $1/n$ 个时钟周期发射一条指令。因此,实际上超级流水线处理器的流水线周期为 $1/n$ 个时钟周期。图 5-1 为每个时钟周期分时发射 3 条指令的超级流水线处理器的指令执行时-空图。

然而,实际流水线比这要更加复杂些,例如处理器中的某些功能段还要进一步细分,可能要细分为多个流水级。在分解功能段时要根据实际情况,有些功能段分解的流水级数可能会多些。图 5-1 中的"译码(ID)"流水段,可以再细分为"译码"流水级、"取第一个操作数"流水级和"取第二个操作数"流水级等。有些功能段分解的流水级数可以少些,有的功能段可以不再细分,如"写回结果"功能段一般不再细分。而"执行"功能段可以进一步细分,而这主要取决于系统设计的目的和性能要求。

5.1.2 MIPS R4000 超级流水线处理器

64 位 MIPS R4000 处理器是第一个被认为"超流水"的处理器,在该处理器中主要由 CP0 系统控制器、CP1 浮点处理单元、主存管理单元 MMU 以及快速查找表 TLB 构成。MIPS R4000 处理器通过 8 级超深流水线来开发指令级的并行。在正常情况下,R4000 每个时钟周期可以发射两条指令。图 5-2 是 MIPS R4000 处理器内部结构图。

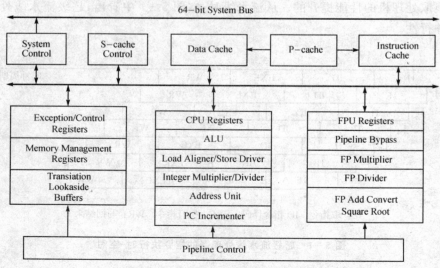

图 5-2　R4000 处理器内部结构图

R4000 的流水线一共有 IF、IS、RF、EXE、DF、DS、TC 和 WB 共 8 个物理段,如图 5-3 所示,其中 IF 为第一取指段,IS 为第二取指段,RF 为寄存器取指,EXE 为执行段,DF 为第一取数据段,DS 为第二取数据段,TC 为标记检查段,WB 为写回段。

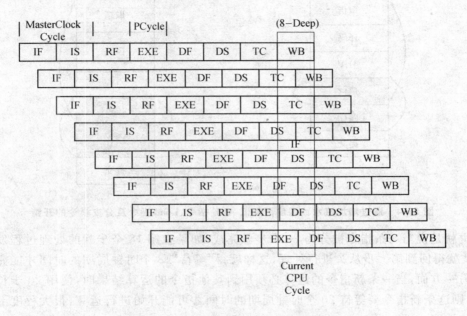

图 5-3 MIPS R4000 8 段指令流水线

R4000 的物理时钟周期时间为 10 ns,然而芯片需要 50 MHz 的时钟输入,并且有一个片上时钟倍频器。因此,R4000 使用 20 ns 作为它的基准时钟周期。可以认为 R4000 的基准流水线为 4 段,超流水程度为 2,一个基准时钟周期包含两个次时钟周期。

5.1.3 超级流水线的弊端

流水线技术是提高处理器性能的一种很有效的方法。深流水线增加了功能段的数目,同时减少了每一段的门逻辑级数。深流水线的主要好处是能够缩短机器周期的时间,从而提高时钟频率。现代高端处理器的时钟频率已经到了 GHz 级,流水线深度已超过 20 级。流水线每一段的复杂性也相应地增加,这样每一段的延迟也会增加,同时化解流水线相关的开销也更大。要保持同样的时钟频率,较宽的流水线就要做得更深,但流水线的深度存在一个下限。图 5-4 说明了当流水线变得更宽更深时,ALU、Load 和分支等相关开销的变化。比较图中一条浅流水线和一条深流水线可以看到,ALU 的开销从 0 个周期上升到 1 个周期。随着流水线的开销的增加,平均 CPI 也相应增加。这样,由深流水线高时钟频率所获得的潜在性能就会被 CPI 的增加而抵消掉。要保证深流水线的总体性能有所提高,频率的增加必须大于 CPI 的增加。

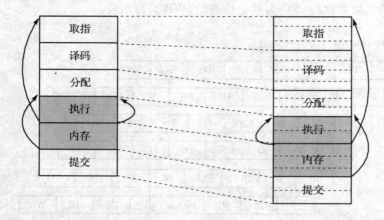

图 5-4 通过增加流水线深度而降低 ALU 指令、Load 指令及分支指令的开销

这也就是说当一条指令被分为 20 个步骤完成,如果在第 18 个步骤的处理过程发生错误时,CPU 就得回到第一步从头进行处理,这样就得"等待"18 个时钟周期的时间才能完成这条指令。另一方面,当一条新指令的运算必须用到其他指令的运算结果时,使用 20 步长的运算流水线,则这条新指令要等待 20 个时钟周期的时间才可能开始进行运算,很大程度上限制了处理器的性能。

超级流水线技术的另一个不太好的方面是他对分支指令的处理。当一条分支指令不能被预先计算时,处理器必须重新开始取值,而这会消耗更多的时钟周期。不过,在现在的处理器中已经采用了分支预测机制,可以预先取得目的地址的指令序列,缓解了因分支所带来的相应问题。预测精度高的分支预测机制,可以提高处理器的性能。

5.2 标量处理器

标量处理器只有一条指令流水线,所有的指令都要流经相同的功能段。同一时刻一个功能段内最多只能有一条指令,而整条流水线内的所有指令都前后紧接、步调一致地向前流动。指令一般是在一个功能段中停留一个时钟周期,在下一个周期流入到下一个功能段,除非流水线发生了停顿。严格的标量流水线有以下 3 种局限性:

① 标量流水线最大的吞吐率不会超过每周期一条指令。
② 将不同类型的指令放在一条流水线中处理,效率低。
③ 为保证流水线的步调一致而插入的停顿会使流水线产生很多气泡。

5.2.1 标量流水线性能上限

通过下面的公式可以看出,通过提高 IPC 和主频,或者降低总的指令数量均可以提高处理器的性能。

$$性能 = \frac{1}{指令数} \times \frac{指令}{周期} \times \frac{1}{周期时间} = IPC \times \frac{频率}{指令数}$$

采用深流水线可以提高主频。深流水通过减少每段的逻辑门级数降低时钟周期,从而提高主频。然而,深流水是以增加流水线的硬件开销为代价的。同时,在解决指令相关时增加了损失的时钟周期数,潜在地降低了处理器的 IPC,主频提高所带来的好处被抵消了。

不考虑流水线的深度,标量流水线在每个时钟周期最多只能启动一条指令执行,因此标量流水线的 IPC(平均每周期完成的指令数)不会超过 1。

5.2.2 性能损失

标量流水线中的指令在流水线中流动时必须前后紧接,步调一致。指令按照程序给定的顺序流入流水线,如果没有流水线停顿,所有指令将同步流动并且不会打乱指令的原始顺序。一旦某条指令因为指令间的相关性而导致了流水线的停顿,那么该指令保持在当前段不动,而流水线中所有前导指令可以继续流动。但后续的指令都必须停顿,直到停顿的指令获取到所需的操作数解除停顿后,停顿的功能段可以再次同步地向前流动。因此,在严格的标量流水线中,某段的停顿将导致它之后所有的段停顿。

标量流水线中的停顿将向后传递,并会产生流水线气泡,从而使某些功能段空闲。虽然停顿的指令由于和前导指令相关而停顿(需要从前导指令的执行结果中获取操作数),但是后续的指令可能和前导指令不存在任何的相关性。所以这些指令的停顿是不必要的,也就是说这些指令不必等待停顿的指令恢复就可以执行。如果这些指令可以绕过停顿的指令(通过旁路逻辑),它们就可以流入到后续功能段继续执行,这样可以有效地减少一个周期的停顿开销,如图 5-5 所示。如果多条指令可以绕过停顿的功能段,就可以减少多个周期的停顿开销,从而使得流水线看起来一直在执行有效的指令。理论上

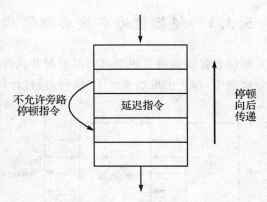

图 5-5 严格流水线中,停顿向后传递导致不必要的停顿周期

所有的停顿开销都可以被消除。这种允许后续指令绕过停顿指令的技术称为乱序执行。严格的标量流水线不支持指令的乱序执行,为了解决指令之间的相关性,必须插入不必要的停顿周期。

5.3 超标量处理器

超标量处理器通过设置多套"取指令"、"译码"、"执行"和"写回结果"等指令执行部件,能够在一个时钟周期内同时发射多条指令,同时执行并完成多条指令;而超级流水线处理器则采用把"取指令"、"译码"、"执行"和"写回结果"等功能段进一步细分,把一个功能段细分为几个流水级,或者说把一个时钟周期细分为多个流水线周期,由于每一个流水线周期可以发射一条指令,因此,每一个时钟周期就能够发射并执行完成多条指令。

从开发程序的指令级并行性来看,超标量处理器主要开发空间并行性,依靠多个操作在重复设置的操作部件上同时执行来提高程序的执行速度。相反,超级流水线处理器则主要开发时间并行性,在同一个操作部件上重叠多个操作,通过使用较快时钟周期的深度流水线来加快程序的执行速度。

从超大规模集成电路(VLSI)的实现工艺来看,超标量处理器能够更好地适应VLSI工艺的要求。通常,超标量处理器要使用更多的晶体管,而超级流水线处理器则需要更快的晶体管及更精确的电路设计。

为了进一步提高处理器的指令级并行度,可以把超标量技术与超级流水线技术结合在一起,这就是超标量超级流水线处理器。

5.3.1 超标量流水线典型结构

超标量处理器每个周期可同时发射并执行多条指令,其一般结构如图5-6所示。在超标量处理器中,指令由取指部件IF取回,经过译码部件ID进行指令译码和重命名,译码后的指

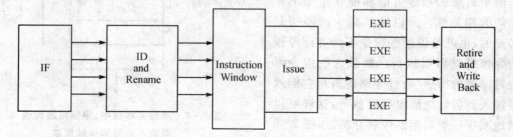

图5-6 超标量处理器的一般结构

令放入指令窗口中等待发射。每个周期可发射的最大指令数（即发射频率）称为超标量处理器的度（degree of superscalar）。

5.3.2 指令执行时序

超标量超级流水线处理器的指令执行时-空图如图 5-7 所示，它在一个时钟周期内要发射指令 m 次，每次发射指令 n 条。因此，超标量超级流水线处理器每个时钟周期总共要发射指令 $m \times n$ 条。

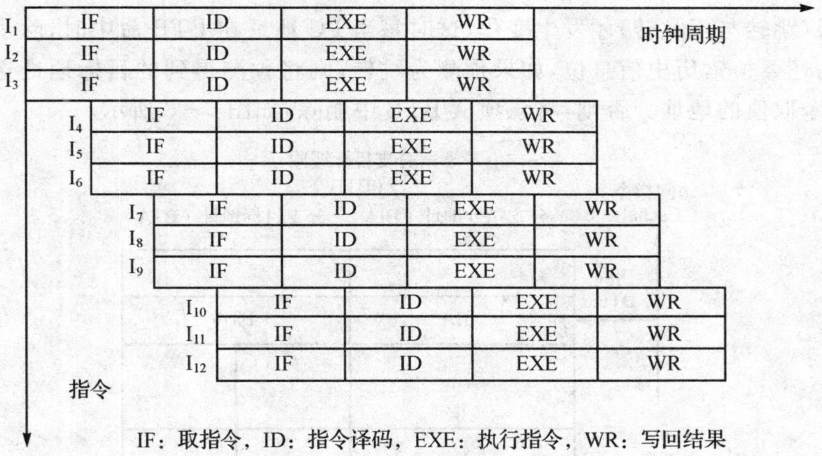

图 5-7 超标量超级流水线处理器的指令执行时-空图

在图 5-7 中，每一个时钟周期分为 3 个流水线周期，每一个流水线周期发射 3 条指令。从图 5-7 中可以看出，每个时钟周期能够发射并执行完成 9 条指令。因此，在理想情况下，超标量超级流水线处理器执行程序的速度应该是超标量处理器和超级流水线处理器执行程序速度的乘积。

5.3.3 超标量技术

下面介绍一下当前超标量处理器中所用的一些微体系结构技术，主要包括：分支预测、寄存器重命名、Tomasulo 算法、动态执行内核和存储器访问指令。

1. 分支预测技术

可以根据指令过去的行为对它将来的行为进行预测。主要分为两部分：分支目标地址的预测和分支条件的预测。任何一种预测机制必须能够验证分支预测的结果,并且在预测失败时能够恢复正确的执行方式。可以采用设置 BTB(Branch Target Buffer)的方式实现。BTB 用来保存前几次分支执行时的目标地址,它是一个较小的 Cache 存储器,并在取地址段使用 PC 访问。BTB 的每条记录项包含两个域:分支指令地址 BIA 和分支目标指令 BTA。如果当前 PC 与 BTB 表中某一项的 BIA 匹配,即 BTB 命中,这意味着即将从指令 Cache 中取出的指令以前被执行过并且是分支指令。同时,如果该指令的预测结果为发生跳转(taken),则将该项 BTA 的内容读出作为下一条指令的地址。这涉及到分支方向的预测方法,采用基于历史信息的分支预测策略对分支方向进行预测时,取决于原来已经发生的分支方向。基于历史信息的分支方向预测算法可以用有限状态机 FSM 描述,一般采用 2 位预测。当 2 位均发生变化时,预测结果(跳转与不跳转)才发生变化,这时每当 PC 地址在 BTB 命中时,除了取出其预测目标地址外,还要检索历史信息位,如果预测为跳转,则将预测得到的目标地址送入 PC,作为下一周期指令取值的地址。否则,将该项从 BTB 中删除,如图 5-8 所示。

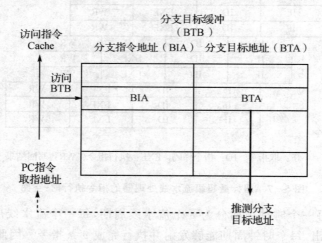

图 5-8 使用分支目标缓冲进行分支目标的推测

分支推测包括预测分支方向和从预测的路径上取指执行。而在预测路径的指令流中,同样也存在分支指令,对这些分支指令也要进行同样的分支预测。比如对连续的 3 条分支预测,来自三个推测基本块的指令共存于处理器中,因此必须能够鉴别它们。为此,每一个推测基本块中的指令都要用标识加以标记。标识后的指令为推测指令,标识的值将区别所属的基本块,推测指令在流水线中流动时,标识也随之流动。进行推测时,分支指令的地址或者下一条指令的地址必须被保存,以供预测失败进行恢复时使用。

2. 寄存器重命名技术

寄存器重命名最初被用来克服名字依赖,它可以通过软件静态实现,也可以通过硬件动态实现。如 Tomasulo 硬件算法,通过编译器简单地这样做:假设在指令调度之前有无限多个符号寄存器可供使用,并对同一个变量的不同的活跃区间用不同的符号寄存器来替代,那么就可以完全把名字依赖消除掉。所付出的唯一代价仅仅是在编译时多用了一点空间,获得的好处则是指令调度有了更大的自由度。例如对图 5-9(a)作重命名,可以得到没有名字依赖的代码序列(如图 5-9(b)所示)。指令调度完成之后,再由寄存器分配器把各个符号寄存器映射到物理寄存器。

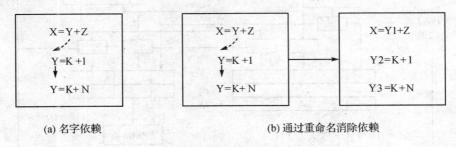

(a) 名字依赖　　　　　　　(b) 通过重命名消除依赖

图 5-9　寄存器重命名技术

3. 经典的 Tomasulo 算法

Tomasulo 算法将记分板的关键部分和寄存器换名技术结合在一起,其基本核心是通过寄存器换名来消除写-写相关和读-写相关可能引发的流水线阻塞。

只要操作数有效,就将其取到保留站,避免指令流出时才到寄存器中取数据,这就使得即将执行的指令从相应的保留站中取得操作数,而不是从寄存器中取得。指令的执行结果也直接送到等待数据的其他保留站中。因而,对于连续的寄存器写,只有最后一个才真正更新寄存器中的内容。一条指令流出时,存放操作数的寄存器名被替换成对应于该寄存器保留站的名称。

Tomasulo 算法体系结构如图 5-10 所示。预约站用于缓存发射的指令及其操作数,以等待指令的执行。其基本核心思想是:当指令发射到预约站时,若源操作数有效,则从寄存器文件中读取源操作数送入预约站中缓存;否则以产生源操作数的预约站标识替换源寄存器标识,这一过程称为"寄存器更名";使每个寄存器对应的预约站标识为最后更改寄存器的预约站标识;更名同时会消除 WAW 相关和 WAR 相关。

Tomasulo 算法的特点如下:

① 相关检测和指令执行的控制分散进行;由每个单元的预约站分别完成指令相关的检测和控制指令的执行;

② 采用基于预约站的寄存器更名避免了 WAR 和 WAW 相关的发生,可动态解决 RAW 相关;

③ 执行单元的结果通过 CDB 送入等待操作数的预约站中,同时送入相应的结果寄存

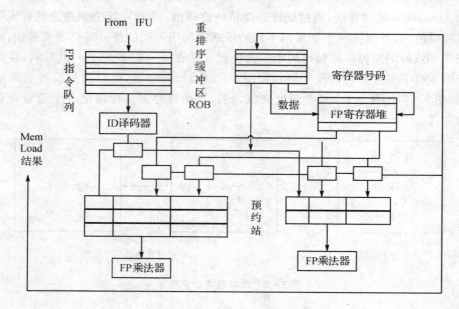

图 5-10 Tomasulo 算法结构示意图

器中;

④ 将 Load 和 Store 作为基本的功能单元;

⑤ 算法实现采用指令动态调度,硬件逻辑开销很大。

4. 动态执行内核

当前大多数超标量处理器都嵌入了一个乱序执行的内核(也称为动态执行内核),流水线的前端顺序地取值、译码和分派,后端也顺序完成和提交。乱序执行的内核就像一个精简的 Tomasulo 算法,可以看作是一个嵌入式数据流引擎,使指令在执行时尽量接近数据流极限。一个动态执行内核的操作过程可以分成三个阶段:指令分派、指令执行和指令完成。

指令分派阶段包括目标寄存器的重命名、保留站和再定序缓冲的分配,以及将指令从分派缓冲写入保留站这三个过程。

指令执行阶段包括就绪指令的发射、发射指令的执行和执行结果的定向这三个过程。

5. 存储器访问指令

指令在执行过程中要生成存储器地址、地址转换和数据访问。对于 Load 和 Store 指令,前两步是相同的,只有第三步不同,由超标量流水线执行。这三步操作由流水线的三个段完成。第一段执行有效地址的生成,对于 Load 指令,地址寄存器一旦就绪,它就发射到实现了流水化的功能单元去,对于 Store 指令,则必须等地址寄存器和数据寄存器操作数都就绪后才发射。第二段采用 TLB 转换,在第二段完成地址转换后,Load 数据从存储器中读出,并写入重命名寄存器或者再定序缓冲,Store 指令在地址转换后就认为已经完成了执行,要存储的寄存器数据保存在再定序缓冲中,Store 指令提交时再将数据写入存储器并延迟写,防止存储器被错误更新。Store 指令一般不在完成时立即更新存储器,而是将数据保存在存储缓冲中。存储缓冲是一个 FIFO 缓冲,保存已经完成的 Store 指令,在存储器不忙的时候提交。程序发生异常的时候,异常指令的后续指令有可能由于乱序执行而提前结束,因此在异常程序挂起之前必须从再定序缓存中使这些指令失效,同时打开存储缓冲,意味着提交存储缓冲的 Store 指令。

载入旁路和载入定向都不破坏存储器的 RAW 相关,使存储器能够按照内存的顺序一致性进行更新,尽可能早的执行 Load 指令,甚至可以将其提前到前导 Store 指令之前。例如:

```
store X;
store Y;
load Z;
```

可以先执行 Load Z、Store X、Store Y;也可以直接定向。其中 Store 部件(2 级流水),Load 部件(3 级流水)共享一个保留站,并假设 Load 和 Store 指令是从该共享保留站中顺序发射的。Store 部件还设有一个存储缓冲(结束指令,完成指令)。Store 指令在执行时可能处于几种状态,当 Store 指令分派到保留站时,将为其在定序缓冲中分派一个记录。指令一直保存在保留站中,直到所有的操作数都就绪,然后发射到执行内核中执行。一旦内存地址生成并完成转换,就认为 Store 指令已经执行结束,并将其放入存储缓冲的结束指令部分(同时更新 ROB)。存储缓冲是一个队列结构,由两部分组成:Finished 和 Completed。结束指令处于已经执行结束但尚未更新体系结构的状态,完成指令是已经更新完体系结构,等待更新存储器的指令。结束指令有可能是推测指令,若出现推测错误,则需要从存储缓冲中清除相应指令,Store 指令在 ROB 中执行完毕,指令从结束状态更新为完成状态。

实现载入旁路的一个关键问题是检测可能存在的别名,即存储器数据相关性,如果 Load 在 Store 写寄存器之前读取该数据,就认为该 Load 旁路了 Store 指令。因此在 Load 执行之前,必须首先确定那些已发射但尚未提交的 Store 指令是否对 Load 存在别名。假设 Load、Store 在保留站是顺序发射的,那么所有的 Store 指令都应该在存储缓冲中,此时需要在存储缓冲中加入标签匹配。

5.3.4 超标量处理器性能

为了便于比较,把单流水线普通标量处理器的指令级并行度记作 $(1,1)$,超标量处理器的指令级并行度记作 $(m,1)$,超级流水线处理器的指令级并行度记作 $(1,n)$,而超标量超级流水线处理器的指令级并行度记作 (m,n)。

在理想情况下，N 条指令在单流水线普通标量处理器上的执行时间为

$$T(1,1) = (k+N-1)\Delta t$$

其中，k 是流水线的级数，Δt 是一个时钟周期的时间长度。如果把相同的 N 条指令在一台每个时钟周期发射 m 条指令的超标量处理器上执行，所需要的时间为

$$T(m,1) = \left(1 + \frac{N-m}{m}\right)\Delta t$$

其中，第一项是第一批 m 条指令同时通过 m 条指令流水线所需要的执行时间，而第二项是执行其余 $N-m$ 条指令所需要的时间，这时，每一个时钟周期有 m 条指令分别通过 m 条指令流水线。因此，超标量处理器相对于单流水线普通标量处理器的加速比为

$$S(m,1) = \frac{T(1,1)}{T(m,1)} = \frac{m(k+N-1)}{N+m(k-1)}$$

当 $N\to\infty$ 时，在没有资源冲突，没有数据相关和控制相关的理想情况下，超标量处理器的加速比的最大值为

$$S(m,1)_{MAX} = m$$

5.3.5 龙芯 2F 超标量处理器

图 5-11 是龙芯 2 号的处理器芯片影像图，它采用 180 nm 的 CMOS 工艺制造，片上集成了 1 350 万个晶体管，硅片面积 6.2 mm×6.7 mm，最高频率为 500 MHz，功耗为 3~5 W。龙芯 2 号实现了先进的四发射超标量超流水结构，片内一级指令和数据高速缓存各 64 KB，片外二级高速缓存最多可达 8 MB。龙芯 2 号的 SPEC CPU2000 标准测试程序的实测性能是龙芯 1 号的 8~10 倍，是 1.3 GHz 的威盛处理器的 2 倍，已达到相当于 Pentium 3 的水平。基于龙芯 2 号的 Linux-PC 系统可以满足绝大多数的桌面应用。

图 5-11 龙芯 2 号处理器芯片

龙芯 2F 处理器是一款能实现 64 位 MIPS Ⅲ 指令集的通用 RISC SOC 处理器，片内集成 PCI/PCIX 等 I/O 控制器。龙芯 2F 的指令流水线每个时钟周期取 4 条指令进行译码，动态地发射到 5 个全流水的功能部件中。虽然指令在保证依赖关系的前提下进行乱序执行，但是指令的提交仍按照程序原来的顺序进行，以保证精确中断和访存顺序执行。四发射的超标量结构使得指令流水线中指令和数据相关问题十分突出，龙芯 2F 采用乱序执行技术和激进的存储系统设计以提高流水线的效率。

乱序执行技术包括寄存器重命名技术、动态调度技术和转移预测技术。寄存器重命名解

决 WAR 和 WAW 相关，并用于例外和错误转移预测引起的精确现场恢复。龙芯 2F 分别通过 64 项的物理寄存器堆进行定点和浮点寄存器重命名。动态调度根据指令操作数准备好的次序而不是指令在程序中出现的次序执行指令，减少了 RAW 相关引起的阻塞。龙芯 2F 有一个 16 项的定点保留站和一个 16 项的浮点保留站用于乱序发射，并通过一个 64 项的 Reorder 队列(Reorder Queue,ROQ)实现乱序执行的指令按照程序的次序提交。转移预测通过预测转移指令是否成功跳转来减少由于控制相关引起的阻塞。龙芯 2F 使用 16 项的转移目标地址缓冲器(Branch Target Buffer,BTB)、2 K 项的转移历史表(Branch History Table,BHT)、9 位的全局历史寄存器(Global History Register,GHR)和 4 项的返回地址栈(Return Address Stack,RAS)进行转移预测。

龙芯 2F 先进的存储系统设计可以有效地提高流水线的效率。龙芯 2F 的一级 Cache 由 64 KB 的指令 Cache 和 64 KB 的数据 Cache 组成，片上二级 Cache 大小为 512 KB，均采用四路组相联的结构。龙芯 2F 处理器内部集成了遵守 JESD79-2B 标准的 DDR2 控制器，加快了处理器访问内存的速度。龙芯 2F 的 TLB 有 64 项，采用全相联结构，每项可以映射一个奇页和一个偶页。龙芯 2F 通过 24 项的访存队列以及 8 项的访存失效队列(miss queue)动态地解决地址依赖，实现访存操作的乱序执行、非阻塞 Cache、取数指令猜测执行(load speculation)、写合并(store fill buffer)等访存优化技术。

龙芯 2F 有两个定点功能部件和两个浮点功能部件。浮点部件通过浮点指令的 FMT 域的扩展可以执行 32 位和 64 位的定点指令，以及 8 位和 16 位的用于媒体加速的 SIMD 指令。

1. 龙芯 2F 的详细介绍

龙芯 2F 处理器的基本结构如图 5-12 所示。

(1) 取指和分支预测

龙芯 2F 的流水线从取指流水级开始，每次取 4 条指令，但每次取指不能跨越 32 字节的指令 Cache 行。取指时同时访问指令 Cache 和指令 TLB(简称 ITLB)。为了降低延迟，Tag 的比较在取指阶段进行。但根据 Tag 比较结果进行的指令选择，则在预译码阶段进行。取指过程中发生指令 Cache 不命中时，向二级 Cache 发出访问请求。16 项的 ITLB 是主 TLB 的子集。当 ITLB 不命中时，龙芯 2F 产生一个内部指令序列开始查找主 TLB 并且填充 ITLB。如果在主 TLB 中也不命中，此时产生一个普通的 TLB 例外。

取指后的流水级是预译码流水级。这一级的主要工作是预测转移指令的跳转方向以及目标地址。不同的转移指令使用不同的预测方式进行预测。Likely 类转移指令和直接跳转指令总是被预测为跳转，编译器可以通过编译出的 Likely 指令进行静态预测；条件转移指令通过 BHT 预测跳转方向；间接跳转指令则用转移目标表(BTB)或返回地址栈(RAS)预测目标地址。BHT 包括一个 9 位的全局历史寄存器(GHR)和一个 2 K 项的模式历史表(PHT)。PHT 的每项是一个两位的饱和计数器，预测正确时计数器加 1，预测错误时计数器减 1。当计

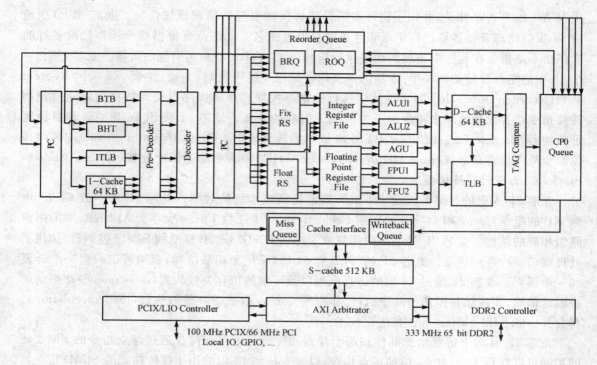

图 5-12 龙芯 2F 处理器的基本结构

数器的值大于等于 2 时预测跳转成功。16 项的 BTB 用于预测寄存器跳转指令的目标地址。每项 BTB 保存转移指令的地址和目标地址,以及一个两位的饱和计数器。当发生替换时,计数器的值小于 2 的项优先被替换。MIPS 指令集中没有 Call 和 Return 指令,通常使用转移链接(jump and link)指令和 jr31 指令进行函数调用和返回。龙芯 2F 实现了 4 项的返回地址栈 RAS。当译码结果为转移链接指令时将它的 PC+8 压入 RAS,当译码结果为 jr31 指令时则弹出 RAS 的顶作为 jr31 的目标地址。

龙芯 2F 的第三级流水级是译码流水级。在这一级,四条指令被译成龙芯 2F 的内部指令格式送往寄存器重命名模块。由于定点乘法指令和定点除法指令要生成两个 64 位结果,所以被译为两条内部指令。为了简化转移指令的管理,龙芯 2F 每拍最多只进行一条转移指令的译码。

(2) 寄存器重命名

龙芯 2F 使用物理寄存器堆的方法进行寄存器重命名,其中定点和浮点物理寄存器堆各为 64 项。龙芯 2F 通过两个 64 项的物理寄存器映射表(Physical Register Mapping Table,PRMT)保存物理寄存器和逻辑寄存器间的映射关系。

龙芯 2F 的每个物理寄存器都处于以下四个状态中的一个:MAP_EMPTY 表示该物理

寄存器没有使用；MAP_MAPPED 表示该物理寄存器已经被映射但相应的值没有写回；MAP_WTBK 表示该物理寄存器的值已经写回；MAP_COMMIT 表示该物理寄存器值已经确定为处理器状态。

在寄存器重命名流水级，每条指令通过查找 PRMT 表得到该指令的两个源寄存器 SRC1、SRC2 和一个目标寄存器 DEST，所对应的物理寄存器号分别为 PSRC1、PSRC2 和 ODEST。同时为目标寄存器 DEST 分配一个状态为 MAP_EMPTY 的一个物理寄存器 PDEST，新分配的物理寄存器的状态改为 MAP_MAPPED。同时修改 PRMT，表示 PDEST 是结构寄存器 DEST 的最新映射。

在查找 PRMT 表建立逻辑寄存器和物理寄存器之间映射关系的同时，还需要进一步检查同一拍重命名的四条指令间的相关性。如果某条指令 A 的源寄存器 SRC1 和同一拍前面指令 B 的目的寄存器 DEST 相同，则 A 的 SRC1 对应的物理寄存器改为 B 新分配的 PDEST，而非 A 从 PRMT 中查出的 PSRC1。相同的原则也适用 PSRC2 和 ODEST。经过寄存器重命名，物理寄存器号 PSRC1、PSRC2 和 PDEST 替换了原来指令中的结构寄存器号 SRC1、SRC2 和 DEST。其中物理寄存器号 PSRC1 和 PSRC2 送到保留站，用于判断指令间的数据相关。ODEST 域保存在 ROQ 中，在指令提交时用于释放物理寄存器时的依据。

指令执行时，该指令的 PDEST 对应的 PRMT 项设为 MAP_WTBK，表示该寄存器的值已经准备好了，后面的指令可以使用该寄存器的值。指令提交时，该指令的 PDEST 对应的 PRMT 项设为 MAP_COMMIT 状态，ODEST 对应的 PRMT 项设为 MAP_EMPTY 状态，表示为该指令新分配的目的寄存器 PDEST 成为处理器状态，并释放该指令的目标寄存器原来所对应的物理寄存器。

从寄存器重命名过程中可以看出，一个逻辑寄存器可能同时对应多个物理寄存器，即一个逻辑寄存器在流水线中由于被多条指令修改可能会产生一系列的值。一个逻辑寄存器对应的多个物理寄存器除了有一个表示该逻辑寄存器的处理器状态外，其他的分别与流水线中的写该逻辑寄存器的多条指令对应。每个物理寄存器在每次分配之后只会被写一次。

(3) 指令发射和读寄存器

寄存器重命名后的指令送到保留站。龙芯 2F 具有两个独立的分组保留站：定点保留站和浮点保留站。定点指令和访存指令被送到定点保留站；浮点指令送到浮点保留站。每一个保留站 16 项。在寄存器重命名阶段，每条指令查找 PRMT 表确定操作数是否在寄存器堆中。如果查找 PRMT 表时相应的操作数没有准备好，该指令在送入保留站的途中以及在保留站时，都要通过比较自己的源寄存器号和结果总线或 Forward 总线的目标寄存器号以确定源操作数何时准备好。结果总线和 Forward 总线来自五个功能部件，结果总线送出指令的执行结果以及目标寄存器号，而 Forward 总线预测下一拍被送出的结果以及相应指令的目标寄存器号。

两个保留站每拍最多可以发射五个源操作数准备好的指令到五个功能部件。如果在保留站中同一个功能部件拥有多个操作数准备好的指令,则选择最"早"的指令进行发射。在保留站中用一个 AGE 域记录每一条指令在保留站中的"时间"。

从保留站发射的指令送到寄存器堆中读操作数后,再送到功能部件执行。龙芯 2F 有一个定点寄存器堆和一个浮点寄存器堆,大小都是 64×64 位。定点寄存器堆有 3 个写端口和 7 个读端口,其中定点运算功能部件 ALU1 使用 1 个写端口和 3 个读端口,定点运算功能部件 ALU2 和访存部件各使用 1 个写端口和 2 个读端口。浮点寄存器堆有 3 个写端口和 7 个读端口,其中两个浮点部件各使用 1 个写端口和 3 个读端口,访存部件使用 1 个写端口和 1 个读端口用于浮点取数和存数指令。定点和浮点寄存器间的数据传输指令,如 MTC1、DMTC1、MFC1、DMFC1、CTC1 和 CFC1 使用访存数据通路传输数据,因此这些指令由访存部件执行。

特殊指令如 Branch and Link 指令的程序计数器或条件转移指令的 Taken 位从转移队列中读出,并且与寄存器堆中的操作数一起送到相应的功能部件。

(4) 指令执行和功能部件

指令从寄存器堆中读取操作数后根据指令的类型送到相应的功能部件或访存部件执行。龙芯 2F 包括两个定点部件 ALU1 和 ALU2,两个浮点部件 FALU1 和 FALU2。定点 ALU1 执行定点加减、逻辑运算、移位、比较、Trap、以及转移指令。所有 ALU1 执行的指令会在 1 拍完成执行并写回。

定点 ALU2 执行定点加减、逻辑运算、移位、比较以及乘除指令。定点乘法为全流水操作,延迟 4 拍;定点除法采用 SRT 算法,非全流水操作,延迟根据操作数的不同从 4 拍到 37 拍不等;所有其他 ALU2 执行的指令会在 1 拍完成执行并写回。

浮点 FALU1 执行浮点加减、浮点乘法、浮点乘加(减)、取绝对值、取反、精度转换、定浮点格式转换、比较、转移等指令。FALU1 的所有运算为全流水操作。其中浮点取绝对值、取反、精度转换、比较、转移延迟为 2 拍,定浮点间格式转换延迟为 4 拍,浮点加减、浮点乘法、浮点乘加(减)延迟为 6 拍。

浮点 FALU2 执行浮点加减、浮点乘法、浮点除法、浮点开平方操作。其中浮点加减、浮点乘法为全流水操作,延迟为 6 拍;浮点除法和浮点开平方使用 SRT 算法,为非全流水操作,根据操作数的不同,单、双精度浮点除法延时从 4 到 10~17 拍不等,单、双精度开方运算的延时从 4 到 16~31 拍不等。

除了执行 MIPS Ⅲ 浮点指令外,浮点功能部件还可以并行执行单精度浮点指令,即在 64 位数据通路上同时计算两个单精度操作(加、减、乘)。另外,浮点功能部件还通过扩展浮点指令的格式域(FMT)执行 8/16/32/64 位 SIMD 多媒体定点指令。

(5) 指令提交和 Reorder 队列

在龙芯 2F 中,指令顺序译码、重命名,并乱序发射和执行,但有序结束。Reorder 队列负责指令的有序结束,它按照程序次序保存流水线中所有已经完成寄存器重命名但未提交的指令。指令执行完并写回后,ROQ 按照程序次序提交这些指令。ROQ 最多可以同时容纳 64 条指令。

每条完成寄存器重命名的指令在送入保留站的同时也送入 ROQ。新进入的指令置为 ROQ_MAPPED 状态。指令写回后，ROQ 中的普通指令置为 ROQ_WTBK，转移指令置为 ROQ_BRWTBK 状态。状态为 ROQ_BRWTBK 的转移指令，则通过转移总线送到处理器的其他部分，根据转移指令的执行结果修正转移猜测表，并在转移猜测错误的情况下取消转移指令及其后续指令，状态置为 ROQ_WTBK。ROQ_WTBK 状态的指令在成为 ROQ 的队列头时可以提交。

ROQ 一拍最多可以提交队列头上的四条 ROQ_WTBK 状态指令。提交指令的 PDEST 和 ODEST 域送到寄存器重命名模块，确认 PDEST 项的重命名为处理器状态并释放 ODEST 项的映射，它通知访存队列相应的 Store 指令可以开始修改存储器。

为了实现精确例外，在指令执行过程中发生例外时把例外原因记录在 ROQ 相应的项中。当例外指令成为 ROQ 的队列头时进行例外处理，把例外原因、例外指令的 PC 值等例外信息记录到有关的 CP0 寄存器中，并根据例外类型把例外处理程序的入口地址送到程序计数器 PC 中。

(6) 转移取消和转移队列

转移指令在重命名后进入 ROQ 和保留站的同时进入转移队列。转移队列同时可以容纳多达 8 条转移指令。

当转移指令发射执行时，转移队列提供该指令执行所需的信息，这些信息包括转移指令的 PC 值和条件转移指令的预测 Taken 位等。

转移指令执行后，结果写回到转移队列。这些结果包括 JR 和 JALR 指令的目标地址、条件转移指令的转移方向和转移指令是否预测到发生错误的相应标志位。转移指令的执行结果在提交前通过转移总线反馈到取指部分，用来修正 BHT、BTB、RAS 和 GHR，以进行接下来的转移预测。

预测失败的指令和它后面的指令都需要取消。转移取消的一个核心问题是如何判断在流水线中乱序执行的指令哪些在取消的转移操作之前，哪些在取消的转移操作之后。龙芯 2F 用转移指令把连续的指令流分为独立的基本块，并用转移指令在转移队列中的位置标识号 BRQID 对基本块进行编号。对于转移指令，这个标识表示它在转移队列中的位置；对于普通操作，这个标识表示它前面的转移指令在转移队列中的位置。通过这种方式，每一条指令都可以通过比较自己和预测失败转移指令的 BRQID，来确定它相对转移预测失败指令的相对位置，从而决定哪些指令在取消的转移操作之前或之后。

2. 龙芯 2F 的基本流水线操作

龙芯 2F 的基本流水线，包括取指、预译码、译码、寄存器重命名、指令调度、发射、读寄存

器、执行、提交共 9 级,如图 5-13 所示。龙芯 2F 的每一级流水包括如下操作:

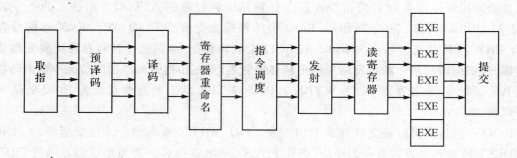

图 5-13 龙芯 2F 的基本流水线

① 取指流水级通过程序计数器 PC 的值访问指令 Cache 和指令 TLB,如果指令 Cache 和指令 TLB 都命中,则把 4 条新的指令取到指令寄存器 IR。

② 预译码流水级主要对转移指令进行译码并预测跳转的方向。

③ 译码流水级把 IR 中的 4 条指令转换为龙芯 2F 的内部指令格式送往寄存器重命名模块。

④ 寄存器重命名流水级给逻辑目标寄存器分配一个新的物理寄存器,并将逻辑源寄存器映射到最近分配给该逻辑寄存器的物理寄存器。

⑤ 指令调度流水级将重命名后的指令分配到定点或浮点保留站中等待执行,同时送到 ROQ 中支持执行后的顺序提交;此外,转移指令和访存指令还分别被送往转移队列和访存队列。

⑥ 发射流水级在定点或浮点保留站中为每个功能部件选出一条所有操作数都准备好的指令。在重命名时操作数没准备好的指令,通过侦听结果总线和 Forward 总线等待它的操作数准备好。

⑦ 读寄存器流水级为发射的指令完成从物理寄存器堆中读取相应的源操作数送到相应的功能部件。

⑧ 执行流水级根据指令的类型执行指令并把计算结果写回寄存器堆,同时将结果总线信息送往保留站和寄存器重命名表,通知相应的寄存器值处于可以使用状态。

⑨ 提交流水级按照 Reorder 队列记录的程序顺序,提交已经执行完的指令。龙芯 2F 最多每拍可以提交 4 条指令,提交的指令送往寄存器重命名表,用于确认它的目的寄存器的重命名关系,并释放原来分配给同一逻辑寄存器的物理寄存器。

上述是基本指令的流水级,对于一些较复杂的指令,如定点乘除法指令、浮点指令以及访存指令,在执行阶段往往需要多拍才能完成。

5.4 其他三种典型的超标量处理器

本节介绍当前比较经典的三种超标量处理器，分别是 MIPS R10000 处理器、精简的超标量处理器 DEC Alpha 21163 及采用复杂指令集(Intel x86 指令集)的 AMD K5 处理器。这三种处理器的选择尽可能地介绍了实现超标量的各个方面。

5.4.1 MIPS R10000

MIPS R10000 超标量处理器增加了指令的动态调度策略，每次从指令 Cache 中取出 4 条指令，但这些指令被放入 Cache 之前已经进行了预译码。预译码器为每条译码指令加入 4 个额外的 bit 位，当从 Cache 中取出指令后，可以根据这 4 个 bit 位的内容立即判断出所取指令的类型。而且在取指过程中，分支指令可以被预测出来。MIPS R10000 采用了预测表的形式，对分支进行预测。其中分支预测表采用了指令 Cache 缓存机制，在这个指令 Cache 缓存机制中共有 512 行，每行为 512 项。预测表中的每项是一个两位的计数器值，这个值是分支指令的历史译码信息，可以根据这个计数值信息对分支指令进行预测。

当一个分支指令被预测部件预测执行时，系统将消耗一个时钟周期改变取指的路径。在这个周期中，同时取出该指令后的一段连续的指令并放入到恢复 Cache 中，这样可以在一定程度上预防预测错误的发生。恢复 Cache 中有 4 个指令空间，即在任何时候可以处理 4 个分支指令。

取指完成后，取出的指令在译码的同时完成寄存器重命名工作，然后这些指令被发送到相应的指令执行队列中等待执行。所有在编译过程中用到的逻辑寄存器都将被重命名为(即映射)到具有两倍其大小的物理寄存器(64 位的物理寄存器对应 32 位的逻辑寄存器)。其中逻辑寄存器被映射到的物理寄存器是从空闲的物理寄存器链表中取出的，并且这种从逻辑寄存器到物理寄存器的映射是最新的映射，通过读取映射后的寄存器可以获得正确的操作数。

在同一时刻最多可以有 4 条指令被发送到 3 种指令队列，即指令存储队列、整数队列和浮点队列。R10000 的体系结构如图 5-14 所示，在该体系结构中指令发射采用了指令发射队列的处理形式。除了最多同时只能发送 4 条指令外，发送到任一指令队列的指令数量是没有限制的，当发送的指令数量超过队列的极限深度时，系统采用自封的反馈策略加以解决。其中每个指令队列有 16 项的深度，而且只有当队列满时才能整体一次发送出去。在指令发送时，会将每个结果物理寄存器中的一个保留 bit 位改置为忙状态。整数和浮点指令队列与一个实际上的先进先出队列是有区别的，这个队列中的每一项实际上更像是保留站。而这个保留站中保存着实际物理寄存器的标识，通过这个标识可以访问对应的数据。在队列中的每条指令为获取自己的源操作数而监视着全局寄存器的保留位，只有当这些保留位变成"不忙"时，意味着这些指令的源操作数已经就绪，然后这些指令会被发射到相关的功能处理单元等待处理。

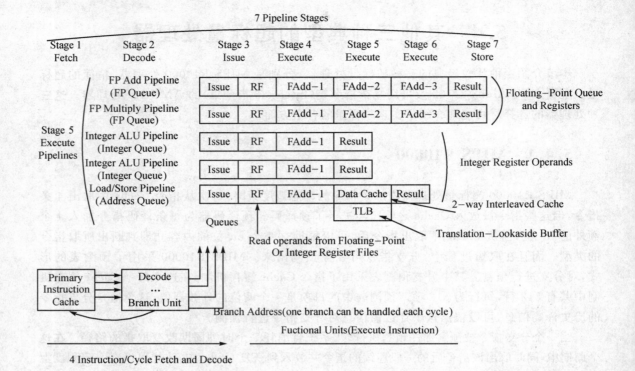

图 5-14 超标量流水线处理器 R10000 体系结构图

MIPS R10000 共有 5 个功能单元，包括 1 个地址累加器、2 个整形逻辑运算单元、1 个浮点乘、除、开方单元，以及 1 个浮点加法器。其中 2 个整形逻辑运算单元并不完全一样，它们都具有基本的加减逻辑运算，但是只有其中一个可以进行移位运算，另一个则可以完成乘法运算。

R10000 采用了队列策略使得当更多的指令已经获取了操作数并且等待相同功能单元处理时，会首先处理先进入的指令。然而这种简化的仲裁逻辑策略并不适合具有严格优先级需要的系统。但从另一方面来看，在存储队列中根据指令进入的时间来决定指令的优先权会使地址错误现象更容易被检测出来。

当指令处理出现异常时，R10000 使用了一个重排序的缓存以保存正确的处理器状态。指令按照原程序序列进行提交，每次提交 4 条指令。当指令提交后，会释放它所占用的物理寄存器资源。因异常而没有提交的指令安排在重排序缓存中进行处理。当一条异常指令准备提交时，会产生一个中断，而在重排序缓存中的中断处理指令及时处理逻辑寄存器到物理寄存器之间的映射，使寄存器的逻辑状态与被中断的指令状态保持一致。

当一条分支指令被预测后，处理器会产生一个寄存器映射表。如果分支预测失败，这个寄存器映射表会及时被更新。任何时候 R10000 都有足够空间用于保存 4 条预测的指令。此外，由于使用了恢复缓存(resume cache)方式，任何预测失误后的指令也会被立即进行相应的处理。

5.4.2 Alpha 21164

Alpha 21164是一款为追求高时钟频率而放弃了指令的动态调度策略的简单的超标量处理器，其结构如图5-15所示。该处理器每次可以从8 KB的指令Cache中取出4条指令，这些指令被送到两个指令缓存中的一个。指令是按照程序译码后的顺序发射的，而且每个指令Cache在下次使用前必须完全空闲（即其中没有任何的数据）。当然在某种程度上，这种方式限制了指令的发射效率，但这可以简化必要的逻辑控制。

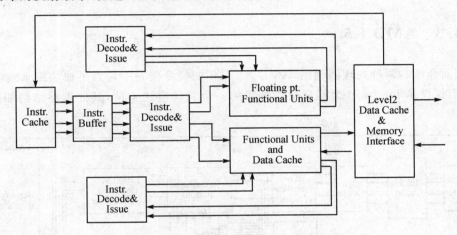

图5-15 DEC Alpha 21164 超标量处理器结构

Alpha 21164的分支预测使用一个与指令Cache相关的预测表进行预测。这个表中记录了每条分支指令的历史信息，其中每一项为一个两位的计数器。如果先前预测的分支指令执行完之前又遇到了另外一个分支指令，指令发射就会停止，等待先前的分支指令执行完毕再进行发射。

Alpha 21164取指译码后，系统根据指令的不同类型，分配指令进入相应的功能单元。如果指令所用的操作数已经准备就绪，指令就会被发射到先前决定的功能单元中，同时开始执行。在整个处理过程中，指令不允许绕过一个指令而执行（即不允许乱序执行）。因此Alpha 21164采用的是单队列的方式（即顺序执行）。

Alpha 21164一共有4个功能单元：包括2个整型逻辑运算单元，1个浮点加法器单元和1个浮点乘法器单元。整型逻辑运算单元并不是完全相同的，其中只有一个可以完成移位和整数乘操作，另外一个可以完成分支指令的运算。

Alpha 21164集成了两级Cache存储器。其中一级Cache包括一对8 KB高速Cache，一个是指令 Cache，另一个是数据 Cache。二级 Cache 包括一个被数据和指令共享的 96 KB 三路组相联的 Cache。一级 Cache 可以在一个时钟周期内完成 Cache 的访问，还可以支持一定数量的未解决的未命中指令。一级 Cache 中有 6 项未命中地址文件（Miss Address File，MAF），其中包含了目标寄存器将要加载的未命中的地址。如果两个地址在 MAF 中是同一行的话，那么这两个地址将被合并成一项。因此，MAF 可以存储超过 6 项的未命中信息，理论上最多可以 21 项。

为了在中断发生时能提供有序的机器状态，Alpha 21164 不支持指令的乱序执行，而是保持着进入流水线前指令间的顺序，在流水线的最后阶段将更新程序所使用的寄存器内容。由于流水线中有旁路的存在，可以在寄存器内容被提交之前通过旁路使用相关的数据。

5.4.3 AMD K5

与上面介绍的两种处理器相比，AMD K5 采用的指令集并不是为了加快流水线的执行而设计的，而仅仅是 Intel x86 架构复杂指令集的一个具体应用实例，其处理器结构如图 5-16 所示。

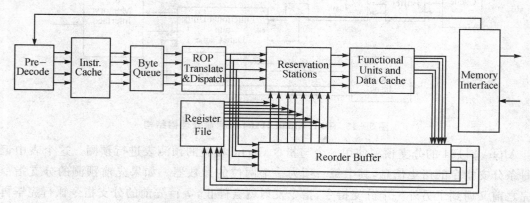

图 5-16　AMD K5 超标量处理器结构

Intel x86 指令集使用可变长指令。这意味着一条指令只有当发现下一条指令后才可以进行译码。所以，在将指令放入指令缓存中之前会对指令进行预译码处理。处理后的每条指令都将有 5 个预译码 bit 位。这些 bit 位包含了一条指令是否开始和结束以及操作码和操作数的类型等相关信息。系统会以每周期 16 字节的速率从指令 Cache 中取指，这些取出的指令被送入一个 16 字节的队列，在这里等待指令的进一步发送。

AMD K5 处理器在指令 Cache 中集成了分支预测逻辑。每个 Cache 行都有一个预测项，一个单独的 bit 位记录上一次分支执行的方向。每个预测项也包括一个指向目标指令的指针，通过这个指针可以在指令 Cache 中快速找到目标指令，减少了取目的指令的延迟时间。

由于采用了复杂的指令集,AMD K5 处理器译码需两个时钟周期。第一阶段,从字节队列中读取指令字节并进行简单的转换,这种转化类似于精简指令集的操作指令,AMD K5 将转换后的指令命名为 ROPs。AMD K5 每次可以转换 4 个 ROPs 指令。通常,每个 x86 指令的转换需要很少的 ROPs,在这种情况下硬件只需要消耗一个时钟周期。更复杂的 x86 指令则需连续地从只读存储器中依次转换成 ROPs,这种情况下,ROPs 基本上是使用微操作码而形成的。当指令转换成 ROPs 后,处理器大部分时间都集中在这些指令的执行上。

在第一个译码周期结束后,指令获取操作数并被送入功能单元保留站中,每周期最多可以处理 4 个 ROPs 指令。数据存放在寄存器或者重排序缓存中,当这些操作数已经就绪后,这些指令将被送往功能单元中。如果操作数没有就绪,相关的指令会在保留站中等待这些数据。AMD K5 处理器一共有 6 个功能单元:2 个整型逻辑运算单元、1 个浮点单元、2 个加载存储单元和 1 个分支处理单元。其中一个整型单元具有移位功能,另一个可以执行整型除法操作。除了浮点运算单元只有 1 个保留站外,其他每个功能单元都有 2 个保留站。当操作数就绪后,ROPs 指令从保留站中发射到相关的功能单元中。AMD K5 处理器有足够多的寄存器和数据路径支持每个时钟周期发射 4 个 ROPs 指令。

当出现异常时,AMD K5 处理器使用一个有 16 项的重排序缓冲机制保存当前的处理器状态,而且在重排序缓冲中的数据写到寄存器之前,AMD K5 的重排序缓冲一直会保留数据结果。

习 题

5.1 名词解释:
  WAR 超级流水线 BTB 超标量 寄存器重命名
  ILP 乱序执行技术 BHT 向量机 分支预测技术
  RAW
5.2 请说出四个典型的超标量处理器的名称。
5.3 请画出超标量流水线的典型结构。
5.4 超级流水线的主要弊端是什么?
5.5 分支预测技术的主要功能是什么?它依靠哪些主要计算机技术实现其功能?
5.6 MIPS R10000 处理器共有几个功能单元?并简述各功能单元的核心工作内容。
5.7 请画出龙芯 2F 流水线基本操作步骤的流程图。
5.8 为什么要进行寄存器重命名?
5.9 在没有资源冲突、没有数据相关和控制相关等理想情况下,超标量处理器的加速比的最大值是如何计算的?
5.10 如果在实现载入旁路时检测到可能存在别名,请给出一种有效的解决方案。

第 6 章　超长指令字处理器

VLIW 描述了一种指令集的设计思想,在这种指令集中编译器把许多简单、独立的指令组合到一条指令字中。当这些指令字从 Cache 或内存中取出放到处理器时,它们被合理地分解成几条简单的指令并同时执行,提高了机器的处理速度。VLIW 设计者希望通过开发出能够充分利用 VLIW 特点的编译,大大缩短程序的指令长度,因而也缩短 VLIW 目标程序的执行时间。

6.1　概　述

6.1.1　引　言

超长指令字的英文缩写是 VLIW(Very Long Instruction Word),顾名思义它是一种非常长的组合指令。超长指令字体系结构是美国 Multiflow 公司和 Cydrome 公司于 20 世纪 80 年代设计的体系结构。EPIC 体系结构就是从 VLIW 中衍生出来的,IBM 公司和 HP 公司均从半途而废的公司购得了此项技术,并开始研究设计其自身的系统。20 世纪 90 年代初期,HP 管理层在全公司范围内开展了一项围绕该技术的为期 6 个月的评估活动,结果表明,该架构本身要比 OoO(Out of Order)速度快 2 倍,而且还具有高度的可扩展性。IBM 公司后来舍弃了此项技术(ACS 项目),取而代之的是 RISC 的 Power 4 处理器。

HP 公司和 Intel 公司宣布的合作计划任务之一是设计一种新的微处理器芯片,在这种芯片上既可以运行 Intel x86 的软件,也可以运行 HP Precision 体系结构的代码。这两家公司把这项计划所采用的技术称为"后 RISC"。HP 公司已经宣布了对 VLIW 的兴趣,并有相当多的工程师正在从事这方面的研究。从这一事实不难看出,"后 RISC"实际上等价于 VLIW。VLIW 是 RISC 的一种逻辑延伸。像其他的超标量 RISC 微处理器一样,一个采用 VLIW 的机器可以同时执行几条简单的指令。当并行执行几条指令时,会产生指令之间的依赖性问题。VLIW 机与一般 RISC 机的区别之一,就是把处理这种指令间依赖性问题的灵活性放在不同之处。对于 VLIW 机来说,这种灵活性来自编译器。它负责把许多简单指令组合成一条长指令字指令。VLIW 的编译器还负责决定哪些指令是与其他指令相关的。例如,编译器可以把 R1+R2→R3 和 R4+R5→R6 这两条指令组合到同一个指令字中,因为这两条指令没有用到相同的寄存器。但是它不能把 R1+R2→R3 和 R3+R4→R5 组合在一起,因为第二条指令必须等待第一条指令把结果放入 R3 后才能执行。

1. 并行问题

采用流水线结构的超标量 RISC 和 CISC 芯片不得不处理许多内部指令的依赖问题。像 VLIW 编译器一样,流水线结构处理器的编译器试图对指令进行重新安排,把内部依赖的指令分散开,以使它们不会在流水线上一条接一条地出现。如果不这样,CPU 在执行第二条指令之前就必须等待,直到第一条指令结束。这种延迟会严重影响流水线的利用率。这两种方法的不同在于是选择编译器还是芯片来承担指令的实时调度。通常的技术认为应由芯片来承担,而 VLIW 则认为应该把这项工作留给编译器来做。这一争论在 20 世纪 80 年代中期就已经很普遍,那时计算机的设计者不得不通过决定下一步的举措来提高一般 RISC 机器的速度。

当时,用硬件解决指令依赖问题的流水线机很容易制造。VLIW 机需要构造许多逻辑单元来把额外的指令组合到一个加长指令字中。另一方面,多流水线的 RISC 机也可以通过把计算阶段分解为许多更小阶段的方法来构造。取指令、指令译码、计算执行和返回结果是流水线常用的四个阶段。理论上,只要指令间的相互依赖不会延迟指令的执行,这些简单的四阶段流水线机就可以执行比非流水线机多 4 倍的指令。流水线方法最终取得成功是因为它在当今的晶体管预算中是可行的。现在,可以看到许多 RISC 处理器的流水线有五六个阶段,这就是 RISC 流水线机成功的一个有力证据。当预算增加时,设计者就开始考虑把多个执行单元集成到一个芯片中(这就是超标量技术),但是把解决指令间依赖问题的工作留给了硬件。它们这样做,是因为硬件的一个最大优点是用于某一代处理器的任何代码仍然可以用于下一代处理器。而下一代处理器可能有更好的流水线结构或者是不同数目功能单元的组合。尽管这样的代码可以通过重新编译而获得更多的好处,但精确的 FIFO(First In First Out,先进先出)顺序可以很容易地保持跨代的兼容性。当人们在最新的机器上运行为原来的 Macintosh 机和 PC 机设计的软件时,这一问题就显得更为突出。

2. 付出的代价

用硬件进行指令调度和保持跨代间灵活性所付出的主要代价体现在复杂性方面。译码逻辑必须具有很高的智能,以使它可以把由于在新的处理器上运行旧的代码或在超标量处理器上运行标量代码所产生的问题分离出来。实现这一层次的智能化对晶体管数目的要求是巨大的(在 Power PC 620、AMD K5 和 MIPS T5 上应用的复杂指令跟踪机制就是一个典型的例子)。执行这项工作所花费的时间也给流水线增加了明显的负担。较为简单的译码阶段可以允许时钟频率的提高,因为这些阶段在超标量和超级流水线处理器上通常具有最大的潜能。VLIW 许诺,通过降低硬件的复杂性,可以创造出简单的处理器,这种处理器可以获得比现在的处理器高得多的性能。另一方面,简单的硬件就可以比现在的复杂 RISC 处理器大幅度地提高时钟频率。另外,可以轻易地增加更多的功能单元以写出更好的并行代码。如果 VLIW 机可以很好运转,那么它们需要灵活的编译器来识别可以并行执行的指令。这些指令的识别在编译时决定,并且在被组合到一个超长指令字中时固定下来。与流水线的超标量处理器在译码阶段识别指令的依赖不同,编译器必须在编译时做出识别。

3. 编译器技术

现在的编译器技术是否已为 VLIW 做好准备了呢?毫无疑问,这方面的研究正在进行。例如,在 20 世纪 80 年代中期,IBM 公司发起了一项开发供测试用的 VLIW 机的计划。处于研究阶段的编译器能够找出 10 条可并行执行的指令(在非科学计算的代码中)。编译器把循环代码展开,并且在遇到阻碍之前尽可能地沿着这条路走,以达到这一层次的并行性。但更多的烦恼来自适应性问题。尽管简化的译码电路带来了速度上的巨大收益,但简化的译码器不具有适应动态运行状况的能力,就如同在执行一条分支指令时遇到的问题一样。更为重要的是,因为 VLIW 译码器必须知道目标芯片的微处理器结构,所产生的任何代码只能在该目标芯片上运行。在一个纯 VLIW 世界中,从一个处理器家族的一代转移到另一代,就意味着不得不对代码进行重新编译。

我们可以设计这样一个指令集:每个指令字所包括的指令数随芯片实现功能的不同而不同,而且在代码移植时不需要重新编译,这是可能的。我们所不知道的是,在设计这种处理器时的复杂性有多大。保持 VLIW 芯片跨代间的二进制兼容性,是否意味着拿知道的用硬件进行指令调度的技术来换取不知道的技术呢?有一件事情是显然的,计算机的发展史告诉大家,用户在二进制兼容性问题上做了很大的努力,Power Macs、基于 Apple RISC 芯片的 Macintosh 系统在销售上成功的原因,就是由于这些计算机可以运行现存的 CISC 程序。实际上,用户在实现二进制兼容性的同时,作为交换也付出了性能上的一些损失。任何计划实施 VLIW 的公司都将不得不着重考虑二进制兼容性的问题。

为什么 HP 公司和 Intel 公司曾把他们未来 CPU 发展的赌注下在 VLIW 上呢?答案也许是因为 VLIW 处理器可以运行 Intel x86 的 CISC 指令,而且就像在 AMD 和 Cyrix x86 上一样快(甚至更快)。一种观点认为,CISC 指令是由几条基本的 RISC 指令捆绑而成的,这就是 VLIW 的雏形。VLIW 提供了一条把 CISC 指令分解成基本 RISC 指令的方法,而这些基本的 RISC 指令可在 VLIW 机的不同逻辑单元上直接执行。怎样从 CISC 和 RISC 到 VLIW,现在还不十分清楚。如果芯片在分解 CISC 指令时花费了大量资源,那么引入一个复杂的译码器将会是十分有效的。但这会使采用 VLIW 的各种理由变得无足轻重或没有必要。HP 公司和 Intel 公司也许考虑了为 x86 的代码做一次性交叉编译,这种编译可以事先完成大多数代码的转换工作,但是这会给已经安装的软件带来许多令人头疼的问题。同样重要的是,在崭新的 VLIW 芯片世界里,没有任何征兆表明他们将怎样使他们的处理器与下一代处理器保持二进制兼容。

最终,除了 HP 公司和 Intel 公司外,没有任何其他公司知道他们打算怎样在一个芯片中为三种指令集(x86、PA - RISC 和 VLIW)提供支持。

6.1.2 基本概念

VLIW 的意义在于把许多条指令连在一起,从而增加了运算的速度。VLIW 的基本思路是:处理器在一个长指令字中赋予编译程序控制所有功能单元的能力,使得编译程序能够精确地调度在何处执行每个操作、每个寄存器存储器读和每个转移操作。实际上,编译程序创立每个程序的执行记录,计算机则反演该记录。在早期的 VLIW 计算机中,如果编译程序出错,计算机将产生错误的结果,计算机并没有逻辑来检验是否以正确的次序来读寄存器、是否重复使用资源等。

VLIW 类的计算机在传统上被设计成没有高速缓存,主要处理反复循环、向量化的代码。这些限制意味着内存延迟是固定的,转移方向是在编译时就能预测的。由于在 VLIW 体系结构中指令并行性和数据移动完全是在编译时规定的,处理器只需简单执行编译程序所产生的记录,因而大大简化了运行时资源的调度。VLIW 设计者希望通过开发出能够充分利用 VLIW 特点的编译,大大缩短程序的指令长度,因而也缩短 VLIW 目标程序的执行时间。

VLIW 计算机的设计思想来源于 1983 年 Yale 大学 Fisher 教授提出的水平微程序设计原理。水平微程序设计的微指令字可以相当长,可以定义较多的微命令,使得每个微周期能够控制众多彼此独立的功能部件并行地操作。将水平微程序设计思想与超标量处理技术相结合,即产生了 VLIW 结构的设计方法。典型的超长指令字 VLIW 机器指令字长度有数百位,超长指令字不同字段中的操作码被分送给不同的功能部件。

如图 6-1 所示,在 VLIW 处理机中多个功能部件是并发工作的,所有的功能部件共享大型公用寄存器堆。VLIW 的并发操作主要是在流水的执行阶段进行的。每条指令指定多个操作,在图 6-1 中执行阶段可并行执行三个操作。VLIW 机的工作很像超标量机,但它是用一条长指令实现多个操作的并行执行方式来减少对存储器的访问。VLIW 机与超标量机主要有三点区别:

① VLIW 指令译码比超标量指令更容易实现。

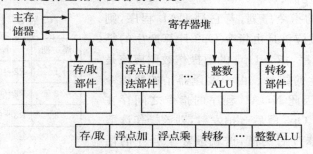

图 6-1 典型的 VLIW 处理机和指令格式

② 当超标量机可用的指令级并行性比由 VLIW 机可开发的相应值小时，超标量机的代码密度更为紧凑。这是因为固定的 VLIW 格式还会有若干位不可执行的操作，而超标量处理机只发射可执行指令。

③ 超标量机可做到和很多非并行机系列的目标代码兼容。而 VLIW 机开发不同数量的并行性时总是需要不同的指令系统，缺乏对传统硬件和软件的兼容。由于超长指令已将并行性通过编码显式地表达出来了，因此 VLIW 处理机就无需用硬件或软件来检测并行性。

VLIW 的主要优点在于它的硬件结构和指令系统简单。VLIW 处理机在科学应用领域可以发挥良好的作用，因为这种领域程序的行为特点(转移预测)比较容易预测。而在一般的应用场合，VLIW 结构可能并不好用，加上缺乏对传统硬件与软件的兼容，因此早期的 VLIW 计算机无法进入计算机的主流产品。

1. 执行语义

超长指令字体系结构和超标量体系结构均支持指令级并行性的开发。众所周知，为了避免为实现硬件动态调度而带来的开销，VLIW 完全依赖编译器进行指令调度。两者之间的另一个显著区别就是，超长指令字体系结构采用了非单位假定延迟(Non-Unit Assumed Latencies，NUAL)的执行语义，即指令的真实延迟对外可见；超标量体系结构则采用单位假定延迟(Unit Assumed Latencies，UAL)的执行语义，即指令的真实延迟对外不可见。Rau 确切地给出了 UAL/NUAL 程序和 UAL/NUAL 处理器的定义：

- 若仅当任意指令的所有操作必须在发射下一条指令前全部完成，程序的执行语义才能被正确地理解，则称该程序是 UAL 的；
- 若程序中存在一条指令的一个操作，该操作的延迟为 L(L 大于 1)，即在这个操作完成之前该指令的下 $L-1$ 条指令必须全部发射完毕，则称该程序是 NUAL 的；
- 若某一处理器能够正确地运行 NUAL 程序，则称该处理器为 NUAL 处理器；
- 若某一处理器能够正确地运行 UAL 程序，但不能正确运行 NUAL 程序，则称该处理器为 UAL 处理器。

对于表 6-1 中的指令序列，若它是 UAL 程序，则指令 Op3 的源操作数应该是由指令 Op2 计算产生的结果；若它是 NUAL 程序，指令 Op3 的源操作数则应该是由指令 Op1 计算产生的结果。由于编译器是按照指令的实际延迟调度的，因此 NUAL 程序的指令之间存在严格的时序关系。若 Op3 滞后 2 拍发射，则该操作读取的操作数就是 Op2 修改后的值，这就破坏了程序的语义。NUAL 处理器则完全由编译器根据指令的实际延迟静态地调度指令，因此硬件不需要进行相关性检查，有效地降低了硬件开销，但这也导致了软件的不兼容。另外，相对计分牌等硬

表 6-1 指令列表

周期	操作	操作延迟
1	R2=Op1(R1)	1
2	R2=Op2(R2)	3
3	R3=Op3(R3)	1

件机制,编译器可以更精细地控制寄存器分配,因而 NUAL 处理器对于寄存器数目的需求相对较小。

2. 动态发射

超标量结构和超长指令字结构是微处理器设计中的两种极端方法,前者不能充分利用编译器产生的优化结果,而后者缺乏动态发射能力,不能很好地隐藏存储器延迟。一个很自然的解决方法就是在 VLIW 结构中引入动态发射模型,使其具备动态发射指令的能力,这就是动态 VLIW 结构。动态 VLIW 结构的执行模型如图 6-2 所示,在编译器静态调度的基础上进行动态发射。比较具有代表性的工作包括分离发射模型(Split-Issue)和 DL 模型。

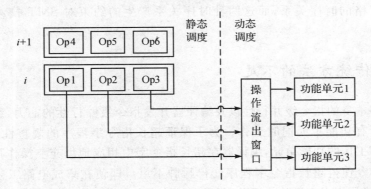

图 6-2 动态 VLIW 结构示意图

B. Ramakrishna Rau 提出了一种基于两阶段执行的超长指令字分离发射模型。该模型将指令执行分为两个阶段:
- 第一阶段读操作数并进行计算,通过重命名机制将产生的结果保存在虚拟寄存器中;
- 第二阶段则将虚拟寄存器中的结果写回物理寄存器。

Kevin W. Rudd 扩展了 Rau 的工作,将其中的第一个阶段进一步细化为读操作数和产生结果两个阶段,成为三阶段模型。在三阶段模型中指令的执行过程如下:
- 第一阶段读操作数,将其保存在虚拟寄存器中;
- 当一个操作的所有操作数都被读入虚拟寄存器后执行该操作,并将产生的结果写回虚拟寄存器;
- 最后将虚拟寄存器中的数据写回存储单元或物理寄存器。

三阶段模型的实质是通过两次重命名,以丰富的虚拟寄存器作为缓冲,隐藏指令执行中"计算结果"这一阶段的延迟,以达到提高性能的目的。

两种分离发射模型都选择 Tomasulo 算法实现动态指令调度,能够解决 VLIW 结构的代码兼容问题。另外,硬件还要将操作划分成两个或三个阶段。因此,总体而言,分离发射模型的硬件复杂度仍然很高。

A. Gonzalez 等人提出了基于固定延迟模型(Deterministic Latency Scheme,DL)的动态 VLIW 结构,该模型不仅能够完成超长指令字的动态发射,还能够解决超长指令字处理器固有的代码兼容性问题。基于 DL 模型的动态 VLIW 结构试图从单一线程中更好地开发指令级并行性,但需要大量的、额外的硬件支持,复杂度比较高。沈立等人改进了 A. Gonzalez 等人提出的 DL 模型,并提出了 DLV 模型。相对而言,DLV 模型的硬件代价较小。

总的说来,现有的 VLIW 动态指令发射技术仍然没有很好地利用 VLIW 编译器的优化结果辅助硬件进行指令调度,硬件不得不在很大程度上重复编译器的工作,无法降低硬件的复杂度。NUAL 执行语义将指令的延迟暴露给编译器和用户,这使得超长指令字之间以及超长指令字内部存在严格的时序关系,而这两种时序关系产生的约束对 SMT 技术造成了极大的障碍。

6.1.3 传统方法的不足

受限于程序本身的指令级并行性以及编译器开发指令级并行性的能力,编译器并不能总是让处理器的所有功能单元同时工作。为了保证超长指令字程序的规整性(有利于简化硬件),对于那些不工作的功能单元,编译器在超长指令字中相应地填充空操作指令。这些大量存在的空操作指令使得超长指令字程序变得臃肿不堪。即使在集成电路工艺飞速发展的今天,存储资源仍然是相当宝贵的。因此,目前很多商业超长指令字处理器采用了超长指令字压缩技术,并在硬件流水线中进行解压。

一方面,超长指令字的发射语义通常是指 MultiOp-P 语义,它要求超长指令字中的指令必须同时发射。以表 6-2 中的超长指令字为例,若两个指令槽中的指令不能同时发射,则必然产生错误的结果。

表 6-2 存在循环相关的超长指令字

指令槽 0	指令槽 1
R2=Op1(R1)	R1=Op1(R2)

由于超长指令字是编译器按照处理器的各功能单元编排的,因此超长指令字的长度与处理器的功能单元数目有关。当处理器的功能单元个数发生变化时,程序必须重新编译以适应这种变化。为了解决这一问题,研究人员提出了 MultiOp-S 语义,这种语义保证超长指令字内部不出现循环相关,从而允许同一超长指令字中的指令从低到高顺次发射。通常一个基于 MultiOp-S 语义的超长指令字由多个簇(chunk)构成,簇内的指令必须同时发射,而不同的簇即可以同时发射,也可以顺序发射。尽管在代码效率方面 MultiOp-S 低于 MultiOp-P 语义,但是 MultiOp-S 语义不要求超长指令字中的所有指令必须同时发射,因而即便处理器功能单元数目发生变化,基于 MultiOp-S 语义的程序仍然能够在新的处理器上执行。

另一方面,超长指令字处理器将指令的实际延迟暴露给编译器和程序员,因此当指令的延迟发生变化时,程序也必须做出相应的改动。为了解决这一问题,研究人员将 NUAL 语义细分为 EQ 语义和 LEQ 语义。对于 EQ 语义,编译器必须按照指令的实际延迟进行指令调度;而对于 LEQ 语义,编译器则假定指令的延迟是 1 到实际延迟之间,因此指令即便提前完成也不会影响程序的正确性。这样,程序的兼容性在一定程度上能够得到保证。这种方法是由编译器实现的,因此不需要额外的硬件。

6.2 精确中断技术

6.2.1 概述

VLIW 处理器为了维护超长指令字之间的时序关系,在发生程序或数据 Cache 失效时处理器的流水线(包括功能单元的执行流水线)必须全部暂停。中断是 VLIW 处理器中唯一能够破坏超长指令字之间时序关系的方法。当中断发生时,处理器首先保存处理器状态(中断现场),然后开始执行相应的中断服务程序。当中断服务程序执行完毕时,处理器加载以前保存的处理器状态,并返回到中断发生处继续执行。对于 UAL 处理器,若中断发生后处理器保存的状态与顺序体系结构(sequential architecture)模型一致,则称中断为精确的。更确切地说,处理器保存的状态应该满足以下条件:

① 断点(保存的程序计数器所指向的指令)之前(按指令发射的顺序)的所有指令已经提交;

② 断点之后的所有指令尚未执行;

③ 如果中断是由程序中某一指令的异常引发的,则保存的程序计数器指向这条指令。该指令可能已经提交也可能尚未执行,这取决于体系结构定义和中断的原因。无论如何,被中断的指令要么已经提交,要么尚未执行。

精确中断对于软件的开发和调试有着特别重要的意义。软件的调试过程如图 6-3 所示,当用户设置一个断点时,调试器用软中断指令替换断点处的指令。当程序执行到断点处时,软中断指令将引发中断。处理器在保存中断现场后进入调试服务程序。通过调试服务程序,用户可以查看存储器和寄存器等内容。当用户需要程序继续运行时,调试器首先还原断点处的指令,并恢复中断现场,然后从断点处开始执行。精确中断能够保证用户查看到的处理器状态具有简单而唯一的定义,有助于用户调试。

对于 NUAL 处理器,若采用上述的方式定义精确中断则可能产生相关性混乱问题。以表 6-1 中的指令序列为例,若中断发生在 Op2 已发射而 Op3 尚未发射时,则处理器保存的状态中 Op2 已经提交且 Op3 尚未执行。当中断返回后 Op3 读取的操作数是 Op2 修改后的值,这违反了 Op2 和 Op3 之间的反相关性。由此可见,上述关于精确中断的定义并不适用于 NUAL 处理器。针对这一问题,Rudd 提出了边界效果(side effect)精确中断的概念。指令的

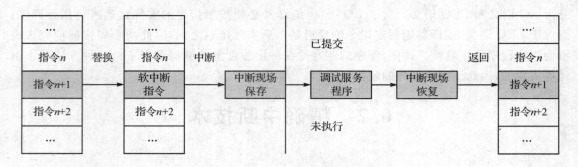

图 6-3 软件调试过程

边界效果是指令对外部可见的任何操作行为，例如寄存器和存储器的读写均为边界效果，但是中间的运算过程则不是，因为运算过程对外部是不可见的。基于指令的边界效果，Rudd 为 NUAL 处理器重新定义了精确中断的概念：

① 中断时刻之前调度的所有边界效果已经完成，并修改了处理器状态。
② 中断时刻之后调度的所有边界效果尚未产生影响，也未修改处理器状态。
③ 中断时刻调度的所有边界效果要么已经修改处理器状态，要么尚未产生影响。

指令执行过程中，指令的各种边界效果实际上是由执行流水线的状态驱动的。基于上述定义，在 NUAL 处理器中实现精确中断必须保存中断发生时执行流水线的当时状态。研究人员已经提出了多种硬件机制，例如当前状态缓冲机制、RP 缓冲机制等，用于执行流水线状态的保存和恢复。尽管直接保存执行流水线状态（即各执行站之间的寄存器）是可以实现的，但是不同指令之间的差异使得这些状态非常不规整，而且保存这些状态所需的硬件开销也较大。幸运的是，一旦指令开始执行，就只有计算结果的写回才能修改处理器状态，因此保存执行流水线的状态与保存指令的结果是等效的，而且后者通常比较规整。

6.2.2 RP 缓冲机制

1. 概念与原理

Kevin W. Rudd 等人提出了如图 6-4 所示的重放缓冲（Replay Buffer，以下简称 RP 缓冲）机制，该机制的基本思路是在中断发生后，停止发射新的指令，并继续执行那些尚未完成的指令。这些指令的结果不是立即提交，而是先放入 RP 缓冲，在中断现场恢复时再将这些结果提交。

由于指令无需重新执行，RP 缓冲机制不会违反任何相关性，因而也无需编译器的支持。RP 缓冲机制的工作过程如图 6-5 所示，其中 N 是处理器执行流水线的最大长度（$N=6+4+4+7+4+4+4+8$）。当发生中断后，处理器进入中断现场保存过程。在此过程中，

RP 缓冲不断移位,并接收功能单元产生的结果。该过程持续 N 拍后,执行流水线已完全排空,RP 缓冲内按顺序保存了这 N 拍内执行流水线产生的结果。处理器开始执行中断服务程序,此时功能单元的结果不再进入重复缓冲,而是直接提交。当中断服务程序执行完毕,处理器进入中断现场恢复过程,RP 缓冲通过移位将结果按顺序写回寄存器。

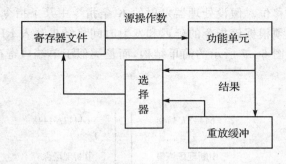

图 6-4 RP 缓冲机制的实现结构

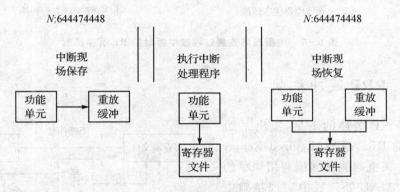

图 6-5 RP 缓冲机制的工作过程

2. 存在的不足

在一般情况下,RP 缓冲的实现非常简单,仅需要如图 6-6 所示的大小为 N 的移位缓冲。当进行中断现场保存和恢复时,移位缓冲在时钟信号的控制下将各缓冲单元的内容传递给下一级缓冲单元。

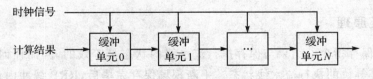

图 6-6 RP 缓冲的结构

但是在如图 6-7(a) 所示的情况下这种 RP 缓冲是不能工作的。当处理器正在进行中断现场恢复时(假设已经过了 K 拍,即 RP 缓冲移位 K 次,处理器也发射了 K 条指令),若此时发生中断,处理器必须进入中断现场保存过程,而功能单元的结果将送入 RP 缓冲。由于 RP 缓冲内保存了上次中断时的中断现场,而且保存的结果此时也不能提交,因此 RP 缓冲无法进行移位。假设处理器发射的 K 条指令中某条指令产生了结果 X,如图 6-7(b)所示。处理器必须根据该指令的延迟和发射时间将结果写入 RP 缓冲相应的位置。由此可见,RP 缓冲不再是图 6-7 所示的简单结构,而是类似于单端口寄存器文件。

(a) 处理器状态转换　　(b) RP缓冲状态的转换

图 6-7　中断现场恢复过程被中断时的 RP 缓冲机制

6.2.3　RRP 缓冲机制

为了弥补 RP 缓冲的不足,提出了如图 6-8 所示的 RRP 缓冲(Revised Replay Buffer)机制。该机制能够继续利用简单的移位缓冲在 NUAL 处理器中实现精确中断。与 RP 缓冲机制相比,RRP 缓冲机制增加了一条以虚线表示的数据通路。除了结构上的相近,两种机制在中断现场恢复时的工作过程也是相同的。不同的是,前者在保存中断现场时,不仅功能单元的结果能够经过虚线表示的通路写入 RRP 缓冲,而且 RRP 缓冲的输出也能够经过该通路返回到自身。

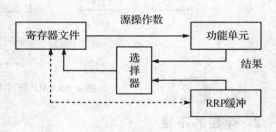

图 6-8　RRP 缓冲的机制

1. 概念及原理

如前所述,保存指令的结果与保存执行流水线的状态是等效的,因而任何 RRP 缓冲的状态都能找到与其等价的执行流水线状态。中断现场保存完毕后,RRP 缓冲内保存的内容反映了中断发生前 N 拍内发射的所有指令在中断发生时刻的执行状态。当然,这 N 拍内发射的部分或全部指令可能在中断发生时已经提交结果,因而中断现场并不包含这些指令的执行状态。对于图 6-7(a)所示的例子,假设第一次中断发生的时刻为 T_1,此时的中断现场为 S_1;第二次发生中断的时刻为 T_2,此时 RRP 缓冲的状态为 S_2,而执行流水线的状态为 S_3。如图 6-9 所示,T_1 时刻的中断现场 S_1 在第一次中断的中断现场保存过程完成后,已经转换为 RRP 缓

冲的状态 S_1，它反映了指令序列 1 到 N 在 T_1 时刻的执行状态。在 T_2 时刻，中断现场已经恢复了 K 拍，缓冲也移动了 K 次。

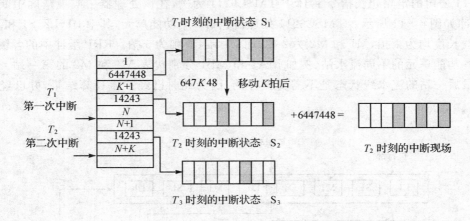

图 6-9　RRP 缓冲机制的原理

此时，缓冲中的内容则反映了指令序列 $K+1$ 到 N 在 T_2 时刻的执行状态。处理器执行流水线的当前状态则反映了指令序列 $N+1$ 到 $N+K$ 在 T_2 时刻的执行状态。若将执行流水线和 RRP 缓冲的状态叠加在一起，则合成的状态就是指令序列 $K+1$ 到 $K+N$ 在 T_2 时刻的执行状态，也就是第二次中断所需要保存的现场。

图 6-9 表明了执行流水线和 RRP 缓冲状态的叠加过程。由于 RRP 缓冲具有输出到自身的通路，即使处理器在中断恢复过程中被中断，RRP 缓冲仍然能够移位。RRP 缓冲通过循环移位，将缓冲的状态和执行流水线状态合并。因此 RRP 缓冲仍然是图 6-10 所示的结构。尽管 RP 缓冲和 RRP 缓冲的存储单元的数目是一致的，但前者是一个单端口的寄存器，需要译码或者比较器才能完成对存储单元的寻址，因此 RRP 缓冲的硬件开销较小。

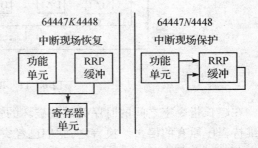

图 6-10　RRP 缓冲机制的工作过程

2. 实现方法

当中断发生时，RRP 缓冲在时钟信号的控制下进行移位，完成中断现场的保存工作。同样，中断现场恢复时 RRP 缓冲也是在时钟信号的控制下进行移位，完成中断现场的恢复工作。无论是在正常的程序执行过程中发生中断，还是在中断恢复过程中发生中断，RRP 缓冲在中断现场保存时均同时接收自身和来自功能单元的计算结果。当正常的程序执行过程中发生中断时,RRP 缓冲内没有任何有效的内容,因而不会产生任何不良后果。

以 TI 公司的定点超长指令字 DSP TMSC6211 为例,在该处理器中实现精确中断所需的 RRP 缓冲如图 6-11 所示。TMSC6211 处理器包括 8 个功能单元,其中 L1、L2、S1 和 S2 的最大流水线长度均为 1 拍,M1 和 M2 为 2 拍,而 D1 和 D2 则为 5 拍。RRP 缓冲中的各缓冲单元对应于各功能单元的不同流水站,例如 MA1 和 MB1 分别代表 M1 和 M2 的第一站。每个功能单元最后一站的流水线状态是不需要保存的,因为此时已经产生计算结果,并已经写入寄存器。

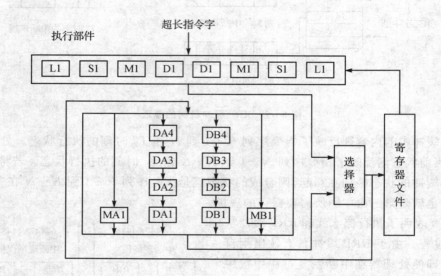

图 6-11 RRP 缓冲的实现

在超长指令字之间的时序关系被破坏的情况下,RP 缓冲机制以及 RRP 缓冲机制仍然能够维持程序原有的语义。换言之,它们已经突破了 NUAL 执行语义产生的这一时序约束。尽管中断处理机制与多线程技术均需要保存现场,但两者还是有所区别。首先,中断处理过程中,RRP 缓冲只需要在中断现场保存和恢复过程中工作,而多线程技术则必须时刻保存线程的现场。其次,中断处理器过程中涉及的流水线状态是由连续的指令流产生的,而多线程处理器中由于多线程竞争或线程自身的问题,单个线程的指令流并不总是连续的,保存线程的现场时必须重新整理由这些不连续的指令流产生的状态,这就需要数量庞大的可单独使用的寄存器堆。因此,在这种情况下利用 RRP 缓冲构建多线程处理器是不现实的。

6.3 RFCC-VLIW 结构

6.3.1 概　述

在多线程的超长指令字结构的处理器中,随着处理器功能单元个数的增多,寄存器堆的代价也迅速增加。影响寄存器堆面积、功耗、访问延时等代价的主要因素是寄存器堆中的寄存器个数以及寄存器堆的端口数量。减少寄存器的个数以及降低寄存器堆的端口数量是有效降低寄存器堆代价的方法。当前最常见的方案就是将单一寄存器堆划分成多个寄存器堆,并将处理器中的功能单元相应地划分成多个簇,每个簇对应一个寄存器堆。各个簇内部的功能单元可以自由地访问其对应的寄存器堆,而不同的簇之间只能采用有限的资源来交换数据。通过限制功能单元对寄存器堆的访问,可以显著地降低寄存器堆的端口数量,从而降低寄存器堆在面积、功耗、访问延时等方面的代价。但是由于功能单元不能自由地访问各寄存器堆,因此采用划分寄存器堆的方法会带来处理器性能的下降,尽量避免或减少处理器的性能损失是当前多簇寄存器堆结构的研究核心。

总线互联的多簇超长指令字结构(Bus-Connectivity Clustered Very Long Instruction Word,BCC-VLIW)是目前经常采用的方案。BCC-VLIW 结构通过一组互联总线将所有寄存器堆相连,寄存器堆中的数据可以通过互连总线复制到其余寄存器堆中。在处理器运行过程中,如果某一功能单元需要访问与之不直接相连的寄存器堆,就会通过数据复制单元从相应的寄存器堆中将需要的数据复制到该功能单元对应的寄存器堆中。这些额外的数据复制操作不仅会降低处理器的性能,同时也会增加数据处理程序的代码长度。本节提出了寄存器互连的多簇寄存器堆结构(Register File Connectivity Cluster Very Longinstruction Word Architecture,RFCC-VLIW)可以有效降低分簇结构带来的处理器性能的代价。该结构的整体思想仍然是将单一的寄存器结构划分成多个寄存器堆来减少每个寄存器堆的端口数量,从而达到降低寄存器堆面积、功耗以及访问延时的目的。

同时,RFCC-VLIW 结构采用了一个任何功能单元都可以访问的全局寄存器堆以方便各功能单元之间进行数据交换,减少了处理器各个簇之间的数据复制操作,因此可以有效降低处理器的性能损失。

6.3.2 寄存器堆结构

图 6-12 给出了 RFCC-VLIW 寄存器堆的结构,所有 N 个功能单元被划分成 n 个簇,每个簇中包含 k_n 个功能单元。每个功能单元簇对应一个本地寄存器堆,每个功能单元都有独立

访问其对应的本地寄存器堆的端口。同时，所有的功能单元簇均与一个全局寄存器堆相连，但由于每一个簇仅有有限的端口可以访问全局寄存器堆，因此，在同一时刻也只能有少量的功能单元可以访问全局寄存器堆。

在 RFCC - VLIW 结构中，本地寄存器堆是功能单元存取数据的主要单元，全局寄存器堆的主要功能是连接所有的功能单元簇，以方便各个功能单元在必要的时候互相交换数据。由于采用了全局寄存器堆对各个功能单元簇进行互连，各个

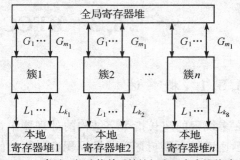

$G_1 \cdots G_m$：表示一组功能单元簇访问全局寄存堆的端口
$L_1 \cdots L_{ki}$：表示一组功能单元簇访问本地寄存堆的端口

图 6 - 12　RFCC - VLIW 寄存器结构

功能单元簇之间需要进行交换的数据可以存放在全局寄存器堆中，避免本地寄存器堆之间的数据复制操作。因此，采用 RFCC - VLIW 结构可以减少寄存器堆划分带来的处理器性能的下降和处理程序代码长度的增加。

采用划分寄存器堆的方式，其主要目的是通过减少寄存器端口的方法来降低寄存器堆面积、功耗、延时等各方面的代价。为了尽量减少并均衡所有寄存器堆的访问端口，RFCC - VLIW 结构采用如下原则：

① 各功能单元簇中的功能单元个数基本相等，即：

$$0 \leqslant \max(k_i) - \min(k_i) \leqslant 1 \quad i \in 1,\cdots,n \leqslant 1$$

其中，k_i 为第 i 个功能单元簇中功能单元的个数。

② 全局寄存器堆的访问端口数量应该不大于本地寄存器堆的最大端口数量，即：

$$\sum n_i = 1 \times m_i \leqslant \max(k_i) \quad i \in 1,\cdots,n$$

其中，m_i 表示第 i 个功能单元簇拥有的全局寄存器堆访问端口数量。

③ 尽量减少每个功能单元簇与全局寄存器堆之间的访问端口。在实际设计中，一般将每一个功能单元簇与全局寄存器堆的访问端口数量设定为 1，即：

$$m_1 = m_2 = \cdots = m_n = 1$$

④ 合理搭配功能单元，减少不同簇之间的数据交换。

6.3.3　代价分析

由上文可知，由于每一个寄存器堆的面积 m_i 随着与之相连的功能单元个数 k_i 的增长呈三次方关系增长，因此对于 RFCC - VLIW 结构中的每一个寄存器堆，面积同与其对应的功能单

元簇中的功能单元个数相关,每一个寄存器堆的面积为
$$m_i \propto k_i^3$$

在 RFCC-VLIW 结构中,由于每个功能单元簇中的功能单元个数相差很少,因此可以认为每个寄存器堆的面积都是相等的,即:
$$m_1 = m_2 = \cdots = m_n \propto k^3$$

这样就可以得到在 RFCC-VLIW 结构中所有寄存器堆的总面积为 M,它与功能单元的个数关系为
$$M \propto (n+1) \times k^3$$

在理想情况下,每个功能单元簇中的功能单元个数均相等,且每个功能单元簇只有一组访问全局寄存器堆的端口。根据全局寄存器堆和本地寄存器堆面积相等的原则,全局寄存器堆访问端口数量应该等于每个本地寄存器堆的访问端口数量,全局寄存器访问端口的个数等于功能单元簇的个数 n,而每个本地寄存器堆的访问端口个数为 k,则有:
$$k = n, 且 k = N/n$$

使得下式成立:
$$k = n = N/n$$

式中,N 为功能单元的个数。寄存器堆的总面积可表示为
$$M \propto (k+1) \times k^3 \approx n^4 = N^2$$

即在处理器中功能单元个数比较多的情况下,采用 RFCC-VLIW 结构时处理器内部寄存器的总面积随功能单元个数的增加呈平方关系增长。与采用单一寄存器结构相比,RFCC-VLIW 可以有效地减少寄存器的面积。

同理,在采用单一寄存器结构时,寄存器堆的功耗随功能单元个数的增加呈三次方关系增长,而采用 RFCC-VLIW 结构时,整个寄存器堆的功耗随功能单元个数的增加呈平方关系成长。RFCC-VLIW 结构对于寄存器堆访问延时的改进尤为明显。采用单一寄存器结构时,寄存器访问延时 T_d 随着所有功能单元个数的增加呈二分之三次方增长;而采用 RFCC-VLIW 结构以后,寄存器堆的访问延时只与对应的簇中的功能单元个数有关,即:
$$T_d \propto k^{3/2}$$

可见,当处理器中功能单元个数比较多时,无论是寄存器堆的面积、功耗还是延时等方面所付出的代价,都可以采用 RFCC-VLIW 结构得到有效的改善。

6.3.4 性能分析

1. 连接特性

由于 RFCC-VLIW 结构中每个簇仅有非常有限的端口可以对全局寄存器堆进行访问,

因此，采用 RFCC-VLIW 在得到寄存器的面积、功耗、延时等方面的改善的同时，也必然会影响处理器执行程序的性能。RFCC-VLIW 结构对于处理器性能的影响主要体现在同一个簇中的功能单元对于全局寄存器的访问竞争上，如果某一时刻同一个簇中的 2 个功能单元或者多个功能单元都需要通过某一个全局寄存器堆访问端口从全局寄存器堆中读取数据或者将计算结果写回到全局寄存器，则只能有一个功能单元可以执行其操作，其余的功能单元只能等待全局寄存器堆访问端口空闲时才能进行操作。在处理器执行目标应用程序时，绝大部分指令都需要从寄存器堆中读取源操作数，对它进行正确的运算以后将结果写回目标寄存器，该结果在后续的指令中将会作为其他操作的源操作数。这样一来，如果某一个功能单元执行指令的结果需要作为另一个簇中某一个运算的源操作数，则必须通过全局寄存器堆进行传递。因此，进行处理器的设计时应尽可能少地出现这种情况。对于一个功能单元 i 来说，假设其某一个运算的结果被自身或者处于同一个簇中的其他功能单元 j 使用的概率为 P_{ij}，则该运算结果不能被同一个簇中的功能单元使用而必须存放到全局寄存器堆中的概率为

$$P_{gi} = \prod k_j = 1 \times (1 - P_{ij})$$

令该功能单元需要的全局寄存器端口数量为 P_{gi}，那么一个簇需要的全局寄存器堆访问端口的数量为

$$P_g = \sum k_i = 1$$
$$P_{gi} = \sum k_i = 1$$
$$\prod k_j = 1 \times (1 - P_{ij})$$

为了方便观察 P_{ij} 与全局寄存器堆访问情况的关系，假设

$$P_{ij} = P, i,j \in 1,\cdots,k$$

则有

$$P_g = k(1-P)k$$

图 6-13 给出了某一个簇需要的全局寄存器堆访问端口数量 P_g 与概率 P 和簇中功能单元个数 k 的关系。由图 6-13 可见，在簇中功能单元个数不变的情况下，随着概率 P 的增大，该簇访问全局寄存器堆的概率迅速减小，因此，在进行功能单元分簇的时候一定要合理地安排各功能单元的搭配，从而增大每一个运算结果被自己所在簇中的功能单元接受的概率 P，降低该簇访问全局寄存器堆的概率。另外，随着簇中功能单元个数的增多，该簇访问全局寄存器堆的概率也

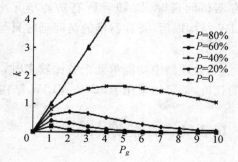

图 6-13　全局寄存器堆访问端口使用概率

明显减小,这样就能在目标处理器中功能单元比较多时,采用 RFCC-VLIW 结构可以得到很好的效果。

2. 指令调度

从图 6-13 可以看出,增大概率 P 的值可以有效减少功能单元对全局寄存器堆的访问,从而减少全局寄存器堆访问竞争的出现,提高处理器的性能。为了提高概率 P 的值,除了在处理器设计时合理地进行功能单元的划分之外,在对目标应用程序进行编译时对指令进行合理的调度也非常重要。通过合理的调度,可以将寄存器划分带来的处理器性能损失和目标程序代码长度的增加降低到最低限度。

6.3.5 THUASDSP2004 处理器

清华大学微电子研究所研制的 THUASDSP2004 是基于 RFCC-VLIW 结构开发的一款超长指令字处理器。该处理器共有 8 个数据通道,包括 4 种类型,分别为算术/跳转、乘法、LOAD/STORE、算术/逻辑,每种类型的数据通道有 2 个。算术逻辑单元处理大部分算术和逻辑运算;算术/跳转单元主要处理跳转指令,同时也能处理部分算术指令;乘法单元用来完成各种乘法操作;LOAD/STORE 单元主要用来完成数据的读写操作,同时也可以完成少量算术操作。处理器最多可以同时发射 8 条指令,分别由 8 个数据通道执行。处理器中 80 个 32 位通用寄存器分为 5 组,分别对应不同的功能单元,同时有若干控制寄存器和状态寄存器。该处理器包含了独立的指令缓存和数据缓存。

1. 处理器结构

整个处理器的总体结构如图 6-14 所示,PLL 是时钟产生模块,它可以产生 100～500 MHz 的时钟,处理器嵌入了一个 16 KB 的指令缓存和一个 32 KB 的片内存储器。为了加速片内数据与片外数据的交换,处理器包含了一个 DMA 通道。另外 THUASDSP2004 还支持 5 个片外中断,包括 1 个不可屏蔽中断和 4 个可屏蔽中断。

图 6-14 中处理器核部分包括:
- 取指模块:包括程序取指单元、指令分发单元和指令译码单元。程序取指单元由程序总线与片内程序存储器相连。
- 程序执行机构:包括 4 个数据通路(A、B、C 和 D)、一个通用寄存器组、4 组功能单元(每组 2 个)、控制寄存器组和控制逻辑等。每组数据通路有读入及存储(写出)数据总线与片内数据存储器相连。

THUASDSP2004 处理器采用哈佛结构,其程序总线与数据总线分开,取指令与执行指令可以并行运行。片内程序存储器保存指令代码,程序总线连接程序存储器与 CPU。该芯片的

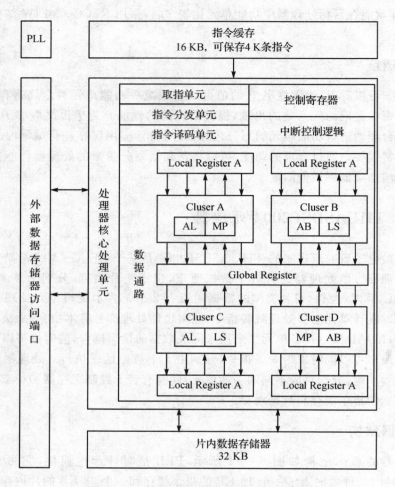

图 6-14 THUASDSP2004 处理器整体结构

程序总线宽度为 256 位,每一次取指操作都是取 8 条指令,称为一个取指包。并具有传递 8 条 32 位指令的能力。这些指令的执行在 4 个数据通路(A、B、C 和 D)中的功能单元内实施。控制寄存器组控制操作方式。从程序存储器读取一个取指包时,VLIW 处理流程就开始了。一个取指包可能分成几个执行包。

该处理器有 4 个可进行数据处理的数据通路,每个通路有 2 个功能单元、4 组本地寄存器(32 位)和 1 组全局寄存器(32 位)。功能单元执行指定的操作。

2. 数据通路与控制

THUASDSP2004 的数据通路如图 6-15 所示。该处理器数据通路包括下述物理资源:

- 1个全局寄存器组；
- 8个功能单元(.AL1、.AL2、.AB1、.AB2、.LS1、.LS2、.MP1 和.MP2)；
- 2个数据读取通路(LDH 和 LDL)；
- 2个数据存取通路(STH 和 STL)。

3. 流水线结构

现代微处理器是用结构的复杂性来换取速度提高的。THUASDSP2004 处理器把指令的处理分成几个子操作，每个子操作在微处理器内部由不同的部件来完成。该处理器又可以使多个指令包(每包可多达 8 条指令)交迭地在不同部件内部处理，大大提高了微处理器的吞吐量。

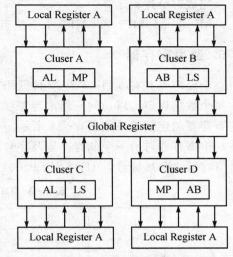

图 6-15 THUASDSP2004 数据通路与寄存器结构

整个处理器的流水线结构分为四个部分：取指、指令分发、解码和执行。取指阶段和指令分发阶段在取指模块中完成，其中取指阶段又分为四级，流水线取指阶段四个节拍如下：

- 指令地址产生(PC_gen)；
- 指令地址发送(PC_sd)；
- 程序访问等待(FCH_Wait)；
- 程序指令获取(FCH_get)。

解码和执行阶段在数据通道中完成。执行阶段分为 E1、E2、E3 三个阶段。整个流水线结构如图 6-16 所示。

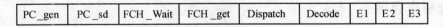

图 6-16 流水线结构图

4. 功能单元

处理器共有四种功能单元，每种有两个功能单元，这 8 个功能单元可以并行工作。四种功能单元分别是：

- AL 单元(.AL1 和 .AL2)：算术逻辑运算单元，主要实现处理器的算术逻辑运算。
- AB 单元(.AB1 和 .AB2)：算术跳转运算单元，主要完成程序的跳转运算，也可以完成部分算术运算。
- LS 单元(.LS1 和 .LS2)：存储器存取单元，主要完成处理器对存储器的访问，也可以完成部分逻辑运算。
- ➤ MP 单元(.MP1 和 .MP2)：乘法运算单元,用来完成处理器的乘法运算。

5. 通用寄存器

整个处理器共有 5 组 80 个 32 位通用寄存器,其中包括 4 组本地寄存器和 1 组全局寄存器。每个数据通道可以访问一组本地寄存器,所有数据通道都可以访问全局寄存器。数据通道与寄存器的连接关系如图 6-15 所示。

一个寄存器对由一个偶寄存器及序号比它大 1 的奇寄存器组成,书写时奇寄存器在前面,两个寄存器之间加冒号,THUASDSP2004 的寄存器对见表 6-3。

表 6-3 THUASDSP2004 寄存器对

A	B	C	D	G
A1:A0	B1:B0	C1:C0	D1:D0	G1:G0
A3:A2	B3:B2	C3:C2	D3:D2	G3:G2
A5:A4	B5:B4	C5:C4	D5:D4	G5:G4
A7:A6	B7:B6	C7:C6	D7:D6	G7:G6
A9:A8	B9:B8	C9:C8	D9:D8	G9:G8
A11:A10	B11:B10	C11:C10	D11:D10	G11:G10
A13:A12	B13:B12	C13:C12	D13:D12	G13:G12
A15:A14	B15:B14	C15:C14	D15:D14	G15:G14

数据的低 32 位放在偶寄存器,数据的高 8 位放在奇寄存器的低 8 位。

6. 控制寄存器

用户可以通过控制寄存器组编程来选用 CPU 的部分功能。表 6-4 列出了 THUASDSP2004 共有的控制寄存器组,并对每个控制寄存器作了简单描述。

表 6-4 控制寄存器组

寄存器组名	功能描述
PC	程序指针,保存需要读取的取指包的最低位地址
PCE1	保存当前正在执行的程序所在取指包的最低位地址
AMR	存储器访问模式寄存器,处理器访问存储器时,如果基址寄存器是 B4、B5、C6、C7、G6、G7、G8 或 G9,则访问模式由 AMR 确定

AMR 的结构如图 6-17 所示。

MB4	MB5	MC6	MC7	MG6	MG7	MG8	MG9
BLK1				BLK2			

图 6-17 控制寄存器 AMR 结构

MB4…MG9 分别代表 B4…G9 的访问模式，BLK1 和 BLK2 代表循环寻址时地址块的大小。访问模式如表 6-5 所列。

表 6-5 访问模式

访问模式标识	含 义
00	线性寻址
01	循环寻址，寻址空间大小由 BLK1 决定
10	循环寻址，寻址空间大小由 BLK2 决定
11	保留

7．处理器指令集

THUASDSP2004 指令分为 Load/Store 类指令、算术运算类指令、逻辑与位操作运算类指令、搬移指令、跳转指令及空操作指令共 6 种。本章着重讲解指令集的语法结构及操作码映射的定义。

THUASDSP2004 处理器汇编语言的每一条指令只能在一定的功能单元执行，因此就形成了指令和功能单元之间的映射关系。一般而言，与乘法相关的指令都在 .MP 单元执行；需要产生数据存储器地址的指令，则要用到 .LS 单元；算术逻辑运算大多在 .LS、.AL 和 .AB 单元执行。

该处理器采用精简指令集（Reduced Instruction Set Computing，RISC），这种指令集指令数目少，每条指令都采用标准字长、执行时间短。其主要特点是将 Load/Store 指令与其他指令分离开来，从而实现处理器的高时钟频率和高性能表现。

处理器的每一条机器指令都是 32 位，每一条汇编指令都有自己的代码。下面将给出使用各个功能单元时指令编码的映射图。

在 .AL（算术逻辑）运算单元指令码操作映射图如图 6-18 所示。

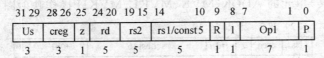

图 6-18 THUASDSP2004 .AL 指令操作码映射图

在 MP（乘法）单元的指令码操作映射图如图 6-19 所示。

31 29	28 26	25	24 20	19 15	14 10	9 6	5 1	0
Us	creg	z	rd	rs2	rs1/const5	R	Op1	P
3	3	1	5	5	5	4	5	1

图 6-19　THUASDSP2004.MP 指令操作码映射图

在 LS(Load/Store)单元的指令码操作映射图如图 6-20 所示。

31 29	28 26	25	24 20	19 15	14 10	9	8 1	0
Us	creg	z	rd	rs2	rs1/const5	R	Op1	P
3	3	1	5	5	5	1	8	1

图 6-20　THUASDSP2004.LS 指令操作码映射图

在 LS(Load/Store)单元做 Load/Store 13 位偏移地址操作的映射图如图 6-21 所示。

31 29	28 26	25	24 20	19 7	6 5	4 1	0
Us	creg	z	rd	sconst13	A B	Op1	P
3	3	1	5	13	1 1	4	1

图 6-21　THUASDSP2004.LS 指令 13 位偏移地址操作码映射图

在 LS(Load/Store)单元做 baseR+offsetR/cst 地址操作码映射图如图 6-22 所示。

31 29	28 26	25	24 20	19 15	14 10	9 7	6 1	0
Us	creg	z	rd	rs2	rs1/const5	mode	Op1	P
3	3	1	5	5	5	3	6	1

图 6-22　THUASDSP2004.LS 指令 baseR+offsetR/cst 地址操作码映射图

在 AB（算术跳转）单元的指令码操作映射图如图 6-23 所示。

31 29	28 26	25	24 20	19 15	14 10	9 8	7 1	0
Us	creg	z	rd	rs2	rs1/const5	R	Op1	P
3	3	1	5	5	5	2	7	1

图 6-23　THUASDSP2004.AB 指令操作码映射图

在 AB（算术跳转）单元的 ADDK、MVK、MVKL、MVKH 操作映射图如图 6-24 所示。

31 29	28 26	25	24 20	19 4	3 1	0
Us	creg	z	rd	sconst16	Op1	P
3	3	1	5	16	3	1

图 6-24　ADDK、MVK、MVKL、MVKH 指令操作码映射图

第 6 章 超长指令字处理器

在 AB(算术跳转)单元的 B 操作映射图如图 6-25 所示。

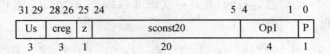

图 6-25　THUASDSP2004 .AB 指令 B 操作码映射图

指令中各字段的定义分别叙述如下:
- Us(unit select):功能单元选择字段(见表 6-6)。
- creg(conditional register select):条件寄存器选择字段(见表 6-7)。

表 6-6　Us 字段定义

Us 字段	功能单元
000	.AL1
010	.MP1
100	.AB1
110	.LS1
001	.AL2
011	.MP2
101	.AB2
111	.LS2

表 6-7　creg 字段定义

creg 字段	条件寄存器
000	无条件执行
001	A0
010	B0
011	C0
100	D0
101	G3
110	G4
111	保留

- z:条件指令中的零测试或非零测试。如果 z=1,当条件寄存器为 0 时,执行该指令;反之,如果 z=0,则条件寄存器非零时,执行该指令,无条件执行时,z 位设为 0。
- rd(destination register):目标寄存器地址。目标寄存器地址共 5 位,最高位为寄存器选择位。最高位为 0 时,选择本地寄存器;最高位为 1 时,选择公共寄存器。低 4 位代表寄存器的地址。如果目标寄存器为寄存器对,则 rd 中保存寄存器对中地址较小的寄存器地址(为偶数)。
- rs1、rs2(source register):源寄存器地址。源寄存器地址各 5 位,最高位为寄存器选择位。最高位为 0 时,选择本地寄存器,最高位为 1 时,选择公共寄存器。低 4 位代表寄存器的地址。如果源寄存器为寄存器对,rs2 中保存寄存器对中地址较小的寄存器地址(为偶数)。rs1 不支持寄存器对。
- R(reservde):保留位。
- Op1(operation code):操作码。
- P(parallel operation indicator):并行执行指示位。P=1 表示该指令可以和下一条指

令并行执行；P=0 表示该指令不能与下一条指令并行执行。

THUASDSP2004 处理器运行时，总是一次取 8 条指令，组成一个取指包。取指包的基本格式由图 6-26 给出。

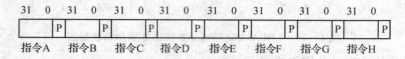

图 6-26 取指包的基本格式

每一条指令的最后一位是并行执行位（P 位），P 位决定本条指令是否与取指包中的下一条指令并行执行。处理器对 P 位从左至右进行扫描：如果指令 i 的 P 位是 1，则指令 $i+1$ 就将与指令 i 在同一周期并行执行；如果指令 i 的 P 位是 0，则指令 $i+1$ 将在指令 i 的下一周期执行。所有并行执行的指令组成一个执行包，其中最多可以包括 8 条指令。执行包的每一条指令使用的功能单元必须各不相同。执行包不能超出 256 位边界，因此，取指包最后一条指令的 P 位必须设为 0，而每一取指包的开始也将是一个执行包的开始。

一个取指包中 8 条指令的执行顺序可能有几种不同形式：完全串行，即每次执行一条指令；完全并行，即 8 条指令是一个执行包；部分串行，即分成几个执行包。用符号"||"表示本条指令与前一条指令并行执行。图 6-27 中给出一个例子。

31 0	31 0	31 0	31 0	31 0	31 0	31 0	31 0
0	0	1	1	0	1	1	0
指令A	指令B	指令C	指令D	指令E	指令F	指令G	指令H

图 6-27 一个取指包结构

根据各个指令并行位的模式，此指令包将按如表 6-8 所示的顺序执行。

表 6-8 取指包的执行顺序

执行包周期	指 令
1	A
2	B
3	C、D、E
4	F、G、H

所有的处理器指令都可以是有条件执行的，反应在指令代码的 4 个最高有效位。其中 3 位操作码字段 creg 指定条件寄存器，1 位字段 z 指定是零测试还是非零测试。在流水操作的 E1 节拍，对指令的条件寄存器进行测试：如果 $z=1$，进行零测试，即条件寄存器的内容为 0 是真；如果 $z=0$，进行非零测试，即条件寄存器的内容非零是真。在书写汇编程序时，用一对小括号对条件操作进行描述，小括号内是条件寄存器的名称。

8. 性能分析

按照上述的指令调度原则，基于 THUASDSP2004 处理器对一系列测试程序进行了调度。与采用单一寄存器结构的处理器相比，THUASDSP2004 的性能下降情况以及目标程序的代码长度增加情况如图 6-28 和图 6-29 所示。

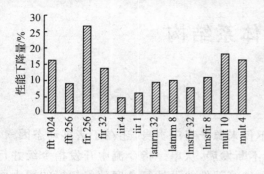

图 6-28　THUASDSP2004 性能
（与单线程寄存器结构相比）

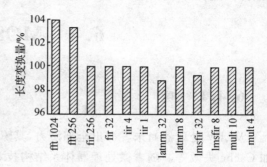

图 6-29　THUASDSP2004 代码长度
（与单线程寄存器结构相比）

采用 BCC-VLIW 结构和 RFCC-VLIW 结构时处理器的平均性能下降和程序代码长度增长的情况见表 6-9，其中 LCVLIW、BUG 和 UAS 是适合于 BCC-VLIW 结构的 3 种调度算法。可见，对于大部分目标程序，THUASDSP2004 与采用单一寄存器结构的处理器相比，性能下降均在 15% 以内，平均性能下降约为 13%。代码长度的变化也很小，变化都在 4% 以内，而且有几个程序的代码长度甚至有所减少，平均代码长度的增长仅约 0.4%。与 BCC-VLIW 结构相比，RFCC-VLIW 结构在处理器性能方面有一些改善，在指令代码长度方面优势比较明显。由于 RFCC-VLIW 结构采用了全局寄存器堆进行簇间数据交换，可以大量减少 BCC-VLIW 结构需要进行的数据复制操作，因此，在 RFCC-VLIW 结构中，测试程序的代码长度平均只增长了 0.4%。可见，在采用 RFCC-VLIW 结构改善了寄存器面积、功耗、延时等方面性能的同时，处理器的性能并没有太大的下降。

表 6-9　RFCC-VLIW 和 BCC-VLIW 调度结果的比较

结　　构	性能下降/%	增加代码长度/%
BCC-VLIW	57~69	11
RFCC-VLIW	13	0.4

为了解决超长指令字处理器中功能单元的增加会带来寄存器堆代价的急剧增长的问题，本节介绍了一种新的寄存器堆结构。该结构采用分簇的方式将传统的单线程寄存器堆划分成多个本地寄存器堆，每个寄存器堆对应一个功能单元簇，每个功能单元簇可以自由访问它对应的本地寄存器堆。同时该结构采用一个全局寄存器堆将所有功能单元簇互连以方便各个功能单元簇之间互相访问数据。寄存器堆的划分减少了寄存器堆的端口数量，有效降低了处理器中寄存器堆在面积、功耗、访问延时等方面的代价。全局寄存器堆的使用减少了分簇结构带来

的数据复制操作,降低了分簇结构带来的处理器性能损失。试验结果证明,在降低寄存器堆代价的同时,该结构将处理器的平均性能损失降低到百分之十以内。

6.4 MOSI 体系结构

6.4.1 概述

VLIW 处理器尚未发挥出全部潜力,其障碍不仅来源于程序本身,还在于诸多动态因素,如 Cache 失效等。随着微处理器体系结构技术的不断发展,从单一指令流中开发指令级并行性已经变得越来越困难。指令发射窗口、寄存器文件等部件的设计复杂度随着规模的增大而呈指数增长,而它们带来的实际效果并不明显,因此 SMT 和 CMP 等开发任务级并行性的技术受到研究人员的广泛关注。SMT 技术是指在同一个处理器上虚拟多个逻辑处理器,每个逻辑处理器上运行一个任务(线程),但它们同时共享一套执行部件。SMT 技术能够利用流水线上由于指令级并行性不足、Cache 失效等问题产生的间隙做些有效的工作,从而提升处理器的实际性能。Intel 公司推出的 Xeon 芯片采用了 Hyper-Threading 技术(SMT 技术的一种实现方式),它使芯片的实际性能提高了 30%。

SMT 技术能够帮助 VLIW 处理器减小上述障碍产生的影响,使其更有效地利用资源,从而提高处理器的实际性能。另一方面,超长指令字处理器不太胜任控制流任务,因为这类任务的指令级并行性非常差,将其单独运行于一个多发射处理器并不能有效提高其运行速度,反而浪费了大量的处理能力。支持 SMT 技术的 VLIW 处理器则能使数据流程序和控制流程序同时运行,进而从根本上解决了上述问题。与超标量处理器不同的是,基于超长指令字处理器实现 SMT 微体系结构受到指令字之间以及指令字内部相关性的限制,因此本节要研究的问题便是如何以最小的代价突破这一限制,并构建支持 SMT 技术的 VLIW 处理器模型。

Dean M. Tullsen 等人比较了不同 Cache 配置对系统吞吐率的影响,认为私有的程序 Cache 和共享的数据 Cache 能够取得比较稳定的系统吞吐率。他们还以 IPC 最大化为目标,研究了 SMT 处理器中的取指和发射策略。上述研究均基于超标量处理器,其方法及结论并不完全适用于超长指令字处理器。Stephen W. Keckler 等人描述了基于多簇的紧耦合 VLIW 结构,该结构在同一簇内支持同时多线程,并使用记分板进行相关性检查,实现代价较大。Antonio Gonzalez 等人提出了基于 DL 模型的动态 VLIW 结构,该模型不仅能够完成超长指令字的动态发射,还能够解决超长指令字处理器固有的代码兼容性问题。基于 DL 模型的动态 VLIW 结构试图从单一线程中更好地开发指令级并行性,但需要大量的、额外的硬件支持,复杂度比较高。与本节内容最接近的研究是 Emre Ozer 等人提出的基于 4 流出的 VLIW 处理器同时多线程结构,该结构为避免同一个节拍内不同操作之间的反相关和输出相关,在每个多操作中设立了一个分离位,该位由编译器产生,用于标志相应的多操作是否可拆分。本节讨论的目标处理器是 8 级流水的,因而在同一个多操作内出现反相关和输出相关的概率比较高。通过对测试程序的统计,一个多操作中存在上述相关的概率为 60% 左右,这意味着大部分多操作不能拆分。MOSI(MultiOp Splitting Issue)微体系结构则不需要占用额外的指令编码,并能够完成对任意多操作的分离发射。

6.4.2 MOSI 微体系结构

1. MOSI 整体结构

图 6-30 是支持 4 个线程的硬件模型。为了减小实现代价,需要保持原有的二级 Cache 与一级 Cache 之间的带宽。该模型中取指部件是共享的,且为各个线程准备了独立的指令队列。考虑到执行部件的数目并没有变,因而译码部件也是共享的。MOSI 采用了分离的寄存器文件,这对于提高性能和降低控制复杂度是有好处的。如果采用统一的寄存器文件并且通过内部的寄存器分组来支持多个线程,会有利于节省寄存器端口,也能将所有寄存器用于某一个线程。但是当多个线程同时写入结果时,由于端口数量的限制,这种寄存器文件很可能无法满足所有的写入要求,从而造

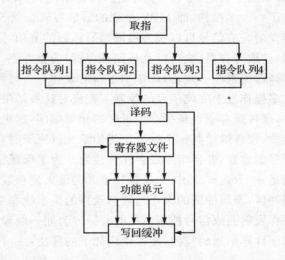

图 6-30 支持 4 个多线程的 VLIW 处理器模型

成线程无谓的等待。由于采用了共享的数据 Cache 以及功能单元,这使得该结构区别于多内核的处理器。线程同步非常简单,不需要额外的硬件同步机制。

2. 指令发射及取指

基于 DL 模型的动态 VLIW 结构为了从单个线程内最大限度地开发 ILP,采用了类似超标量处理器的乱序发射技术,以实现在多个多操作范围内的指令调度,这使处理器的发射逻辑变得十分复杂。对于支持 SMT 的 VLIW 处理器,现有的编译技术已经能较好地完成指令的静态调度,即使程序运行过程中出现 Cache 失效,SMT 处理器也可以使用其他线程的指令填补流水线上的空槽。因此 MOSI 微体系结构仅实现单一多操作内的指令调度,即当一个多操作的指令全部发射完毕后才开始发射下一个多操作的指令,这样既大大简化了硬件,性能损失

也比较小。多个线程共享有限的资源,产生冲突是不可避免的,此时应由仲裁部件从中选择一个线程使用资源。仲裁部件内可以实现任意的调度算法,例如采用固定优先级的方法,即线程标识小的线程优先。固定优先级可以保证特定的任务优先获得资源,从而加速任务的执行。类似地,由于 CPU 取指带宽的限制,也采取了固定优先级的方法来解决多个线程同时取指的冲突。

3. 写回缓冲技术

由于指令的分离发射,一个多操作的发射周期变成不确定的拍数,这使得一条指令执行完毕时,并不一定能将结果写回。例如,图 6-31 中线程 1 在 T_0 时刻发射的位于 M2 单元的 MPY 指令,该指令在 T_1 时刻执行完毕,但它并不能发出对寄存器的写,因为线程 1 此时仅发射了一个多操作,即 MPY 指令的结果写回必须等到下一个多操作发射完成。由此可见,多操作发射完成信号可以视为编译器所认知的节拍,因而能够作为指令流水线中各种事件(指令发射、读取寄存器、执行以及写回寄存器)的参考点。硬件必须保证指令执行结果的写回顺序与编译器的视图一致,因此添加了新的硬件——写回缓冲,如图 6-32 所示。写回缓冲的功能是在多操作发射完成信号的控制下完成对计算结果的排序及写回。为了便于对计算结果进行排序,硬件保存了各条指令发射时的相对顺序,这里我们使用编号来表示。对于每条发射出去的指令,硬件赋予其一个编号。当指令执行完毕时,它根据自身的编号找到写回缓冲内具有相同编号的位置,并将结果缓存在该位置。为了保证指令的编号不冲突,至少要保证编号的位数 n 满足 $n = \log_2 m$,其中 m 是执行单元的最大流水线深度。硬件为每个数据通路都设置一个移位缓冲区,该缓冲区的大小与数据通路的流水线深度一致。移位缓冲区接收计算结果,并根据多操作发射完成信号控制结果的写回。为同一线程准备的全部移位缓冲区就形成了写回缓冲。对于计算结果的写回,硬件使用如下的算法:

	L1	L2	S1	S2	M1	M2	D1	D2
线程0	ADD		SHL	ADD	MPY		LDW	

	L1	L2	S1	S2	M1	M2	D1	D2
线程1	ADD	SUB		ADD	MPY	MPY		

	L1	L2	S1	S2	M1	M2	D1	D2
T_0	ADD	SUB	SHL	ADD	MPY	MPY	LDW	

	L1	L2	S1	S2	M1	M2	D1	D2
T_1	ADD			ADD	MPY			

图 6-31 指令的分离发射

① 当指令发射时,将当前指令编号、目的地址写入对应移位缓冲区的顶端。

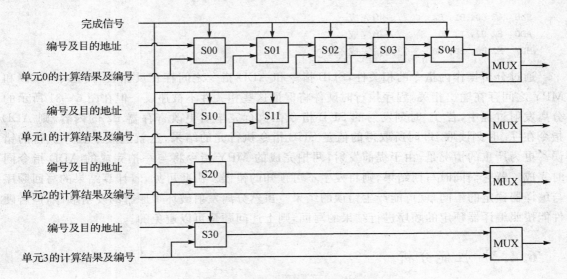

图 6-32　4 条数据通路的写回缓冲

② 当线程多操作中的指令全部发射完成时(产生一个多操作发射完成信号),移位缓冲区中的结果、目的地址以及编号进行右移,若计算结果被移动到缓冲区的尾部,则将该结果写入寄存器,更新当前指令编号。

③ 当一个执行单元执行完某线程的一条指令时,若对应的线程尚未发射完当前多操作内的所有指令,则将该执行单元的计算结果发送到写回缓冲;否则若在相应移位缓冲区中该指令的编号已抵达末端,则直接将结果写回寄存器;否则该计算结果发送到写回缓冲。结果写回的排序以及与多操作发射完成信号的同步,保证了执行结果的写入顺序。至此,MOSI 克服了由多操作内部相关性造成的障碍,并能够支持多个线程同时共享执行单元。

4. SMT 技术的实现

为了论述方便,以下将一个多操作内的指令在不同节拍发射称之为分离发射。对于单一线程,由于超长指令字处理器本身并不进行动态调度,分离发射不会带来任何好处。支持 SMT 技术的超长指令字处理器则必须具备分离发射能力,因为当一个线程的指令级并行性不足时,SMT 处理器需要从其他线程提取部分指令进行填充。例如,图 6-31 中 T_0 时刻发射的指令集合内包含了线程 1 的两条指令,而线程 1 的其他三条指令则在 T_1 时刻发射。虽然分离发射有利于充分发挥处理单元的效能,但对于缺乏动态调度机制的超长指令字处理器,实现这种技术存在一些障碍。以图 6-31 中线程 1 的多操作为例,假设其包含下列指令:

```
ADD  L1 A7, A9, A9    //一拍完成
MPY  M1 A0, A9, A8    //两拍完成
```

```
SUB    L2  B0, B1, B2       //一拍完成
ADD    S2  B2, 1,  B0       //一拍完成
MPY    M2  B0, B9, B0       //两拍完成
```

通过分析操作内指令的相关性,SUB 指令和 ADD 指令之间存在反相关,而指令 ADD 和 MPY 之间存在输出相关,程序执行时硬件将保证这些相关性不被违反。但在图 6-31 所示的分离发射过程中,若 T_0 时刻发射的 SUB 指令在执行完毕后更改寄存器 B2 的内容,则 ADD 指令在 T_1 时刻读取 B2 时所取得的值是 SUB 指令执行完的结果,这就造成了程序执行的错误。更为严重的情况是,由于提前发射,两拍完成的 MPY 指令将与一拍完成的 ADD 指令同时完成。若它们同时写回结果,则将发生不可预知的错误。由此可见,若计算结果的写回顺序与编译器预定的不同,就可能产生错误的结果。虽然分离发射破坏了原有的发射顺序,但若硬件能按照编译器预定的顺序进行结果的写回,则上述问题是可以避免的。

6.4.3 性能分析

为了准确评估 SMT 技术带来的增益,本节以平均每周期发射的指令条数(IPC)作为主要评估手段,而评估的时间段则是从多个线程同时开始运行直到任意线程停止运行。另外,处理器资源的共享使得各线程的执行时间变得难以预测,因而不能保证各线程的实时性。尽管如此,要保证某一特定线程的执行时间还是比较简单的,只要为每个线程指定一个固定的优先级(优先级高的线程优先获得资源),就能在一定范围内预测优先级最高的线程的执行时间。以下的实验均采用了这种固定优先级的方法。

基于 TI 公司 TMSC62 处理器实现了周期精准的指令集模拟器,然后加入了多操作分离发射机制。为了提高模拟器的精度,在模拟器中集成了 DineroIV Cache 模型,从而能够对各存储层次(包括 Cache 和存储器)进行模拟。Cache 的基本配置如表 6-10 所示,其中一级程序/数据 Cache 的失效延迟是确定的,而二级 Cache 的失效延迟由于其受到多方面(主要是外部设备)的影响而无法确定。为了使模拟结果更加接近最坏的情况,将其假设为一个较大的值 128。

表 6-10 基本 Cache 配置

Cache	大小/KB	组织方式	分配策略	写回策略	失效延迟/μs
一级程序 Cache	4	直接映射	读分配	N/A	5
一级数据 Cache	4	2 路组相联	读分配	写缓冲	4
二级 Cache	64	4 路组相联	读/写分配	写缓冲	128

测试程序由 MiBench 中的 FFT、ADPCM 编/解码器以及 MediaBench 中的 G721 编/解码器等组成,它们均由 TI 公司 CCS2·2 集成的编译器编译,并使用了最优化的编译选项。由

于这些程序并非针对任何特定处理器,因此它们的性能比较低。各测试程序单独在模拟器中运行的基本参数如表 6-11 所示。如前所述,虽然多个线程是同时运行的,但还是存在优先级高低的不同。由于各个线程本身的特征(平均访存次数、平均 IPC 等)不同,优先级关系的变化也会导致总平均 IPC 的变化(所有线程平均 IPC 之和),而对所有的情况进行排列组合又显得十分繁琐。如果所有线程的特征相同,甚至代码也相同,则不仅无需考虑优先级排序的问题,还能更简单地计算吞吐率的加速比。因此,将每个测试程序生成多次,并使最终的目标代码具有不同的输入/输出(包括文件和存储区域),就形成了多个独立的线程(目标处理器仅支持实地址模式)。以下每次实验中,同时运行的所有线程均由同一测试程序生成,但输入/输出相互独立,因而下文将不再声明实验时采用的线程实例,而仅以测试程序名代替。

表 6-11 测试程充基本特征参数

测试程序	执行周期	平均 IPC	平均访存次数	
			读	写
ADPCM_D	27,866,610	1.61	0.17	0.12
ADPCM_E	46,832,494	1.13	0.09	0.09
G721_D	395,617,372	0.88	0.09	0.03
G721_E	402,737,366	0.89	0.09	0.03
FFT	267,804,844	0.99	0.11	0.11

线程之间的资源共享能够提高功能单元的利用率,线程的个数越多,处理器的吞吐率就越高。图 6-33 充分地显示出处理器吞吐率的近乎直线的上升趋势。毫无疑问,随着线程个数

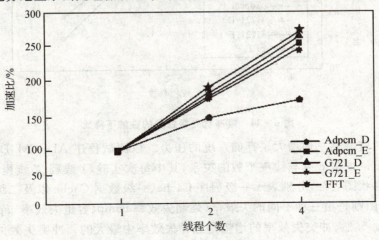

图 6-33 处理器吞吐率加速比

的增加,功能单元的使用将趋于饱和,因而处理器吞吐率的提高也将越来越缓慢。更重要的是,硬件支持的线程个数并不能够随意增长下去,实现一个线程所需的硬件开销是一个决定性的因素。

线程之间的资源共享也使得各线程拥有的资源相对减少,从而导致各线程的性能下降。如前所述,为了预测线程的性能,为每个线程分配了固定的优先级。由于优先级最高的线程总是优先获得资源,该线程所受的干扰最小,而其他线程的性能则随着优先级的降低而大幅下降。如图6-34所示,由于线程的增多,最高优先级线程所受到的干扰越来越大,性能下降越来越快。线程之间的资源竞争,各线程的性能下降是无法避免的。线程之间的资源竞争体现在两个方面:一方面是计算单元的竞争,另一方面是存储资源(Cache)的竞争。计算单元的竞争可以通过增加竞争较多的计算单元等方法加以缓解。Cache的竞争则比较复杂,也较难解决。除此之外,不同测试程序所呈现的性能曲线之间的间隔也越来越大,这意味着线程的性能将更加难以预测。固定优先级策略导致了线程的性能缺乏可预测性,因而这种策略并不适合实时任务。考虑到实时任务通常具备周期性,若根据线程实际运行性能与期望性能的差距在大大小于任务周期的各时间片内动态配置优先级策略,并在极端情况下停止某些线程的运行,则线程的实际运行性能将近似于期望性能,因而线程性能也具备了可预测性。

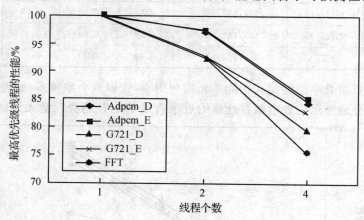

图6-34 最高优先级线程的性能下降比

线程之间的资源共享还增大了存储系统的压力。以测试程序ADPCM_D为例,图6-35给出了各级Cache的失效率与线程个数的关系,其中每次实验(1线程、2线程以及4线程)的数据均由三个柱状图表征,分别表示一级程序Cache、一级数据Cache以及二级Cache的失效率,而每个柱状图则是由三种不同的失效率(强制失效率comp、容量失效率cap和冲突失效率conf)叠加而成。显然,冲突失效率的增幅是三种失效率中最大的。冲突失效的增多不仅加大了各级Cache的负担,还会降低处理器的吞吐率,而降低冲突失效的有效方法就是增大Cache的组相联度。

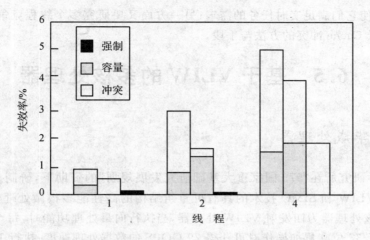

图 6-35　各级 Cache 失效率与线程个数的关系

图 6-36 给出了在所有 Cache 组相联度翻倍（保持容量不变）以后的处理器吞吐率的加速比。由图 6-36 可以看出当线程个数较多时，增加 Cache 组相联度的效果比较明显。值得注意的是，当线程继续增多时，这种加速趋势并不一定能够继续保持，因为在 Cache 容量不变的情况下增加组相联度将不可避免地增大容量失效率。

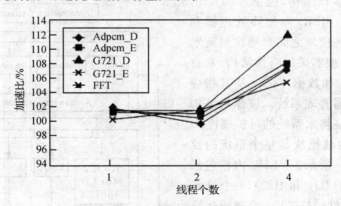

图 6-36　组相联度翻倍后的处理器吞吐率加速比

本节描述了一种基于超长指令字处理器的新型同时多线程微体系结构——MOSI。MOSI 动态地发射同一多操作内的指令，并通过写回缓冲保证计算结果的写回顺序与编译器的视图一致，从而以较小的代价解决了 SMT 技术中的关键问题。详细描述了写回缓冲的结构及算法，给出了单个线程的硬件模型以及完整的处理器模型，并讨论了硬件支持的线程数目与处理器吞吐率之间的关系。实验结果表明，基于 MOSI 微体系结构实现的多线程模型能够有效地提高处理器的吞吐率。在未来的工作中，一方面既要研究如何动态配置优先级策略，调节多个线程的性能,使它们满足实时任务的需求;另一方面又要研究多个线程竞争 Cache 的情况,进一步发现降低 Cache 冲突的方法与手段。

6.5 基于 VLIW 的多核处理器

6.5.1 华威处理器

中科院声学研究所在"973 国家重大基础研究发展规划"的资助下,研制成功了国内第一款基于多发射 VLIW 和 SIMO 技术的具有可重组结构的高性能多核微处理器——华威处理器(SuperV)。该处理器为四发射 VLIW 处理器,当执行向量处理功能时,每个周期可执行 35 个操作。在执行 32 位乘累加操作时可获得 29 GOPS 的数据处理速度;执行 16 位乘累加操作时可获得 5.1 GOPS 的数据处理速度;执行 8 位乘累加操作时可获得 9.3 GOPS 的数据处理速度。

1. 处理器结构

SuperV 基于多核架构,包括 VLIW 内核、系统协处理器、SIMD 向量协处理器和系统调试等模块,各模块之间严格按照流水线同步操作。微处理器采用哈佛结构,具有独立的指令 Cache 和数据 Cache 及其相应的指令、数据存储器管理系统。该体系结构模块性好,可以保证将来系统的可扩展性。

系统 VLIW 内核模块是整个系统的控制核心,如图 6-37 所示。VLIW 内核包括 2 个整数运算部件(IU1 和 IU2)、1 个修正 BOOTH 乘法器部件(MUL)、1 个逻辑运算部件(LU)、1 个移位部件(SHIFTER)、1 个分支处理部件(BRANCH)和 2 个 LSU 部件(LSU1 和 LSU2)。

整数运算部件完成有符号和无符号加减法运算;乘法部件采用 2 位修正 BOOTH 乘法器完成 32 位乘法运算和除法步运算;移位器完成算术、逻辑移位操作、字符串抽

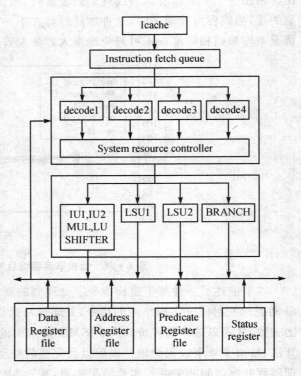

图 6-37 VLIW 处理器框图

取操作以及冗余符号计数等运算操作；逻辑部件完成各种逻辑和位运算操作；分支处理部件完成各种转移操作（绝对转移、相对转移）、过程调用和返回、零开销循环和推测 Load 检查等操作；LSU 部件完成地址拼接、比较和计算操作，由存储器管理部件 MMU 完成虚实地址转换。系统协处理器包括各种专用寄存器，协调处理各种存储器管理和高速缓存操作。该部件除具有与其他协处理器相同的接口信号外，还和系统 VLIW 内核模块有单独的接口信号。SIMD 向量协处理器模块包括一个 32 项 128 位宽的向量寄存器堆和两个高速流水运算部件。

VLIW 内核外围部件包括 SDRAM 控制器、DDR 控制器、定时器、中断控制器、DMA 控制器和与外部总线连接的桥接器。定时器包括计数寄存器和常数寄存器，提供计数回零异常以保证操作系统任务调度处理，并提供系统诊断和同步等功能。中断控制器包括中断寄存器、中断屏蔽寄存器及其控制部件，负责对外部中断请求、响应和优先级排队等的控制操作。当系统 Cache 配置为片内 SRAM 时，启动 DMA 控制器可以完成外设与片内 RAM 的 DMA 传输操作。

流水线控制器负责系统内核部件和各个协处理器模块（系统协处理器、媒体向量协处理器等）之间的流水线控制。同时，该控制器还负责各级流水线之间中断异常的控制与处理。每一流水级产生的异常均提交给流水线控制器，在运算结果写回级进行处理。

SuperV 将指令包与指令执行包区别开来，指令包长度为 128 位，包括 3 条 40 位 RISC 操作指令，指令执行包长度按照体系结构要求设计成四发射指令执行包。指令执行包按序执行，按序完成。指令包 IP（128 位）和指令执行包 IEP（160 位）格式如图 6-38 所示。指令包包括 3 个指令操作和 1 个 8 位的 ILP 识别域。每个指令操作长度为 40 位，8 位 ILP 识别域中的高 5 位表示协处理器号。ILP 识别域编码如图 6-38 所示。

IP格式	指令操作1（SA）时间0	指令操作2（SB）时间1	指令操作3（SC）时间2	ILP识别域
	40位	40位	40位	8位
IEP格式	指令操作1（SA）时间0	指令操作2（SB）时间1	指令操作3（SC）时间2	指令操作4（SD）时间3
	40位	40位	40位	40位

图 6-38 指令包和执行包格式

SuperV 体系结构不仅基于 RISC、VLIW 和 SIMD 技术，而且采用了可重构技术，使得用户在不增加硬件开销的情况下，通过对系统功能部件的重构完成对不同应用的处理，在提高系统性能的同时大大降低了系统功耗。例如，在 SuperV 中设计了若干 32 位可重构乘法器，每个可重构乘法器可以完成 32 位乘法、若干个 16 位乘法或者 8 位乘法。因此，SuperV 可以采用 1 条指令完成 16 个 8 位数据的乘累加操作；1 条指令可以完成 8 个 16 位数据的乘累加操作；1 条指令可以完成 4 个 32 位数据的乘累加操作；1 条指令可以完成 4 个 32 位数据的累加操作;1条指令可以完成16个索引、16个地址计算和16次数据加载操作;2条指令完成16个8位数据累加操作;2条指令可以完成8个16位数据累加操作;2条指令可以完成对256项、8位元素的数据表进行的16路并行查找。

2. 指令调度和编译优化技术

在描述指令调度算法之前,需要定义SuperV的语义模型。该模型包括操作时间和指令操作描述。SuperV的特征是多操作指令、NUAL操作模式、静态编译调度(资源和操作时间)和无互锁硬件。对经典RISC和超标量处理器而言,通常基于UAL的执行语义,即在访问当前操作的源操作数时,前一个操作已经执行完成并提交结果。对基于乱序执行的超标量微处理器或者实际执行时间大于假设时间的微处理器,体系结构必须提供相应的硬件支持(如寄存器互锁)以保证程序执行的正确性。基于SuperV体系结构的NUAL操作对编译器代码优化和生成非常有效,因为它可以充分利用处理器的资源。

假设操作时间的说明有三种方法:
- 在每个操作中设置专门域用于说明操作时间;
- 针对每个操作码或一组操作码指定一个执行时间寄存器ELR(Execution Lofency Register);
- 针对每个操作码,由体系结构说明。

第一种方法很实用,但浪费指令域,水平微指令通常采用该方法。第二种方法不如水平微指令那样灵活,但可以改变假设时间。第三种方法不显式说明假设时间,而由体系结构说明(体系结构操作时间),SuperV采用该方法表示操作时间。

一般的动态重调度算法包括三步:系统资源检查、记分板更新和相关性检查。相关性检查包括流相关、反相关和输出相关检查。超标量结构动态重调度的软、硬件复杂度都很大,因为处理器必须作记分板调度和相关性检查,而且大多采用ELR寄存器保存操作假设时间。

SuperV采用的修正动态重调度算法包括系统资源检查、相关性分析和操作动态重组。该算法去掉了记分板更新算法,同时将相关性分析让编译器去做,只将相关检查的结果送给动态重调度部件。因此,相关性分析只是利用了编译器的相关分析结果,并不作真正的流相关、反相关和输出相关检查。

SuperV利用当前指令PC和有效指令时隙号来计算下一指令包地址。存储器管理部件将指令操作取到动态重调度缓冲区中,然后执行动态重调度。动态重调度缓冲区设置的项数不宜太大,一般与处理器发射度密切相关。在重调度缓冲区完成指令包IP到执行指令包IEP的重组。指令包包括3条指令,128位对齐,而执行指令包可以有4、3、2或1条指令。重调度缓冲区按照128位写,读时根据指令包控制码和指令地址来重组执行指令包。逻辑地址32位中的高2位为段寄存器,中间28位为段内偏移量,低2位为指令时隙号,它表示该指令操作在指令执行包IEP中的起始时隙号。在顺序执行时,重调度缓冲区顺序从存储器中取指令。如果出现转移指令或异常,则作废重调度缓冲区中的内容并重新取指令。假设指令包 IP1 和指令包 IP2 格式如图 6-39 所示,其中 SN1 到 SN3 为指令操作,到指令操作 3,C 表示指令包 IP 控制编码域,阴影表示 ILP 中止时隙,则当前可调度的指令执行包 IEP 为图中 IEP 所示,即表示当前 IEP 的 PC 是从 IP1 的第一个时隙开始的。当发生异常时,应当保存当前的 PC 地址,重新执行程序时也必须从内存中的该 PC 处取指令字,并从该 IP 的 01 时隙处的指令开始执行。

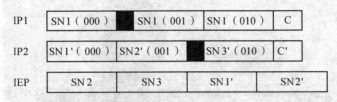

图 6-39 2 个指令包构成 1 个指令执行包

从微处理器体系结构和编译器界面划分的角度讲,指令级体系结构可以分为顺序结构、相关结构和独立结构三类。在顺序结构中,程序不包含任何指令并行信息,完全通过硬件进行调度,即硬件负责操作间的相关分析、独立操作分析和操作调度,编译器只负责程序代码的重组,程序中不附加任何信息。超标量是该类结构的典型代表。在相关结构中,程序显式指定操作的相关信息,即编译器负责操作间的相关分析,而硬件负责独立操作分析和调度,如数据流处理器。独立结构完全由程序提供各个独立操作间的信息,即编译器负责操作间相关性分析、独立操作间分析和指令调度,VLIW 是其主要代表。

在编译优化方面,SuperV 采用了基于推断推测的超块调度算法。表 6-12 给出了利用推断与推测技术后得到的有关典型程序的加速比性能比较结果,典型程序包括八皇后问题、一元二次方程和 Linux 中的典型算法。推断与推测技术是提高指令级并行性的重要途径。但在实现过程中还有许多问题有待进一步研究解决,这主要体现在编译器优化和体系结构两个方面。编译器必须提出高效的优化算法将程序中的基本块扩展为超块,同时体系结构必须对其提供有效的硬件支持。

表 6-12 微处理器加速比性能比较结果

典型程序	推断加速比	数据推测加速比	控制推测加速比	推测综合加速比
Linux swop	1.31	1.10	1.48	1.75
Linux dir	1.07	1.04	1.27	1.47
Equotion	1.25	1.22	1.36	1.74
Eqntott	2.19	1.01	1.09	2.20

6.5.2 安腾处理器

Hewlett-Packard 公司和 Intel 公司合作在其推出的 Merced 芯片上采用 VLIW 技术设计出一种采用新型指令集的更为高效并行的 IA-64(64-bit Itanium)，如图 6-40 所示。

图 6-40 安腾 2 处理器(左下)与双核安腾(Montecito)样品(右下)
(两个处理器上方为它们的核心硅片)

Montecito 是 Intel 公司的首款拥有双核心设计以及多达 24 MB 三级缓存的安腾 2 处理器，早在 2003 年 Intel 公司就透露在 Montecito 中使用到了名为 arbiter 的创新总线结构，但业界一直都没有得到更详细的官方说明，根据预测 arbiter 总线结构将在未来 Intel 公司所有的双核心处理器产品中得到广泛应用。据消息还透露了代号为 Millington 的产品，Millington 是 Montecito 的简化版，和 Montecito 相比较拥有更少的缓存，估计 Millington 是为低端双路服务器系统量身定做的。而 LV Millington 则是 Millington 的低电压版本。Montecito 的性能提升主要来自于双核架构、超线程技术和大容量缓存。由于它集成了两个安腾 2 处理器的核心，它每时钟周期可并行处理的指令数就从安腾 2 的 6 条增加到了 12 条，超线程技术则提升了它的工作效率。它的二级和三级缓存容量高达 26.5 MB(每核心独享 12 MB 三级缓存和 1.25 MB 二级缓存)，与二三级缓存总容量最高达 9.25 MB 的安腾 2 相比，提高了近两倍。Montecito 以及 Millington 芯片都拥有包括动态电源管理(foxton)和缓存纠错功能等一系列新近开发出来的技术。Intel 公司总裁兼 COO Paul Otellini 指出：通过 Foxton 技术能够动态的调整安腾 2 的速度，不论动作是超频还是降频。通常超频在服务器领域是不受推荐的，而动态降频则能帮助降低芯片功耗及运行成本。

Intel 公司推出的 4 核安腾处理器代号为 Tukwila，它采用 4 个内核的芯片设计方案，将为用户提供更好的单线程功能，使安腾处理器性能介于 IBM 公司速度更快的 Power 6 处理器和 Sun 微系统公司的 16 个内核的 Rock 处理器之间。Tukwila 还将带有 Intel 公司最新的 CSI 通用系统互连总线,降低系统延迟,提供串行连接方式,使用微分信号。这种处理器采用了一个在芯片上的 FB-DIMM 内存控制器。这种内存控制器可以减少延迟。FB-DIMM 内存控制器可能支持 4 个频道的内存,也可能支持更多频道的内存。由于减少了内存的延迟,Tukwila 处理器需要的缓存容量比以前的安腾芯片要少一些。

代号为 Montecito 的双内核安腾处理器配置了 27 MB 缓存,而 Tukwila 处理器每个内核只有 6 MB 三级缓存,或者是整个处理器芯片有 24 MB 缓存,这种芯片上的 4 个内核和每个缓存之间都有一个控制通信的开关。

1. 处理器结构

IA-64 指令集的显式并行指令计算 EPIC(Explicitly Parallel Instruction Computing)新特性超出了 CISC、RISC 和原来的 VLIW 结构,这一新特性使第一代 IA-64 芯片 Merced 的性能领先于它的竞争者们。所谓显式并行指令计算是指通过访问体系结构信息和控制处理机的执行,以发掘、利用和协调应用程序中的并行性,从而使系统获得最优的性能。例如,EPIC 采用预测、推测、显式并行和其他技术来获得更高的性能及传统的 RISC 体系结构所不具有的内在可扩展性。采用 EPIC 技术后,便可利用编译器显式地划分并行执行的指令,这种技术免除了在多 CPU 情况下通常占据很大比例的相关性检查和分组逻辑。EPIC 技术灵活的分组机制解决了原始 VLIW 的两个致命的缺陷:过多的代码扩充和缺乏可扩展性。

IA-64 是全 64 位体系结构。通用寄存器和程序计数器都是 64 位宽,允许在一个 64 位的内存空间线性存取指令和数据。IA-64 的浮点寄存器是 80 位宽,它的可寻址寄存器数目是典型的 RISC 处理器的 4 倍,IA-64 避免了寄存器的重命名,并且减少了耗时的 Cache 存取开销。当需要对 Cache 存取时,即使此时存在着转移语句,推测装入(speculative loads)功能也能够掩盖 Cache 的延迟。预测执行(predicated execution)能够有效地减少某些不必要的转移,从而大大减少了对转移的错误估计。VLIW 处理器将指令调度的重任从硬件交给了软件,即调度功能做在编译器中,再嵌入到应用软件中。IA-64 指令所采用的独特格式允许编译器在不增加软件负担的情况下指导硬件执行。综上所述,IA-64 主要有如下特性。

(1) 显式并行性
① 编译器和处理器间的合作机制。
② 指令级并行性(指令级并行性是指同时执行多条指令)提高了资源的利用率。
③ 128 个整数和浮点数寄存器、64 个 1 位的预测寄存器和 8 个转移寄存器构成了大寄存器集。
④ 对多个执行部件和内存端口的支持。

(2) 指令级并行性
① 推测执行(减小了内存延迟的影响)。
② 预测执行(免除了转移分支的影响)。

③ 低负载循环的软件流水线操作。
④ 能够减少转移开销的转移预测。
(3) 软件性能的改良
① 对于软件模块性的专门支持。
② 高性能的浮点数处理机制。
③ 扩充了的多媒体指令。

2. 指令格式

IA-64 指令分为六种类型,每一种指令可以在一个或多个执行部件上运行。表 6-13 列出了指令类型及其执行部件类型的对应关系。

表 6-13 指令类型和执行部件类型间的关系

指令类型	描述	执行部件类型
A	Integer ALU	I 部件或 M 部件
I	Non-ALU Integer	I 部件
M	Memory	M 部件
F	Floating Point	F 部件
B	Branch	B 部件
L+X	Extended	I 部件

注:M=Memory;F=Floating Point;I=Integer;L=Long Immediate;B=Branch。

指令束(instruction bundle)是由 3 条指令拼装成的、长度固定为 128 位的指令组合。具体地说,每条 128 位的指令束包含 3 个 41 位指令槽和 1 个 5 位的模板信息域,如图 6-41 所示。

模板信息不仅标明了寄存器的相关性、指令束中的指令是否可以并行执行及指令束中的哪几条指令必须串行执行,而且标明了该指令束是否可以和下一条指令束并行执行。即标明:

① 每一条指令的操作类型,可以是:MFI、MMI、MII、MLI、MIB、MMF、MFB、MMB、MBB、BBB(字母的含义同表 6-14)。

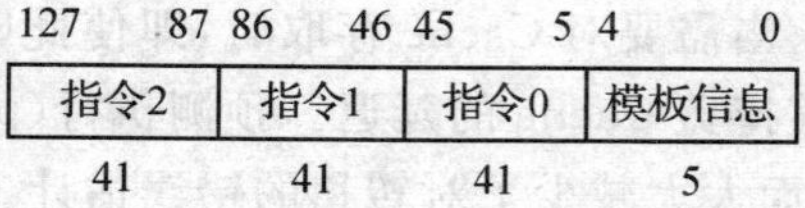

② 指令束内部 3 条指令间的关系。

③ 与相邻指令束间的关系模板信息域指定了两个特征值:当前指令束中的 Stop(Stop 表明在它之前的一条或多条指令与它之后的一条或多条指令间存在着某种资源相关关系)、指令

127	87 86	46 45	5 4	0
指令2	指令1	指令0	模板信息	
41	41	41	5	

指令束中的指令0、1、2均包含如下信息:
主操作码(4位)
源寄存器1(7位)
源寄存器2(7位)
目标寄存器(7位)
操作码扩展/转移目标地址/杂类信息(10位)
预测寄存器(6位)

图 6-41 IA-64 指令束

槽和执行部件类型的映射关系。不是这两个特征值的任意组合都是允许的。

表6-14列出了模板信息域的各种取值的意义：右边的三列对应于指令束中的三条指令；列中的字母是该条指令所对应的执行部件的类型。在指令束中，从指令0开始顺序执行。表6-14中的空白是预留给将来使用的。

表6-14 模板信息域编码和指令的映射

模板值	指令0	指令1	指令2	模板值	指令0	指令1	指令2
00	M-unit	I-unit	I-unit	10	M-unit	I-unit	B-unit
01	M-unit	I-unit	I-unit	11	M-unit	I-unit	B-unit
02	M-unit	I-unit	I-unit	12	M-unit	B-unit	B-unit
03	M-unit	I-unit	I-unit	13	M-unit	B-unit	B-unit
04	M-unit	L-unit	X-unit	14			
05	M-unit	L-unit	X-unit	15			
06				16	B-unit	B-unit	B-unit
07				17	B-unit	B-unit	B-unit
08	M-unit	M-unit	I-unit	18	M-unit	M-unit	B-unit
09	M-unit	M-unit	I-unit	19	M-unit	M-unit	B-unit
0A	M-unit	M-unit	I-unit	1A			
0B	M-unit	M-unit	I-unit	1B			
0C	M-unit	F-unit	I-unit	1C	M-unit	F-unit	B-unit
0D	M-unit	F-unit	I-unit	1D	M-unit	F-unit	B-unit
0E	M-unit	M-unit	F-unit	1E			
0F	M-unit	M-unit	F-unit	1F			

IA-64指令集中的所有指令都是41位长，每一条指令的前4位（37～40位）是主操作码。下面以整数ALU为例说明IA-64的一般指令格式。如图6-42所示，所有的整数ALU指令的主操作码为8位。x2a(35:34)、x2b(28:27)均是2位的操作码扩展域，x4(32:29)是4位的操作码扩展域，e(33)是保留的操作码扩展域。指令组由一条或任意多条指令束构成。它是一个指令序列，从某个给定的指令束地址和某个指令槽开始，包括直到第一个Stop或转移分支为止的所有按序增长的指令槽和指令束。IA-64体系结构允许发射不同指令束中的多条单独的指令做并行执行，也可以在一个时钟周期发射多条指令束。

3. 性能分析

支持优化编译。IA-64体系结构包括128个通用寄存器、128个浮点寄存器、64个预测寄存器以及大量专用的寄存器。编译器可以利用寄存器的增加进行进一步优化。例如，展开短循环几次可以提高性能，但是每次循环的初始化需要更多的寄存器保存局部变量的副本。在全局变量保存在寄存器中的情况下，128个寄存器使编译器仍能循环展开。

40 37	36 35 34	33	32 29	28 27	26　　　　20	19　　　　13	12　　　　6	5　　　　0
8	0	x2a	e	x4	v2b	源寄存器r1	源寄存器r2	目标寄存器r	预测寄存器
4	1	2	1	4	2	7	7	7	6

指令	操作数	操作码	操作码扩展			
			x2a	e	x4	v2b
add	R=r1,r2 R=r1,r2,1	8	0	0	0	0 1
sub	R=r1,r2 R=r1,r2,1				1	0 1
addp4				0	2	
and						0
addcm	R=r1,r2				3	1
or						2
xor						3

图 6-42 整数 ALU(寄存器-寄存器)

有效支持条件转移。IA-64 处理器包括 64 个预测寄存器 PR(Predicate Registers),每一个只有 1 位,用来保存 IA-64 比较指令的结果,用于指令的有条件转移。预测寄存器 PR0~PR63 对于任意优先级的所有程序都是可用的。大多数 IA-64 指令包括一个预测域,只有当预测域为真时,指令才被执行。预测域的值是 CMP 指令比较两个寄存器的值的结果。一条 CMP 指令在一个 PR 寄存器中存储比较的结果,在第二个 PR 寄存器中动态存储比较结果的反。这种机制允许寄存器更加有效地处理 IF-THEN-ELSE 结构。

允许推测性(即非错的)负载。用 .S 后缀表示的推测性负载不会触发异常,如果异常发生,目标寄存器将会标记为无效。这是一个非常简单的机制,只需要每一个寄存器有 1 个有效位。采用这种机制,只要地址可计算,负载能很容易地装进代码中。如果数据从来没有被选中,异常不会被触发;如果需要数据时异常发生,异常将会在负载的原"主块"中被识别。推测性负载提供给编译器最大的灵活性,以隐藏 Cache 的延迟,能够解决 32 位地址的局限性和笨拙的浮点栈。

64 位的寻址空间使系统具有很大的物理空间和虚拟空间。IA-64 的开发标志着一个根本性的转变,它利用更灵活、更先进的编译器和更简单、更快速的微体系结构之间的联系来弥补复杂的 CPU 的不足。

诸如 IA-64 的新型体系结构可以看作是由硬件到编译器的复杂性的又一个转换。早期的商业 RISC 处理器利用简化的指令实现指令执行的流水性,从而提高性能(与一般的观点相反,RISC 芯片的时钟速度并不比同时代的 CISC 芯片快,它只是很快地引进了流水线技术)。

现今的 RISC 微处理器又变得复杂起来,因此迫切需要一种新机器以获得编译时间的进一步优化和硬件的简化。

现代的超标量微处理器中有扩展的逻辑去检测指令流中的并行性并在可能的时候并行处理这些指令。如果 IA-64 移交一些负担给编译器,CPU 便可尽快地执行指令流而不必担心是否指令相关(instruction interactions),因为编译器允许指令相关。

IA-64 体系结构包括预测执行和大寄存器集。微处理器设计的一种趋势是挖掘数据的相关性(即寄存器的内容是否恒定或仍受制于未完成的计算)。如果提供更多的寄存器,编译器就能够用不同的寄存器子集执行多个不同转移分支上的操作,而不会产生指令相关性问题。

Merced 中用来兼容 x86 的逻辑会阻碍其性能的进一步提高。尽管这种逻辑并不减少时钟速度和本机模式的性能,但是它的存在占用了本可以用来提高本机性能的芯片空间。VLIW 会导致代码空间的增加,正如 RISC 相对于 CISC 一样。当代码量是一个重要的指标时(如基于 ROM 的应用程序或廉价的计算机),IA-64 并不是一个很好的选择。IA-64 程序可以被重新优化,这个技术问题可以透明地处理(例如,当软件装载进来时,采用一种针对某一种特定的处理机已经优化好了的分布模式),但它将需要额外的系统技术。

习 题

6.1 名词解释:
NUAL   UAL   超长指令字   动态发射
RRP   BCC-VLIW   精确中断   多簇寄存器堆结构
SMT

6.2 请叙述超长指令字体系结构和超标量体系结构的主要相同点和区别。

6.3 请阐述 RP 缓冲机制的原理及存在的不足,并说明如何进行有效改进。

6.4 THUASDSP2004 的数据通路包括哪些主要物理资源?

6.5 说出至少三种超长指令字处理器的名称。

6.6 请叙述 Super V 处理器的核心架构?它在多核方面运用了哪些先进的技术?

6.7 一般的动态重调度算法包括哪几个主要步骤,以 Super V 处理器为例进行说明。

6.8 IA-64 指令集中的所有指令的共同特点有哪些?

6.9 写回缓冲技术在什么情况下产生的?它是如何支持多个线程同时共享执行单元的?

6.10 从微处理器体系结构和编译器界面划分的角度出发,指令级体系结构可以分为哪三类?

第 7 章　片上多核处理器

随着半导体工艺水平的飞速发展,单芯片上可以集成更多的晶体管,为芯片设计提供了更为广阔的空间。如何有效利用这些不断增加的片上资源是摆在微处理器体系结构研究者面前的一个重大挑战。在这种情况下,一种新的架构——多核正孕育而生,它采用"横向扩展"(而非"纵向扩充")的方法提高处理器性能。本章首先概述多核处理器的体系结构,然后阐述芯片组和操作系统对片上多核处理器的支持,最后从异构多核处理器和同构多核处理器两种不同发展方向介绍典型的片上多核处理器架构。

7.1　片上多核体系结构概述

7.1.1　片上多核体系结构简介

随着半导体技术与集成电路制造技术的快速发展,晶体管电路的集成度不断提高。按照摩尔定律,单个芯片上集成的晶体管数目每 18 个月就可增加 1 倍。但随着芯片制造工艺的不断发展,从体系结构角度来看,传统的处理器体系结构技术已经面临瓶颈,晶体管的集成度已超过上亿,很难再通过单纯地提高主频来提升性能。长期以来,工业界已经习惯于通过改进集成电路制造工艺与流程来提高处理器主频以获得更高的性能。每一代新型芯片制造工艺都号称可以降低功耗,若直接使用新工艺和已有芯片设计,的确可以缩小芯片面积且降低功耗。但是,处理器设计者总是试图利用新工艺增加的晶体管数量来增加流水线级数或者超标量处理器的发射宽度,并且不断提高处理器的主频,这使得相邻两代处理器的功耗呈指数级增长。在过去的 20 年里,基于流水线与超标量技术的典型高端微处理器的功耗已从低于 1 W 增加到高于 100 W,处理器也从不需要使用散热片,发展到需要中等尺寸的散热片,再到今天的巨大的散热片以及一个或几个专用风扇的降温方式。按照此趋势发展下去,下一代微处理器很可能采用类似水冷系统的方式来降温。因此,处理器设计者需要找到有效利用硅片上大量晶体管的新途径,可以在减少系统功耗、简化设计复杂度的同时,提升处理器性能。

早期的处理器设计大多通过并发执行单个串行程序中的多条指令来提高指令执行的并行性。为了增加处理器指令队列中每个时钟周期可发射的指令数,处理器设计经常会采用一些复杂的技术,包括多级流水线、超标量、猜测执行和硬件分支预测等。这些技术的引入可以充分利用所谓的指令级并行性,即存在于单个处理器执行的大量指令间的所有潜在并行性,这在一定程度上可改善甚至在某些特定情况下可较大幅度地提高单处理器系统的性能。但是,仅仅使用上述技术,处理器设计者将很难持续提升现代处理器的性能。因为单个执行程序中可利用的指令级并行性十分有限,在运行大多数应用程序时,每周期发射指令数超过 4 条的超标量处理器对应用性能的改善效果非常有限。传统处理器设计对单一控制线程的依赖限制了处理器充分利用整个应用系统中存在的并行性。当前的主要商业应用,如 OLTP 在线数据库事务处理与 Web 网络服务等,一般具有较高的线程级并行度,如何在处理器设计中充分利用这种并行度,也成为微处理器研究界面临的重大挑战。

为了提高线程的并行能力,业界提出了两种新型体系结构:单芯片多线程处理器(Chip Multithreading,CMT)与同时多线程处理器(Simultaneous Multithreading,SMT)。从体系结构的角度看,SMT 比 CMP(Chip Multiprocessor)对处理器的资源利用率要高。随着技术的发展,特别是 VLSI 工艺技术的应用,晶体管特征尺寸在不断缩小,晶体管门延迟也在不断减少,与此同时,互连线延迟却不断变大。很快,线延迟已经超过门延迟,成为限制电路性能提高的主要因素。在这种情况下,由于 CMP 的分布式结构中全局信号较少,与 SMT 的集中式结构相比,在克服线延迟影响方面更具优势。

1996 年美国斯坦福大学提出一种新型处理器体系结构——片上多处理器,即在单个芯片上集成多个微处理器内核。CMP 又称为"多核处理器(multicore processor)",当内核数目较多时(目前还没有关于内核数目的统一规定),又常称为"众核处理器"。本书将统一使用片上多核处理器这一术语。其思想是将传统的对称多处理器(SMP)集成到同一芯片内,各个处理器并行执行不同的进程。CMP 使用多个较小的处理器内核填充了原本被单个大型单核处理器占用的芯片面积,处理器内核可以直接使用已有的单核处理器,因此 CMP 结构设计相对简单,开发周期与成本相对较低。在深亚微米工艺下,电路线延迟的影响要大于门延迟,CMP 与传统超标量复杂处理器相比,长距离连线主要是内核间连线,数目更少,因此结构简单的 CMP 易于获得更高的主频。此外,在性能相当的前提下,多内核结构的 CMP 比原先单个大型单核处理器的功耗要低得多。

根据芯片上集成的多个微处理器核心是否相同,CMP 可分为同构多核和异构多核。计算内核相同,地位对等的称为同构多核,现在 Intel 和 AMD 主推的双核处理器,就是同构的双核处理器。如图 7-1 所示,Hydra 集成了 4 个 MIPS R3000 处理器核心,属于同构 CMP。

异构 CMP 除含有通用处理器作为控制、通用计算之外,大多还集成了诸如 DSP、ASIC、媒体处理器、VLIW 处理器等针对特定的应用提高计算性能的部件。基于 x86 技术的多核处理器多采用类似技术,其中 AMD Opteron 处理器在设计上与传统的 RISC 处理器设计较为接近。Intel 产品由于是从单路处理器发展而来,在多路产品中与上述结构差别较大,但在设计上也引用了不少类似技术。IBM、索尼和东芝等联手设计推出的 Cell 处理器正是这种异构架构的典范,如图 7-2 所示。

CMP 处理器的各 CPU 核心执行的程序之间有时需要进行数据共享和同步,因此硬件结构必须支持核间通信。根据集成结构的不同,目前比较主流的片上高效通信机制有两种:

图 7-1 Hydra CMP 结构示意图

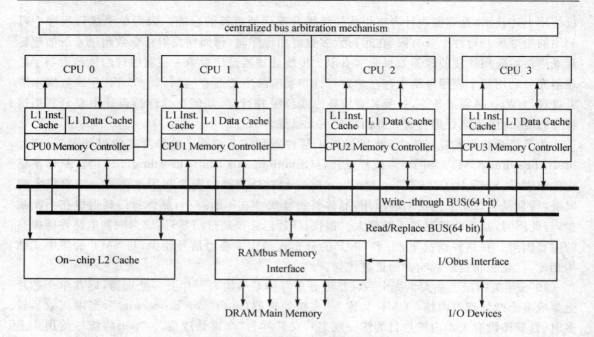

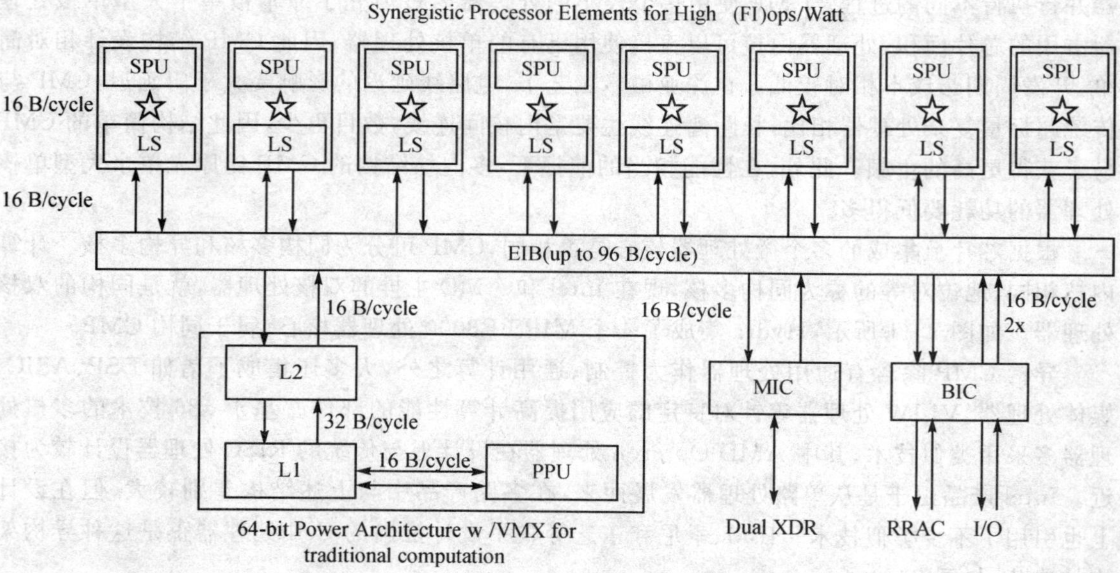

图 7-2 Cell 体系结构示意图

① 基于总线共享的 Cache 结构，用于按照 SMP 结构集成的多核微处理器；

② 基于片上的互连结构，用于按照分布式共享处理器结构（Distributed Shared Memory，DSM）集成的多核微处理器。

其中基于总线共享 Cache 结构是指每个 CPU 内核拥有共享的二级 Cache，用于保存比较常用的数据，并通过连接各个核的总线进行通信。这种方法的优点是结构简单、通信速度快。当前 Intel 公司多采用基于总线共享的体系结构，如 Core Duo、Xeon 等多核处理器，总线共享结构适用于处理器中核较少的情况。SMP 结构原本是一种多处理器系统体系结构，其多处理器系统如图 7-3 所示。在 SMP 结构中所有处理器共享总线的带宽，完成对内存模块和 I/O 模块的访问。各处理器之间的地位等价，不存在任何特权处理器。

随着半导体工艺的发展，在一个芯片上可以集成更多的晶体管，多核微处理器就是在这种趋势下应运而生。采用 SMP 结构集成的多核微处理器即是将图 7-3 所示的对称多处理器结构集成到一个芯片上。在多核微处理器芯片内部，集成有多个处理器核，这些微处理器核之间通过互连网络相连。每一个微处理器核具有自己的私有 Cache，同时，多个微处理器核共享若干层的共享 Cache。Intel 公司 2006 年发布的 SMP 结构的多核微处理器 Core Duo 采用 Pentium CPU 作为内核，2 个核共享一个 2 MB 的二级 Cache 和系统接口总线，Core Duo 的结构如图 7-4 所示。

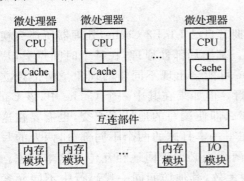

图 7-3 SMP 体系结构示意图

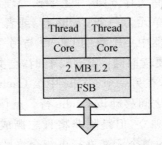

图 7-4 Intel Core Duo 双核处理器结构

另一种基于片上互连的结构是指每个 CPU 核心都具有独立的处理单元和 Cache，各个 CPU 核心通过交叉开关或片上网络等方式连接在一起，各个 CPU 核心间通过消息通信。这种结构的优点是可扩展性好、数据带宽有保证；缺点是硬件结构复杂，软件改动较大。采用这种结构实现核间通信的有 AMD 公司的 Athlon64 X2 双核微处理器。

7.1.2 多核体系结构和超线程技术的区别

在超线程技术中，单个处理器被分成许多部分来使用，其中一些部分被各线程共享，而其他部分则可以在各线程中分别复制使用。被共享的资源主要是实际的执行部件，执行部件之所以能够被多个线程共享使用，是因为执行部件被进一步细分，只要使用的部分不冲突，各线程就可以并行执行。站在系统的角度讲，超线程也被视为多处理器系统，可以同时执行多个线程；但站在处理器本身的角度讲，虽然在处理器入口端可以允许多个线程同时进入，但事实上，在 Hyper-Threading 技术中的两个逻辑处理器并没有独立的执行单元、整数单元、寄存器、甚至缓存等资源，它们的运行过程仍需共用执行单元、缓存和系统总线接口。在执行多线程时两个逻辑处理器交替工作，如果两个线程都同时需要某一个资源时，其中一个要暂停并让出该资源，直到该资源空出时才能继续。Hyper-Threading 是提高执行单元管线使用率的一种技术。而多核处理器是将两个甚至更多的独立执行核嵌入到同一个处理器内部，每个核拥有独立的 L1、L2 高速缓存，可以完全独立地处理自己的数据，而且不会共享彼此的通道，每个线程具有完整的硬件执行环境，可以真正获得指令阶段的平行处理。在片上多核处理器上，各线程根本不需要为了得到某种资源而挂起等待，因为各线程都是在相互独立的执行核上并行运行的。例如，在执行某一运算任务时，在单线程情况下需要 6 个时钟周期，但在片上双核处理器下能在 3 个时钟周期内完成，但如果在超线程运算过程中，CPU 的资源在某周期中出现重叠的情况，某个线程就会出现延迟，整个运算可能会增加到 4 个周期。

采用超线程技术的单核处理器和片上多核处理器在存储缓存（memory caching）和线程优先级（thread priority）上的实现方法是不同的。

在存储缓存方面，片上多核处理器中每个核都拥有自己 L1、L2 Cache，处理器所能交换的最小存储单元为一个 Cache 行，或者一个 Cache 块。基于局部性原理，在某个时间点上，片上多核处理器中一个核的 Cache 与另一个核的 Cache 可能会出现不同步的现象。两个独立的 Cache 需要读取同一 Cache 行时，会共享该 Cache 行。但如果在其中一个 Cache 中，该 Cache 行被写入，在另一个 Cache 中该 Cache 行被读取，那么即使读写的地址不相交，也需要在这两个 Cache 之间移动该 Cache 行。就像两个人同时在写一本日志的两个不同部分，两人的写入动作相互独立，但是除非将日志撕成两半，否则这两个人必须来回地相互传递这本日志。对 Cache 行的单个元素进行更新会将此代码行标记为无效，其他访问同一代码行中不同元素的处理器将看到该代码行已标记为无效。即使所访问的元素未被修改，也会强制它们从内存或其他位置提取该代码行的较新副本。一般说来，要在单核处理器上高效执行，得进行数据压缩才能减少访问内存的次数。而在多核处理器上，压缩共享数据会导致严重的伪共享问题。解决方法是尽可能多地使用专有数据，在压缩数据以后，为每个线程分配一个私有副本，每个线程访问私有副本，最后再将每个线程的执行结果合并起来，得到一个总的结果。将这种策略进行推广，就引出了任务窃取策略。当一个线程窃取到一个任务以后，它可能会引起伪共享问题的共享数据复制一份用作私有副本，然后再计算、合并结果。但是在单核超线程技术处理器上，因为只有唯一的 Cache 供各线程共享，所以就不存在 Cache 同步问题。

在单核超线程与片上多核处理器上采用相同的线程优先级策略也会导致不同的程序行

为。例如,假设一个应用程序有两个线程,这两个线程的优先级不同。在进行性能优化的时候,开发人员会假定优先级较高的线程可以一直享用执行资源,而不会受到优先级较低线程的干扰。这在单核处理器上是正确的,因为操作系统的调度程序不会为优先级较低的线程分配 CPU 资源。而对于片上多核处理器而言,因为调度程序是在不同的执行核上调度这两个线程,所以两个线程是同时执行的,也就是说在这种条件下,线程的优先级不起作用。

7.1.3 多核多线程体系结构

多核多线程处理器(multi-core multi-thread processor)是通过支持单片多处理器和同时多线程的组合来实现的。图 7-5 为典型的体系结构示意图,这种处理器结合了多核处理器与多线程处理器的优点,具有多核处理器结构简单并行性高的特点,又可以利用多线程技术来消除内核之间的通信延迟以及过长的指令执行延迟。多核多线程处理器由多个简单的同时多线程处理器核构成,它提供了一种更加简单有效的方法去提高集成度。它不同于超标量处理器通过硬件来提取指令级的并行,而是通过编译器的支持,提供一种线程级的并行。由于它由多个简单的同时多线程处理器构成,所以它就可以拥有单片多处理器主频高、设计和验证时间短的优势,又拥有同时多线程资源利用率高的优势,从而大大提高程序的运行效率。目前,越

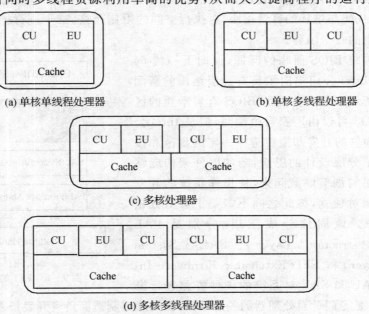

CU(Control Unit)表示控制单元,EU(Execute Unit)表示执行单元。

图 7-5 单核、单核多线程、多核、多核多线程体系结构示意图

来越多的芯片生产商和研究机构都将注意力放在了多核多线程处理器的研究上。

正是因为多核与多线程技术的大量使用,使得处理器处理能力能跟上时代发展,因此从 Intel 公司到 Sun 公司,再到 IBM 公司,大家越来越重视多核多线程技术,并且力推多核多线程处理器的使用。如今商用的多核多线程处理器也越来越多,业界具有典型意义的多核多线程处理器主要有 Intel 公司的 Pentium,Sun 公司的 UltraSPARC 和异构多核的 Cell。

7.2 芯片组对多核的支持

7.2.1 EFI 概述

从 20 世纪 80 年代开始,个人计算机迅速发展,性能大幅提高,易用性、存储容量及通信能力都发生了深刻的变化。但相对而言,BIOS 系统几乎还停留在 30 年前的水平。随着平台复杂度的增加,传统 BIOS 的局限性也逐渐暴露出来。如:从 DOS 到 Vista,操作系统和总线已经从 16 位发展到 64 位,但开机的过程仍然在执行最古老的 16 位代码。由于 BIOS 是在 16 位实模式下运行,缺少现代的存储管理等系统服务。在这种情况下,程序只能访问 1 MB 以下的内存地址空间,代码与堆栈的容量很小,对执行空间的限制严格,难于进行扩展。这越来越成为计算机发展上的一个障碍。

为了解决传统 BIOS 面临的问题,面向下一代 64 位计算机系统,Intel 公司提出了具有三层结构的新固件,如图 7-6 所示。它和传统的 BIOS 有着本质的区别。传统的 BIOS 可以由厂家自由编写,但是 Intel 公司提出的这个固件的开发却需要遵循一定的规范和接口。由于采用了分层设计的思想,新的固件架构能够将计算机硬件层的细节隐藏起来,使操作系统的开发和固件的开发相对独立,彼此之间不需要了解对方领域太多的知识。该固件分成三层,分别是 PAL (Processor Abstraction Layer)、SAL (System Abstraction Layer) 和 EFI (Extensible Firmware Interface)。由 PAL 和 SAL 对系统的硬件资源进行操作。其中,PAL 是专门针对处理器的一层抽象,由处理器制造商负责开发;SAL 是针对系统其他资源的抽象,由主板开发商进行开发;EFI 则是固件与操作系统进行交互的接口,主要用于操作系统启动之前进行引导或者操作系统崩溃时对系统进行调试。

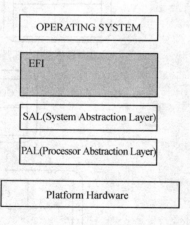

图 7-6 EFI 的体系结构

如图 7-6 所示,EFI 并不直接对硬件进行操作,而是通过调用 SAL 和 PAL 对硬件进行操作。EFI 的引导服务和运行服务都是通过调用 SAL 和 PAL 的相应功能。而调试系统的工具软件,则属于 EFI 应用程序(API)。总的来说,EFI 在 Intel 公司提出的这个固件模型里是承上启下、屏蔽硬件物理特性的一层。PAL、SAL 和 EFI 三层分工明确,有严格的界限界定,功能也各不相同。

Tiano 是 EFI 的一个具体实现,不仅完全符合 EFI 规范,而且充分利用了 EFI 的内在特性,正式全名为"支持 EFI 的英特尔创新架构平台"(Intel Platform for Innovation Framework for EFI,以下简称 EFI Framework)。

基于 Tiano 体系的固件可以提供一个平台固件的完全实现,符合 EFI 规范接口实现的标准。从 Intel 公司的观点看,Tiano 是一个选择,支持所有的 Intel 体系结构系列(Intel Architecture Family)的处理器。Tiano 引入了许多现代计算机科学技术的软件设计原理到固件开发领域。一个关键的优势是,它可以使用高级语言来编码,并且符合平台要求的设备和服务对象模型一致性的原则。不同于传统 BIOS 实现,Tiano 按阶段来初始化平台,将操作系统的启动过程分成四个主要的阶段:SEC、PEI、DXE 和 BDS,如图 7-7 所示。

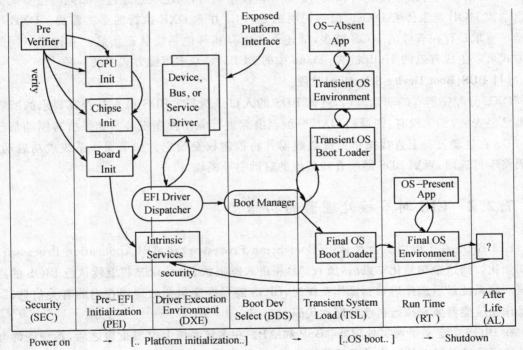

图 7-7 EFI/Tiano 启动过程

(1) SEC(Security)阶段

这是系统重启或开机后执行的第一个阶段,作为固件的安全自检阶段,需要验证固件的完整性并初始化临时内存区。从实模式切换到保护模式,处理不同的重启事件、对每个处理器进行缓存设置,从数据缓存中分配至少 4 KB 暂时作为代码运行的堆栈,验证 PEI 的代码,找到 PEI 的入口地址并传递所需的信息(例如处理器的自检信息、堆栈的大小等)。

(2) PEI(Pre-EFI Initialization)阶段

这个阶段会为发现系统内存而做一些基本的初始化工作,包括对处理器、芯片、主板的初始化以及对系统平台的配置,从而创建下一个阶段运行所需要的基本环境。PEI 到 DXE 的转换是一个单向的状态迁移过程,一旦当系统进入到 DXE 阶段,PEI 阶段的运行代码就不能再使用了,而它所占用的内存也会被系统收回。PEI 唯一能够传递到下一阶段的信息是 HOB 链表,HOB 意指 Hand Off Blocks,这些 HOB 链表描述了在 PEI 阶段完成的初始化工作的信息。

(3) DXE(Driver eXecution Environment)阶段

DXE 阶段执行大部分的系统初始化工作。之前的 PEI 阶段负责初始化系统永久内存,这样在 DXE 阶段就可以直接装入和执行。PEI 阶段结束时,系统状态通过一系列与位置无关的数据结构 HOB 链表传给 DXE。值得说明的是,PEI 并非 DXE 执行的必需前提。DXE 执行的唯一要求是存在有效的 HOB 链表,描述永久内存和其他系统状态信息。有许多不同的实现方式可以生成有效的 HOB 链表,Tiano 中的 PEI 只是众多可能方式中的一种。

(4) BDS(Boot Device Selection)阶段

DXE 分配完所有的驱动以后,进入 BDS 的入口点执行。BDS 检查是否其要求的所有驱动都已经安装,如果没有,则返回 DXE 分配器继续进行驱动程序安装。如果所有驱动都已分配,BDS 在启动设备上查找操作系统装载器并将控制权交给它。如果操作系统成功启动,则代码将不再返回;否则 BDS 继续查找其他的启动引导模块。

7.2.2 EFI 对多核处理器的初始化

EFI BIOS 在上电以后会对 BSP(Boot Strap Processor)和 AP(Application Processor)进行初始化。当这个初始化结束后,所有 AP 将进入睡眠状态,而 BSP 将继续执行 BIOS 的后续代码。当系统最后选择启动到操作系统时,BIOS 需要提交包括处理器在内的有关信息,以便于操作系统能参照它执行自己的启动代码。

在 BIOS 中定义了两类处理器:BSP 和 AP。在多核系统上电或重启之后,系统硬件会动态地选择系统总线上的一个处理器作为 BSP,而其余的都被认为是 AP。作为 BSP 选择机制的一部分,IA32_APIC_BASE MSR(Model-Specific Registers——特定型号寄存器,是一组主要用于操作系统或在特权级别 0 中运行的程序的寄存器,它们可寄存控制项,例如性能计数器、机器检查体系和内存类型范围 MTRRs)的 BSP 标记置位用来表示当前处理器是 BSP,如果该标记清空则表示是 AP。BSP 会执行 BIOS 的初始化代码，设置 APIC 环境，建立系统范围的数据结构，并开始初始化 AP。当 BSP 和 AP 都被初始化后，BSP 将开始执行操作系统的初始化代码。在系统上电或重启之后，AP 自动进行一个简单的自我设置，然后开始等待 BSP 发出 Startup 信号消息。当收到 Startup 信号后，AP 开始执行 BIOS 的 AP 初始化代码，然后进入停滞状态。而对于支持超线程的处理器，BIOS 会把系统总线上的每个逻辑处理器都作为一个单独的处理器。在启动的时候，其中一个逻辑处理器会被选作 BSP，其余的逻辑处理器将会被视为 AP。

固件除了支持系统启动外，还需要支持中断处理。高级可编程中断控制器（APIC）是在奔腾处理器时代引入的，其示意图如图 7-8 所示。

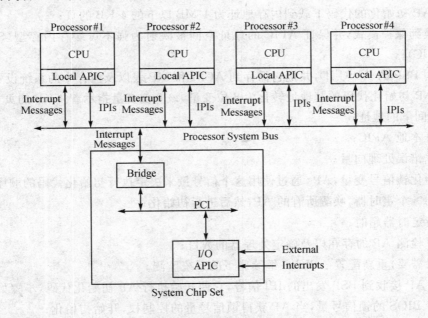

图 7-8 多核系统的 APIC

每个处理器都有自己的本地 APIC。在系统芯片上会有一个或多个外部的 I/O APIC。本地 APIC 主要有两个功能：

① 它接收来自处理器中断脚上、处理器内部和外部 I/O APIC 的中断，并把这些中断传递给处理器内核来进行处理。

② 在多核系统中，它在系统总线上接收和发送处理器之间的中断消息 IPI（Inter‐Processor Interrupts）。IPI 消息被用来在处理器之间传递中断或执行系统范围的一些功能（例如，启动每个处理器，分派任务给一组处理器等）。

I/O APIC 主要用来接收来自系统和设备的外部中断事件，并把他们以中断消息的方式传递给对应的本地 APIC。本地 APIC 提供了对处理器间中断的支持,处理器间的中断消息的发送方式是:软件可以通过一个 64 位的本地 APIC 寄存器——中断命令寄存器 ICR(Interrupt Command Register)来产生和定义所需发送的 IPI。当写完 ICR 的低 32 位双字节时,处理器便会产生一个 IPI。INIT IPI 和 STARTUP IPI 被用来激活一个处理器。

UEFI 架构下多核处理器的初始化步骤:

当选择好处理器 BSP 和 APs 后,BSP 开始执行启动代码,步骤如下:

① 初始化内存,下载 Microcode 给处理器,初始化 MTRR,打开 Cache(缓存);

② 执行 CPUID 指令,依次判断 BSP 是否是 GenuineIntel,然后把处理器的属性信息保存到内存中的系统设置以备以后之用;

③ 把 AP 初始化的代码下载到内存地址为 1 MB 以下的 4 KB 的页;

④ 切换到保护模式,并保证 APIC 的地址空间被映射为强不可缓存内存型(Strong Uncacheable,UC);

⑤ 得到 BSP 的 APIC ID,并把它保存到 ACPI 和 MP 表以及内存中的系统设置;

⑥ 把 AP 初始化代码的基地址转化为 8 位变量,该 8 位变量指示着 4 KB 的页在 1 MB 实模式地址空间下的地址;

⑦ 打开本地 APIC;

⑧ 建立错误处理向量;

⑨ 初始化锁信号变量,APs 通过使用这个信号量来决定执行初始化代码的顺序;

⑩ 启动一个定时器,唤醒所有的 AP,然后进行初始化;

⑪ 等待定时器超时;

⑫ BSP 检测 AP 的存在以及确定处理器的数目;

⑬ 如果需要,重新配置 APIC 并继续剩下的系统监测。

当一个 AP 接收到 BSP 发出的 IPI 信号,它便开始执行 AP 初始化代码,步骤如下:

① 等待 BIOS 的锁信号量,当 AP 获得锁信号量的控制权,开始初始化;

② 下载 Microcode 给处理器,初始化 MTRR(使用与 BSP 相同的设置),打开 Cache;

③ 判断 AP 是否是 GenuineIntel,把处理器的属性信息保存到内存中的系统设置以备以后之用;

④ 切换到保护模式;

⑤ 获得 AP 的 APIC ID,并把它保存到 ACPI 和 MP 表以及内存中的系统设置;

⑥ 初始化和配置本地 APIC,建立 LVT 错误处理向量;

⑦ 配置 AP SMI 执行环境(每个 AP 和 BSP 都必须有一个不同的 SMBASE 地址);

⑧ 释放锁信号量,执行 CLI 和 HLT 指令;

⑨ 等待 INIT IPI。

7.2.3 EFI 对多核操作系统的支持

当在多核系统上启动支持多核的操作系统时，BIOS 需要设置好以下几张表的内容：ACPI、MP 以及 SMBIOS。对于 MP 表只是在一些很特定的场合（Legacy 的操作系统）才会特别给出，一般只要提交 ACPI 和 SMBIOS 表就可以了，因为 MP 表的功能已经被 ACPI 表替代，大部分关键信息已经被包含到 ACPI 表中。图 7-9 表示了 MP 表和 ACPI 表的内容关系。

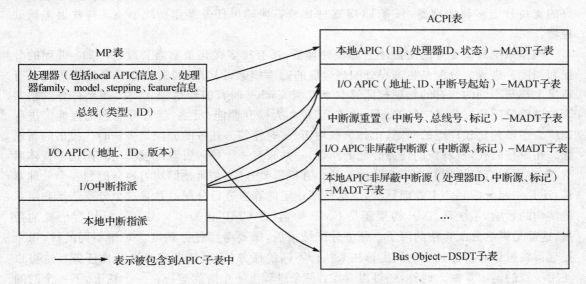

图 7-9　MP 表和 ACPI 表的内容关系

对于 ACPI 表除了要给出中断和 APIC 的信息之外，还要给出每个处理器的 C(C state)、T(Throttling state)、P(Performance state)状态控制的描述，这些可以帮助操作系统对每个处理器进行电源和性能的管理。

对于 SMBIOS 表，BIOS 需要在自举的时候收集处理器相关的信息，并在启动操作系统之前，填入该表的相应位置。这样，操作系统和一些管理软件可以通过这张表来获知处理器有关的信息。在这里，主要填入 SMBIOS 中类型为 4（处理器信息）和 7（缓存信息）的数据结构。特别要注意的是对于多核系统，需要为每个处理器都建立一个类型为 4 的数据结构。

7.3　操作系统对多核的支持

实现从单核处理器向多核处理器过渡的第一步就是要将现有软件移植到多核处理器中运行。首先，就是要采用与 SMP 相对应的操作系统，利用其并行功能使软件人员生成的进程及线程,能够根据多个 CPU 内核的忙闲情况进行动态分配,用以实现多个应用软件和多线程的并行执行。

但是操作系统对于片上多核的支持却非常容易解决,因为双核不同于 64 位,它和操作系统没什么联系。我们平时一边下载东西,一边聊天,一边听音乐就是一种多任务处理,而片上多核就可以理解为对于同时做多个任务有优化,当然更好的解释是,只要操作系统支持多任务操作,那么片上多核就能发挥作用。我们日常用的操作系统是都支持多任务的,从经典的 Windows 98 到现在主流的 Windows XP,用户甚至不需要安装服务器版的操作系统就能够良好的支持片上多核处理器,只有 DOS 这种比较古典的单任务操作系统不能支持片上多核处理器。

操作系统为了更好的支持片上多核处理器,还有很多优化策略需要改进。如:进程的分配和调度。进程的分配是将进程分配到合理的物理核上,因为不同的核在共享性和历史运行情况上都是不同的。有的物理核能够共享二级 Cache,而有的却是独立的。如果将有数据共享的进程分配给有共享二级 Cache 的核上,将大大提升性能;反之,就有可能影响性能。进程调度会涉及到比较广泛的问题,比如负载均衡、实时性等。任务的分配是多核时代提出的新概念。在单核时代,没有核的任务分配的问题,一共只有一个核的资源可被使用。而在多核体系下,有多个核可以使用。如果系统中有几个进程需要分配,是将他们均匀地分配到各个处理器核,还是一起分配到一个处理器核,或是按照一定的算法进行分配。并且这个分配还受底层系统结构的影响,系统是 SMP 构架还是 CMP 构架,在 CMP 构架中会共享二级缓存的核的数量,这都是影响分配算法的因子。任务分配结束后,需要考虑任务调度。对于不同的核,每个处理器核可以有自己独立的调度算法来执行不同的任务(实时任务或者交互性任务),也可以使用一致的调度算法。此外,还可以考虑:一个进程上一个时间运行在一个核上,下一个时间片是选择继续运行在这个核上,还是进行线程迁移;怎样直接调度实时任务和普通任务;系统的核资源是否要进行负载均衡等。任务调度是目前研究的热点之一。

7.4 典型片上多核架构

7.4.1 异构多核处理器

随着技术的成熟,以及数字媒体、医疗图像、航空航天、国防和通信行业等应用领域对提升处理器性能的需求越来越强烈,微处理器结构发生了革命性的变化,多核架构从通用的同构设计迁移到"主核心+协处理器"的异构架构,即处理器中只有少数通用核心承担任务指派功能,诸如浮点运算、视频解码、Java 语言执行等任务都由专门的硬件核心来完成,由此实现处理器执行效率和最终性能的大幅度跃升。本章详细介绍 IBM 的 Cell 处理器。

2001年，索尼、东芝与IBM公司开始共同研发宽带引擎处理器Cell，旨在研制一种新型异构CMP处理器。相比现有基于复杂优化技术的RISC/CISC处理器结构，Cell以前所未有的高效率来处理下一代宽带多媒体、网络与图形等应用，同时还可以获得以往RISC/CISC处理器无法比拟的功耗值。

Cell处理器属于异构CMP，系统结构如图7-2所示。它集成了9个处理器内核，其中包括1个Power主处理器内核PPE(Power Processor Element)和8个协处理器内核SPE(Synergistic Processing Element)，8个单指令多数据流(SIMD)向量处理器，所以可以把Cell看作是一个MIMD(多指令多数据流)处理器。9个处理器内核之间通过单元互联总线EIB(Element Interconnect Bus)相连。

PPE采用Power结构，支持双线程，控制8个负责计算任务的SPE。PPE可运行传统的操作系统，而SPE主要运行向量浮点指令。PPE包含32 KB的一级指令Cache和32 KB的一级数据Cache，512 KB的二级Cache。每个SPE是一个RISC处理器，支持128位单精度和双精度浮点SIMD操作，局部存储采用256 KB的嵌入式SRAM。Cell处理器量产版芯片采用了IBM SOI 90 nm铜互连工艺制造，最高频率为4.6 GHz，理论浮点运算峰值性能为256 GFLOPS，面积为235 mm^2，共集成了2.5亿个晶体管。

Cell处理器的用途十分广泛，能用于各种不同的层面。索尼公司将Cell处理器用作PlayStation3游戏平台的核心元件，IBM将Cell处理器用于构建高效能电脑工作站，东芝将Cell处理器用于数码家电(数码电视)中。接下来主要介绍PPE、SPE、SPE的Local Store内存、内存流控制器MFC(Memory Flow Controller)及单元互连总线EIB和I/O端口。

1. Power主处理器内核PPE

Cell的大脑是由Power架构内核构成。如果把Cell看作是一枚网络处理器，那么Power内核就是一个控制平面处理器。Cell中的Power架构处理器是专门为Cell重新设计的，是64位in-order、dual-issue超标量内核。

PPE是Cell的主处理器，由Power内核PXU(Power eXecution Unit)和512 KB L2 Cache组成，在最初的Cell专利文档中，PPE被称作PU(Processor Unit)，如图7-10所示。PPE支持Power指令集和AltiVec扩展指令集，具备多线程，可同时对两个线程进行调度执行。

Cell的Power内核是在"频率指标已死"的论

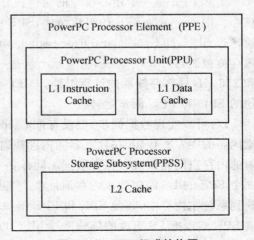

图7-10　PPE组成结构图

调蔓延之前的年代就开始设计的,STI 就把 Cell 的时钟频率目标定在了 4 GHz 以上。STI 设计团队为此设计了一个简化的 Power 内核——PPU(in-order、dual-issue 超标量),并且在一些关键的计时部件上采用动态逻辑电路。

PPE 遵循 PowerPC 指令集架构 2.02 版(以及 2.01 的公开发布版),设计上采取了与 PowerPC 970 不同的、独特的管芯面积、时钟频率和体系架构效率平衡点。其中 Power 内核拥有相对较长的流水线(21 级流水线,时钟周期间隔为 11 个 FO4),就好像 Power 4 和 PowerPC 970 的差别,但是 PPE 并不具备很宽的流水线,同时也没有很多的功能单元。

PPE 是细粒度(fine-grained)多线程(FGMT)处理器,支持以"轮询"方式进行线程调度。为了缓存并行指令,多线程执行增加了大约 7% 的管芯面积。当两个线程都活跃的时候,处理器就会依次在各线程中取指。当一个线程不活跃或者发射(issue)不出指令时,另一个活跃的线程就会在每个周期发射一条指令。对于高带宽和游戏等应用程序可以比较容易地从软件中"提取"多条并发线程,在分支预测失败时,PPE 会出现 8 个周期的流水线性能损失以及 4 个周期的数据 Cache 装载存取时间损失。当一个线程分支预测失败,另一个线程通常可以立即执行,把流水线停滞的性能损失补回来,从而实现更高的体系架构效率和更高的处理器资源利用率。PPE 拥有 32 KB 2-way 关联的 L1 指令 Cache 和 32 KB 4-way 关联的 L1 数据 Cache,Cache 存取延迟为一个周期。

PPE 的中断机制有些类似于 PowerPC,当 SPE 和 MFC 发出中断事件的时候,Cell 会把这些中断以外部中断的形式传递给 PPE。PPE 还可以透过一个支持虚拟处理、比操作系统低级的管理程序运行多个操作系统。

2. 协处理器内核 SPE

虽然 PPE 是一个精心设计的主控核心,但是 Cell 的计算性能源泉却是 8 个向量化的 SPE 核心。图 7-11 为 SPE 的组成结构,SPE 由协处理单元 SXU(Synergistic eXecution Unit,也被称作 SPU,即 Synergistic Processor Unit)、256 KB 的本地存储(LS,以此来取代 Cache)和内存流控制器(MFC)构成,它实际上就是一个完整的运算核心。一个 SPU 是一个支持 SIMD 和 256 KB 局部存储器的计算引擎。MFC 含有一个 DMA 联合 MMU 的控制器,同时处理其他的 SPU 和 PPU 同步运转。

LS 可以实现数据同步,但没有像 Cache 一样的硬件一致性部件,那么 SPE 是如何实现数据同步的呢?8 个 LS 在处理器的内存映射空间中都有自己的别名(Alias),PPE 可以从 LS 映射的内存空间读取或者保存数据。同样,一个 SPE 可以使用 MFC 把数据迁移到自己或者另一个 SPE 的 LS 映射的主内存地址里。当某个 SPE 对所属 LS 的某个位置更改时,并不会反映到系统主内存中,其他 SPE 和 PPE 不知道该 SPE 的 LS 作了更改,即所谓的一致性,因此该 SPE 必须把 LS 更改的部分透过 MFC 以 DMA 的方式传到主内存里,这样才能被其他 SPE 和 PPE 看到。

第 7 章 片上多核处理器

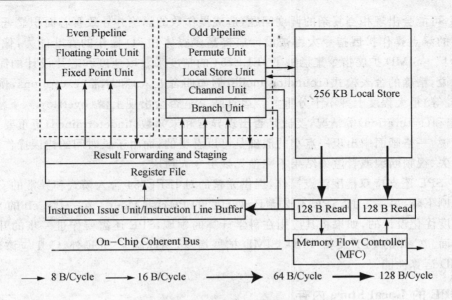

图 7-11　SPE 组成结构图

Cell 中的 8 个 SIMD 单元——SPE 可以处理 8 位、16 位、32 位整数和 32 位(单精度)、64 位(双精度)浮点数。由于具备这样的数据处理能力,SPE 比传统的协处理器功能更强大。实际上,SPE 并不直接与 PPE 打交道,命令流是在内存中获取,而命令和数据的移动是由 MFC 控制的。

每个 SPU 都是一个针对 32 位单精度优化的 4 路 SIMD 单元,虽然它支持双精度浮点计算,但执行双精度浮点计算时性能损失很大(大约是单精度的 1/10)。每个 SPU 有 128 个低延迟的 128 位寄存器,集成庞大的寄存器主要是为了能存放更多的数据值,降低访问 LS 的次数。SPU 的指令集源自 PowerPC 的向量扩展 VMX/AltiVec 和 PS2 Emotion Engine 的向量单元指令集,支持能够对 3 个源地址和一个目的地址进行操作的(F)MAC 或(F)MADD 指令。在 4 GHz 下,8 个 SPE 能提供 256 G(Fl)ops 的峰值性能,也就是每秒可执行 2 560 亿次浮点运算。在索尼当初发表的专利中,提到把 4 枚 Cell 组合成一枚宽带元素 BE(Broadband Element),可实现单芯片 1 T(Fl)ops 的运算能力,这样的性能可达到超级计算机的标准。在 2001 年,世界上最快的计算机是 NEC 的"地球模拟器",它的运算能力为每秒 36 万亿次浮点运算,也就是 36 个 BE 的运算力的总和能达到"地球模拟器"的水平。

多媒体数据一旦进入 LS,SIMD 单元就能够高效地在同一时间对多媒体数据进行处理。和传统的处理器相比,SIMD 增加了把多个操作数并拢到寄存器的动作。SPE 中的 MFC 负责把数据并拢到 LS 中。

SPE 没有引入多线程技术,一方面是因为 IBM 给 SPU 配置了大量寄存器和足够的 LS,在进行数据处理时,不会由于 Cache 命中失败造成性能损失。另一方面,如果给 SPU 增加多线程技术,可能会出现相当复杂的调度问题,造成操作数的隔绝并导致管芯面积显著增大。

目前的浮点操作扩展指令大都被设计成提高多媒体和 3D 操作的吞吐能力,像 AMD 的 "3D Now!"。SIMD 扩展指令集牺牲了 IEEE754 的精度来获取速度和芯片设计的简化,对这类运算来说,精确的舍入模式(rounding mode,例如四舍五入)和异常(exceptions,例如除零、上溢、下溢等)很大程度上并不十分重要。运算结果是否会出现上溢(overflow)、下溢(underflow)和饱和(saturation)等情况,要比是否出现异常和未知数(undetermined)更重要。对绝大多数人来说,一格画面中出现一点小的瑕疵是可以忍受的;而由于长时间的错误操作引起的渲染对象丢失、视频断裂或者渲染结果不完整无疑更令人讨厌。

此外,SPE 还支持双精度浮点操作,提供完整的对 IEEE754 舍入模式和异常的支持,但是性能会急剧下降,另一方面,SPE 不支持 PowerPC 的 Precise Mode。第一代 Cell 的 SPE 是专门为单精度优化设计的,如果将其应用在科学计算的领域,SPE 还需要作进一步的开发,特别是精度方面。Cell 的 PPE 支持 VMX SIMD 扩展指令,因此除了 SPE 外,Cell 应该还提供更多的 SIMD 运算性能。

3. SPE 的 Local Store 内存

为了节省芯片空间和减少耗电,256 KB 容量的 Local Store 是单端口的,传输的数据必须排列成 4 个字长(Quadword,128 位)。在使用 Quadword 排列时,DMA 传输一次可以传输 1 024 位数据,任何排列少于 Quadword 长度的 DMA 传输都需要经过"读取—修改—写入"的转换。

从 LS 中取指的长度也是 128 字节(由 32 个 4 字节组组成),不过为了提高取指带宽的效率,这些指令会以 64 字节为排列边界存放在存储器中,存储器的两端就能同时写入、读取指令了。正是因为这样的设计,Local Store 的 Load 和 Store 动作之间的延迟时间被最小化。

SPE 遇到一个分支预测失败时,会造成相对较长的性能损失(18 个周期),不过 SPE 有大容量的 Local Store,因此循环代码展开是一个性能优化的途径,减少了因为分支预测失败造成的性能损失。SPE 设计一些分支预测机制,如 Branch Hint(分支提示)指令。如果分支被正确选取,那么 SPE 可以看作是做到性能无损的分支预测。SPE 采用了 in-order 的流水线,去掉了动态分支预测功能,但是和大多数流水线式 CPU(例如 PowerPC 603)一样,能够完成静态分支预测。

Cell 的架构可以把 LS 映射到系统主内存中的实地址空间,由拥有"特权"的程序对内存的映射作控制。在 Cell 中,内存映射是一个二阶段(2-stage)的过程:先使用区段监视缓存 SLB(Segment Lookaside Buffer)把有效地址(effective address)转换成虚拟地址(virtual address);然后使用 TLB(Translation Lookaside Buffer)把虚拟地址转换成实地址。在 PowerPC 架构里,是由"特权"软件程序管理 SLB,硬件管理 TLB。SPE 的内存管理是 PowerPC 的超集,TLB 除了能够由硬件来管理外,也可以让"特权"软件来管理。软件管理能够提供更大的内存页面表示灵活度，但是需要更多的性能开销。

如图 7-11 所示，在 SPE 中，每个功能部件都被指派给两个执行流水线中的一个。浮点和定点单位处在 Even 流水线，而其他的那些功能部件处在 Odd 流水线。SPU 每个循环最大可以发出和完成两个指令。dual-issue 发生在当取得的一组指令中带有 2 个 issueable 的指令时，一个在 Even 流水线上执行，另外一个在 Odd 流水线上执行。

SPU 支持流水线和并行式两种模式。在流水线处理执行模式下，数据会轮流在各 SPU 上执行不同的操作，执行的中间结果会传给下一个（SPU 的编号有 0~7）SPU 执行。SPU 采用流水线执行模式的优点是可以让各 SPU 执行的代码很"细小"，便于管理代码运行的情况。不过流水线执行模式的缺点是难以做到为每个阶段上 SPU 分配等同执行时间和执行复杂度的任务，如果其中某个 SPU 分配到的任务非常复杂，那么整个"流水线"的效率就会受到这个 SPU 的影响。相比较之下，并行模式的灵活性更高，但任务的完成时间更加难以确定。每个程序通常由一枚被指定的 SPU 来全部完成，这样可以提高数据存放的本地化程度，减少数据的复制次数，提高整体的吞吐量。缺点是需要更多的线程管理和数据一致性管理开销。不过一颗 90 nm 的 Cell 有多达 8 枚 SPU，可以混合运用上述两种执行方式，例如由于多媒体的处理和通用计算存在差别，其数据形态更具并行性。

不管是流水线模式还是并行模式，Cell 的内存模型都支持对内存位置的共享，某个 SPE 中 Local Store 的有效地址可以被 Cell 中的其他处理单元另命别名（Alias）。由于有大量的 128 位寄存器和内存转址缓存，上下文切换的时间成本和存储空间成本会非常"昂贵"，因此 IBM 的工程师高度建议为每个 SPU 分配一个能单独完成的任务，程序编写时需要做到能够为每个 SPU 获得要完成任务所需的全部指令和数据。

SPU 和 MFC 之间的通信是透过一条 SPE Channel（SPE 通道）实现的。每条 SPE Channel 都是一条具备多种查询深度的单向通道，可以配置成块方式（blocking）或者非块方式（non-blocking）。SPU 和 PPE 之间的通信可以透过 MFC 提供的两个 Mailbox（邮箱）队列来实现，由用户定义完成 32 位的 Mailbox 信息，在 PPE 中，这些 Mailbox 在内存中被映射到 I/O 空间地址。

4. 内存流控制器 MFC

MFC（Memory Flow Controller）是本地存储内存与系统内存之间的主要通信工具，它使 PPE 与 SPE 具有了数据传输和同步的能力，并实现了 SPE 与 EIB 的接口。在每个 SPE 中都有一个 MFC。如果把整个 Cell 系统看成一个网络，那么 EIB 可以看作是这个网络的集线器。

MFC 有自己的内存管理单元（MMU），属于 PXU MMU 的子集，具备 64 位虚拟内存寻址能力，新引入了 16 KB 和 64 MB 的页面大小，传输包的数据大小可以从 1 B 到 16 KB。MFC 支持分散/收集（scatter/gather）以及交错式（interleaved）操作。DMA 请求通常会涉及数据在 SPE 本地存储与 PPE 端虚拟地址空间之间进行移动。DMA 请求的类型包括对齐读写操作，就像是可以使用单字的原子更新操作一样,例如实现一个可以在 SPE 和用户进程之间进行共享的自旋锁。SPE 和 PPE 都可以发起 DMA 传输。PPE 可以通过在内核模式中使用内存映射寄存器来发起 DMA 传输,而 SPE 则可以使用在 SPU 上运行的代码来写入 DMA 通道。MFC 可以具有对同一个地址空间的多个并发的 DMA 请求,这些请求可以来自于 PPE 和 SPU。每个 MFC 都可以访问一个单独的地址空间。

5. 单元互联总线 EIB 和 I/O 端口

EIB(Element Interconnect Bus)是一个强大的内部总线控制逻辑,Cell 内所有的功能单元都通过 EIB 总线环连接在一起,包括 PPE、8 个 SPE、双通道 XDR 内存控制器以及外部总线接口,它们所采用的无一例外都是全双工的 128 位连接总线,如图 7-12 所示。EIB 必须提供足够高的带宽,以避免互连成为 Cell 发挥巨大计算能力的瓶颈。因此,EIB 总线在设计上包含了 4 个环状的数据通路,每个数据通路都是 128 位(16 字节)宽,支持多个总线同时传输。在 3.2 GHz 主频的 Cell 芯片中峰值带宽达到可观的 300 GB/s,完全可以满足同时向 9 个处理核心提供通信、访存和 I/O 的要求。同一时间内,在 EIB 上可以存在超过 100 个总线的 DMA 请求。

当 Requestor 需要一个数据环路时,它向 EIB 数据总线判优器提供一个简单的请求,判优器对多个请求进行裁决,判定将数据环路给予哪个 Requestor。内存控制器则给予最高级别的读取数据的优先权,而所有其他的 Requestor 都相应地给予同等的优先权。任何总线 Requestor 都可以使用 4 个环路中的任何一条发送或者接收数据。

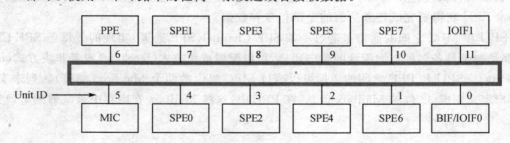

图 7-12 EIB 和连接元件

EIB 上的每个元件在每个总线循环中都可以同时发送和接收 16 字节的数据,最大的数据带宽受到每个总线循环过程中的地址搜寻最大速率的限制。因为每个搜址请求都可以最大达到 128 字节,所以处在 3.2 GHz 时钟频率下的理论的 EIB 的数据带宽为 128 B×1.6 GHz=204.8 GB/s。一般情况下的总线带宽都会低于峰值,主要有以下几个原因:

① 所有的 Requestor 都在同时访问同一个地址;
② 所有的数据传输都处于相同的方向(例如顺时针),导致另一边出现空转;
③ 存在大量的局部缓冲线路传输导致总线效率的下降;

④ 每个数据传输都是 6-hop,对于使用同一个环路的单元具有抑制作用。

为了提高内存访问速度,Cell 处理器内部集成了一个双通道 XDR 内存控制器(Rambus 公司的技术),内存总线运行在 400 MHz 下,但 XDR 内存以 8 倍于内存总线的速度传输,即可获得 3.2 GHz 数据通信频率。提供 2 个 32 位的数据访问通道,每个通道的访问速率为 12.8 GB/s,可以提供的总带宽为 25.6 GB/s。Cell 芯片 FO 使用 Rambus 的 FlexIO 技术。FlexIO 的工作频率可以在 400 MHz 到 5 GHz 之间。目前 Cell 中的 FlexIO 工作频率为 6.4 GHz,7 条输出通道提供 44.8 GB/s 的输出带宽,5 条输入通道提供 32 GB/s 的输入带宽,总带宽为 76.8 GB/s。FlexIO 是高度可配置的总线技术,除了与 FO 设备交互,完成 PC 南桥芯片的工作外,它还可以用于多 Cell 芯片互连,多系统互连等更加复杂的任务。

7.4.2 同构多核处理器

单芯片多处理器最初是由美国斯坦福大学 Lance Hammond 研究小组提出的 Hydra CMP,单芯片包含 4 个 MIPS 核,每个核包含各自的一级指令和数据 Cache,并共享一个片上二级 Cache,通过总线结构互连,是典型的同构多核处理器。表 7-1 所列为典型的同构多核处理器的结构情况。

表 7-1 典型的同构多核处理器

分类	Montecito	Core 2	Barcelona	Power 6	Niagara 2
年代	3Q 06	4Q 06	1Q 07	3Q 07	3Q 07
公司	Intel	Intel	AMD	IBM	Sun
核数	2	4	4	2	8
位宽/bit	64	64	64	64	64
线程	4	4	4	4	64
Cache/核	一级 32 KB 二级 2.5 MB 三级 12 MB	一级 64 KB 二级 8 MB(共享)	一级 64 KB 二级 512 KB 三级 2 MB(共享)	一级 64 KB 二级 4 MB 三级 32 MB	一级 24 KB 二级 4 MB
功耗/W	104	120	125	100	70~80
晶体管数	17.2 亿个	2.91 亿个	2.27 亿个	7 亿个	2.79 亿个
工艺	90 nm	65 nm	65 nm	65 nm	65 nm
频率/GHz	1.6	2.66	2.7~2.9	5	1.4
内存	共享	共享	共享	共享	共享
核互连	多总线	多总线	交叉开关(HT-2)	交叉开关	总线
虚拟化	有	有	有	有	有

1. IBM Power 4/5/6 处理器

2001 年 IBM 发布了第一台使用 Power 4 处理器的服务器，从此开创了 Power 处理器的新纪元。Power 4 处理器坚持了 IBM 面向高性能服务器和多用户多任务环境的设计定位，并在 Power 处理器历史上第一次将同时面向商业数据处理和科学技术运算这两个领域作为处理器的设计目标。

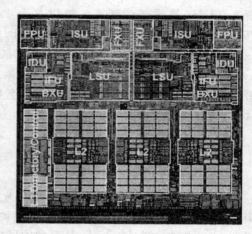

Power 4 处理器包含了 2 个处理器内核，每个处理器内核拥有私有的 64 KB 一级指令 Cache 与 32 KB 一级数据 Cache，2 个内核共享 3 个 512 KB 的二级 Cache 模块，片外三级 Cache 采用 eDRAM 内存，容量可从 32 MB 到 128 MB，图 7-13 为 Power 4 芯片。Power 4 是第一款集成了处理器模块间高速 Fabric 光纤接口控制器的处理器，处理器模块之间带宽

图 7-13　Power 4 处理器的 Die

高达 35 GB/s。Power 4 处理器采用 0.18 μm 制造工艺，运行频率为 1.3 GHz，集成了 1.74 亿个晶体管，芯片面积为 415 mm²，目前 Power 4 已经用于 IBM 的 eServer p670 服务器上。

图 7-14 为 8 发射乱序执行的 Power 4 处理器流水线数据通路，IF、IC 和 BP 时钟周期完成取指和分支预测功能；D0 到 GD 时钟周期完成指令译码并产生 Group 信息，一个 Group 最多包含 5 条指令，此 Group 中的指令被称为 IOPs，在指令译码阶段，将最先取到的指令存放在

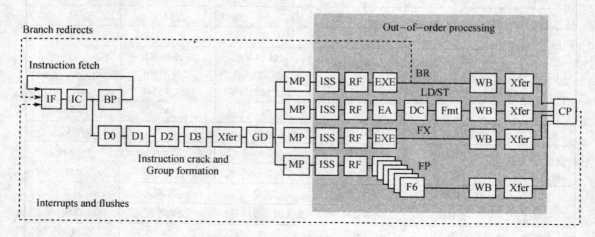

图 7-14　Power 4 流水线

Slot 0 中，接下来的指令依次存放，但 Slot 4 始终用来存放分支指令，在 Xfer 阶段获取 IOPs 执行需要的资源；在 GD（Group Dispatch）阶段 Group 被分派到执行阶段；在执行阶段 IOPs 被乱序执行。首先，在 MP 阶段完成映射工作，确定指令间依赖关系，分配资源，将 Group 分派到不同的功能部件流水线上。在 ISS 阶段 IOP 被发射到响应的执行部件上，读取响应的寄存器。在 RF 阶段检索资源，并在 EXE 阶段执行，在 WB 周期将结果写入对应的寄存器。至此，只完成了指令的执行。指令还需要至少 2 个周期才能完成全部的运行过程，接下来的 Xfer 阶段主要是等待相同 Group 中未执行完的指令，当组内所有指令执行完毕，进入 CP 阶段，指令执行结束。

2004 年，IBM 推出了 Power 5 处理器，图 7-15 为 Power 5 处理器的 Die。Power 5 采用双内核结构，每个内核也是包含私有的 64 KB 的一级指令 Cache 与 32 KB 的一级数据 Cache，二级 Cache 还是由 3 个模块组成，但每个模块的容量增加到了 640 KB，此外片外三级 Cache 的容量最小为 36 MB。Power 5 将通用与浮点缓存器的数目从 80 组增加到 120 组，此外还改进了指令预取缓冲、指令执行状态保留站及地址转换表等单元，以便对多线程 MT 进行支持。Power 5 采用 0.13 μm 工艺，集成了 2.76 亿个晶体管，比最初的 Power 4 芯片（具有 17 400 万个晶体管）多了近 1 亿个，面积为 389 mm²。

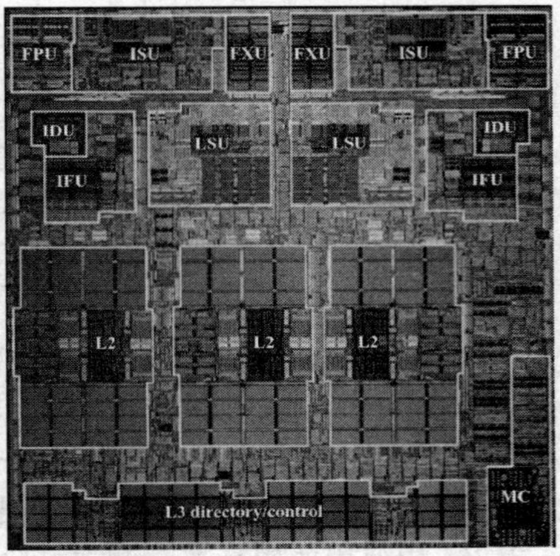

图 7-15 Power 5 处理器的 Die

IBM Power 5 于 2004 年 4 月发布，与 Power 3 和 Power 4 芯片类似，Power 5 是 Power 和 PowerPC 体系结构的一种综合体。这种芯片具有很多特性，例如通信加速、芯片多处理器、同步多线程等。新研发的 Power 5 微处理器是一款新一代的 64 位微处理器，它除了在性能方面得到明显提高外，在可扩展性、灵活性和可靠性方面也有所加强。基于 Power 4 及 Power 4+的设计，Power 5 增加了并发多线程能力（SMT），可以将一个处理器转变为两个处理器，从而允许一个芯片同时运行两个应用，由此降低了完成一项任务所需要的时间。一个 Power 5 系统最终将支持多达 64 个处理器，这样从软件运行角度来看，就好像是 128 个处理器在工作。

如图 7-16 所示，Power 4 和 Power 5 处理器结构上主要变化如下：

① 在 Power 5 中将 Power 4 内存通路上的 L3 Cache 调整为 L2 Cache 的牺牲 Cache。优点是：如果 L2 Cache 的 Miss，且数据正好在 L3 Cache 中，可以降低 Miss 的延迟。通常牺牲 Cache 用于降低一级 Cache Miss 的惩罚，最早在 PA7200 处理器上得到应用，后来 K6、K7 处理器用大容量的二级 Cache 作为牺牲 Cache。

② 在 Power 5 中将 Power 4 的内存控制器调整到处理器片内，进一步提高了内存通路的

带宽,降低了内存存取的延迟。优点是:首先,降低了 L3 Cache 和内存的延迟;其次,增大了 L3 Cache 和内存的带宽,内存的带宽由原来 Power 4 的 4 GB/s 增加到 16 GB/s,L3 Cache 的频率由原先的三分之一倍主频提高到二分之一倍主频;最后,提高了系统的可靠性和稳定性。

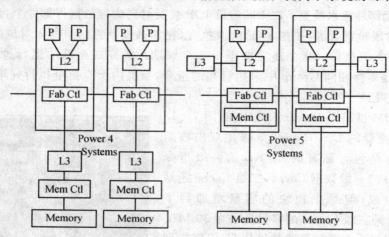

图 7-16　Power 4 和 Power 5 处理器结构对比

如图 7-17 所示,IF 阶段完成取指操作,每个线程具有独立的 IF 部件和 PC 寄存器;IC 阶段为指令 Cache,每个周期通过 IF 部件一次获得 8 条指令,此时两个线程共享此部件;BP 完成对 IC 中指令进行扫描的功能,如果遇到分支指令对分支进行预测,BP 采用的是类似于 Alpha 21264 中使用的锦标赛预测器。除了 Branch-to-Link-Register 指令和 Branch-to-Count-Register 指令,在扫描的同时,对分支地址也进行了预测。由硬件 Link Stack 和

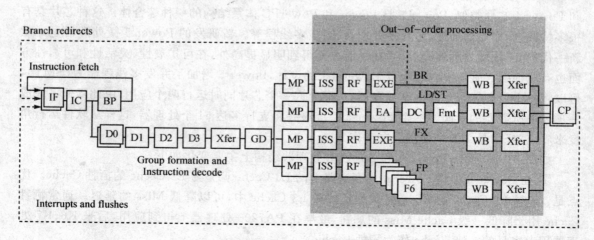

图 7-17　Power 5 流水线

Count Cache 完成上述两条指令的分支地址预测;取指之后,指令被分派到每个线程的指令缓存中。在 D0 阶段根据线程的优先级,从指令缓存中取出 5 条指令,从 D1 到 D3 阶段形成 Group,每个 Group 中的指令都来自一个线程,在一个 Group 中的指令可以并行译码;当一个 Group 获得必要的资源后在 GD 阶段被分派执行,在 MP 阶段通过寄存器重命名部件将逻辑寄存器映射为物理寄存器,这些寄存器被两个线程动态地共享;功能部件内部的 ISS 和 RF 阶段分别为指令选取发射和取寄存器阶段,在 ISS 阶段不区分是来自哪个线程的指令。指令进入执行阶段执行,直到组内所有指令执行完毕,进入 CP 阶段,为 Group 提交阶段。

2006 年,IBM 公布了 Power 6 处理器的部分结构设计与性能参数,图 7-18 为 Power 6 处理器的 Die。Power 6 处理器的系统结构也包含两个处理器内核,但每个处理器内核支持两个线程。Power 6 处理器的每个内核有一个私有的 8 路组相连、64 KB 的一级数据 Cache,一个私有的 4 MB 二级 Cache。Power 6 中的私有二级缓存之间可通过高速链路进行数据交换,而无需通过速度相对较慢的三级缓存。图 7-19 为 Power 5 和 Power 6 处理器结构的对比。Power 6 采用 65 nm 的 SOI 工艺,10 层金属板,芯片面积为 344 mm^2。

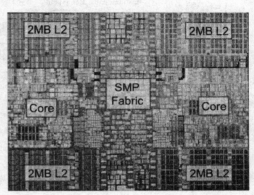

图 7-18 Power 6 处理器的 Die

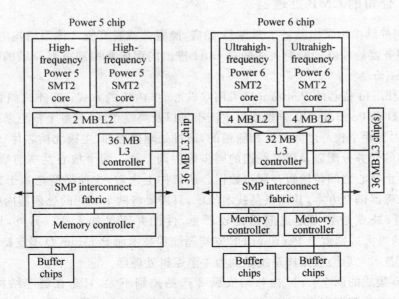

图 7-19 Power 5 和 Power 6 处理器结构对比

图7-20为Power 6流水线结构,指令运行的不同阶段用不同颜色的方块表示。

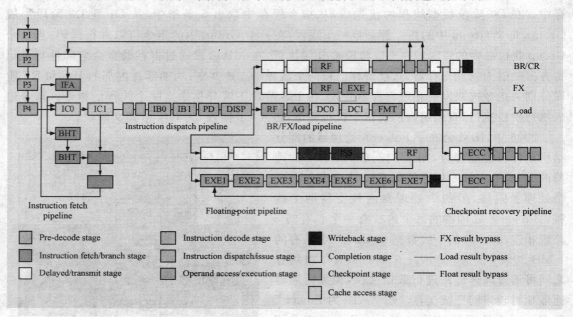

图7-20 Power 6流水线

2. Intel 公司的 CMP 处理器

Intel 公司陆续推出了多款基于奔腾 D、酷睿、酷睿 2 或者安腾 2 体系结构的双核处理器,用作桌面和服务器处理器。最受关注的是 Intel 推出的面向高端服务器领域的双内核安腾 2 处理器 Montecito。

基于 Smithfield 核心的 Pentium D 采用双核心、单内核的方式,互连线路包含在内核内部。Pentium D 和 Pentium EE 分别面向主流市场以及高端市场,其每个核心采用独立式缓存设计,处理器内部两个核心之间是互相隔绝的,通过处理器外部(主板北桥芯片)的仲裁器负责两个核心之间的任务分配以及缓存数据的同步等协调工作。两个核心共享前端总线,并依靠前端总线在两个核心之间传输缓存同步数据。从架构上来看,这种类型是基于独立缓存的松散型双核心处理器耦合方案,其优点是技术简单,只需要将两个相同的处理器内核封装在同一块基板上即可;缺点是数据延迟问题比较严重,性能并不尽如人意。另外,Pentium D 和 Pentium EE 的最大区别就是 Pentium EE 支持超线程技术而 Pentium D 不支持,Pentium EE 在打开超线程技术之后会被操作系统识别为 4 个逻辑处理器。

Montecito 集成的两个 CPU 内核与安腾 2 产品差别不大,只是在缓存结构方面有所差别。每个 CPU 内核都拥有 32 KB 一级 Cache(16 KB 指令+16 KB 数据),二级数据 Cache 容量为 256 KB，但二级指令 Cache 的容量高达 1 MB。从此可看出 Montecito 内核的指令密集度应该很高。每个 CPU 内核都独有高达 12 MB 容量的三级 Cache，超过了现有各个核心的安腾 2 产品。Montecito 集成了两个这样的内核，缓存总量高达 26.5 MB，这在很大程度上让 Montecito 的效能获得可观的提升。同时 Montecito 还支持 Intel 的超线程技术，启用的多操作系统技术允许一个 Montecito 同时执行两套操作系统。Montecito 处理器采用 90 nm 工艺，集成了 17.2 亿个晶体管。

Intel Core 2 Extreme QX6700 是 Intel 首批推出的四核处理器，其内核频率为 2.66 GHz，由 2 个双内核的 Core 2 结构处理器内核封装而形成四内核结构，处理器内核的系统总线频率为 1 GHz，二级缓存容量为 8 MB，采用 65 nm 工艺制造，功耗为 130 W，芯片面积为 286 mm^2。

2008 年 1 月上市的 45 nm Penryn 处理器包含 4 个内核，8.2 亿个晶体管，虽然依然基于酷睿微架构，但在很多规格上进行了更新。例如引入 SSE4 指令集，支持 1 600 MHz FSB，频率也将突破 3 GHz，并且缓存容量也将进一步提升——双核 L2 缓存最高可达 6 MB，而四核 L2 缓存可达 12 MB。

3. AMD 公司的 CMP 处理器

AMD 推出的 Athlon 64 X2 是在两个 Athlon 64 处理器上采用 Venice 核心组合而成，每个核心拥有独立的 512 KB(1 MB) L2 缓存及执行单元。除了多出一个核芯之外，从架构上相对于目前 Athlon 64 在架构上并没有任何重大的改变。

双核心 Athlon 64 X2 的大部分规格、功能与我们熟悉的 Athlon 64 架构没有任何区别，也就是说新推出的 Athlon 64 X2 双核心处理器仍然支持 1 GHz 规格的 HyperTransport 总线，并且内建了支持双通道设置的 DDR 内存控制器。与 Intel 双核心处理器不同的是，Athlon 64 X2 的两个内核并不需要经过 MCH 进行相互之间的协调。

AMD 在 Athlon 64 X2 双核心处理器的内部提供了一个称为系统请求队列（System Request Queue，SRQ）的技术，在工作的时候每一个核心都将其请求放在 SRQ 中，当获得资源之后请求将会被送往相应的执行核心，也就是说所有的处理过程都在 CPU 核心范围之内完成，并不需要借助外部设备。

对于双核心架构，AMD 的做法是将两个核心整合在同一片硅晶内核之中，而 Intel 的双核心处理方式则更像是简单的将两个核心做到一起而已。与 Intel 的双核心架构相比，AMD 双核心处理器系统不会在两个核心之间存在传输瓶颈的问题。因此从这个方面来说，Athlon 64 X2 的架构要明显优于 Pentium D 架构。

AMD 公司继 90 nm 的双核产品后，2008 年推出了 65 nm 四核处理器 Barcelona 和 45 nm 四核处理器 Shanghai。

Barcelona 采用 65 nm 绝缘硅工艺制造，基于 AMD 创新的直连架构，内置增强内存控制器，集成了 2 MB 三级缓存，加上采用了增强的 CPU 内核，从而大大改进了内核的总体效率和性能。

Shanghai 作为首款 45 nm Opteron 系列处理器自然受到关注,它本质上是 Barcelona Opteron 的更新,二级缓存提升到了更大的 6 MB。AMD 宣称 Shanghai 比 Barcelona 快 35%,闲置状态的能耗降低 35%,同时效能可提高达 35%。

4. Sun 公司的 Niagara/Niagara 2/Rock 处理器

2005 年 11 月 14 日,Sun 公司在美国旧金山推出了 UltraSPARC T1 的"Niagara"处理器芯片,这也是全球第一款商用 CMT(Chip Multiple Threading)处理器芯片,标志着处理器发展历史上新纪元的到来。图 7-21 为 UltraSPARC T1 处理器的 Die。"Niagara"这个代号取自位于美加边界的尼亚加拉大瀑布,意为"急流"、"洪水"。Sun 公司用 Niagara 这一名称来形象地展现这一处理器在吞吐量方面的超前优势。虽然 2005 年底 Sun 公司就已经说要公开其源代码,但是直到 2006 年 3 月 21 日,Sun 公司才正式公布 UltraSPARC T1 处理器(内部有 8 个 CPU)的代码,并称之为 OpenSPARC T1。

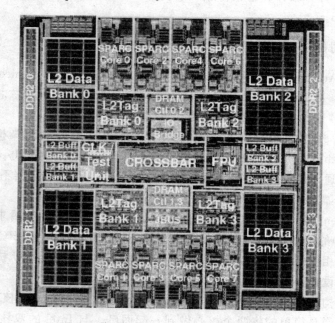

图 7-21 UltraSPARC T1 处理器的 Die

开放源代码处理器 T1 是一种单芯片多处理器,内核是采用了按序执行、共享单发射的处理器。开放源代码处理器 T1 包含了 8 个 SPARC 物理处理器内核,每一个 SPARC 物理处理器内核支持 4 个硬件线程。这 4 个线程同时运行,每一个线程的指令通过单线程流水循环执行。当一个线程碰到一个长延迟事件时,例如缓存缺失,指令只有在长延迟事件被解决后才能执行,进行线程切换,继续循环执行剩下的可用线程。

Niagara 的 L1 Cache 容量为 8 KB,4 路组相联,Cache 行大小为 16 字节,采用"写通过"策略。Niagara 是一款从头设计的 32 线程 CMP,所有线程共享 3 MB 的 L2 Cache。L2 Cache 采用 12 路组相联结构,分为 4 个模块,以流水线方式为 32 线程提供了 76.8 GB/s 的访问带宽。另外,L2 Cache 的 12 路组相联结构可在减少过度冲突缺失的情况下保存较多线程的工作集。Niagara 的交叉开关为处理器内核、L2 Cache Bank 和其他 CPU 共享资源之间提供了通信链路,总带宽超过 200 GB/s。L2 Cache 连接到 4 个片上 DRAM 控制器,这些控制器直接接口到 DDR2-SDRAM。除此之外,一个片上 J-Bus 控制器和几个片上输入输出匹配控制寄存器可到达开放源代码处理器内核。

每个 SPARC 核可以从硬件上支持 4 个独立线程的并发执行。相关的硬件为每个独立线程提供独立的完整寄存器文件(包括 8 个寄存器窗口)、大部分的地址空间标识符(Address Space Identifiers, ASI)、辅助状态寄存器(Ancillary State Registers, ASRs)以及特权寄存器(Privileged Registers)的拷贝。4 个独立线程共享核上的一级指令缓存和一级数据缓存以及与其各自对应的 TLB。每个一级指令缓存大小为 16 KB,其中每个块宽度(cache line)为 32 B。数据缓存采用写直达方式,大小为 8 KB,每个块宽度为 16 B。与之对应的 TLB 具有自动映射解析机制(autodemap feature),保证了多线程对 TLB 的无锁访问。

每个 SPARC 核均为单发射(single issue)的 6 级流水线结构,如图 7-22 所示。

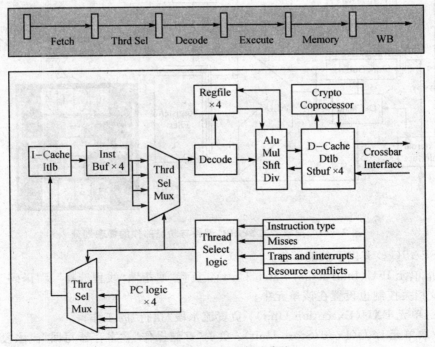

图 7-22 SPARC 核流水线

① 取指（Fetch）：程序计数器（PC×4，4 线程有独立的 PC）经过线程选择器选择一个 PC 作为当前执行的 PC，I-Cache（指令缓存）在 Fetch 段首先访问 ITLB，对 PC 进行虚实地址的转换，并通过索引标识（Tags）对比查找该条指令是否在 I-Cache 里，若不在，属于 I-Cache 缺失，转到缺失响应中；

② 线程选择（Thread Selection）：如果命中，指令成功地从 I-Cache 中取出，再次经过线程选择器从指令缓冲（Inst Buf）中选择一条指令进行译码；

③ 译码（Decode）：完成指令译码和对寄存器文件的访问；

④ 执行（Execute）：完成对分支的计算和判断；

⑤ 存储操作（Memory）：完成对存储器的访问任务；

⑥ 寄存器写回（Write Back）：完成寄存器写回工作。

其中，流水段与 SPARC 核部件的关系如图 7-23 所示。

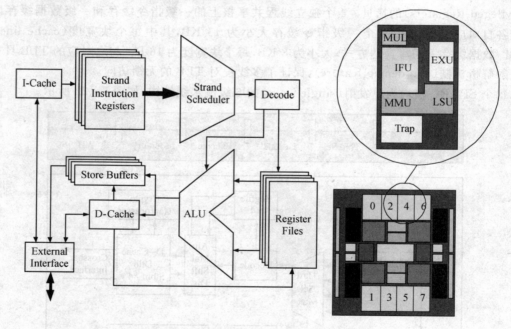

图 7-23 抽象了的 SPARC 部件与功能部件的物理划分

每个 SPARC 核有以下功能部件：

① 取指单元 IFU（Instruction Fetch Unit）：负责"取指"、"线程选择"及"译码"阶段，一级指令缓存及相关控制也设置在该单元中；

② 执行单元 EXU（Execution Unit）：负责流水段"执行"的工作；

③ 存/取单元 LSU（Load/Store Unit）：负责"存储操作"、"寄存器写回"流水段，其中也包括一级数据缓存及相关控制；

④ 陷阱逻辑单元 TLU(Trap Logic Unit)：置有陷阱相关逻辑，维护陷阱 PC；
⑤ 流处理单元 SPU(Stream Processing Unit)：提供密码相关的标准数学运算功能；
⑥ 存储器管理单元 MMU(Memory Management Unit)；
⑦ 浮点前端单元 FFU(Floating-Point Frontend Unit)：核外 FPU 的接口。

如图 7-24 所示，指令填充队列(Instruction Fill Queue，IFQ)用来填充 I-Cache，缺失指令列表 MIL(Missed Instruction List)用来保存 I-Cache 和 ITLB 中缺失的地址，并且填充 LSU 以完成下一步的过程。在流水线前端，对于取到的指令，需要送到指令缓冲(instruction buffer)中，指令缓冲深度是两级，4 线程各自维护一个当前线程指令寄存器(thread instruction register)和一个下一指令寄存器(next instruction register)。

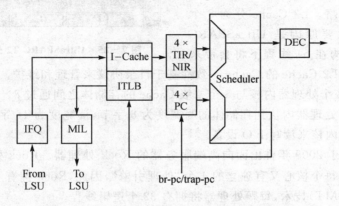

图 7-24　SPARC 核流水线前端

4 线程 4 个程序计数器(PC)，经过调度器(scheduler)选出一个 PC，送入 ITLB 进行地址虚实转换并根据标识(tags)计算该地址的指令在 Cache 中是否命中，若命中，从 I-Cache 中取走该指令到该线程对应的指令缓冲(instruction buffer)中；若发现缺失，则直接送到缺失指令队列(MIL)进行缺失处理，并按照一定的替换算法对 I-Cache 进行更新。对 4 线程指令缓冲(instruction buffer)进行线程选择，进行 Decode 段的解码。在指令缓冲时，每线程维护两个指令寄存器(TIR 和 NIR)，TIR 在 Thrd Select 段保存线程的当前指令，NIR 保存其后一条指令。值得注意的是：对 I-Cache 缺失后的填充的同时，也使用旁路直接写到 TIR 中，而不是先写到 NIR 中。

线程调度器(scheduler)根据一定机制每个周期从 4 个线程中选择一个线程，从其 TIR 中取走有效的指令(valid instruction)发射出去。接下来将该线程 NIR 中的有效指令转移到 TIR 中，以备下一次的选择。如果被选择的 TIR 中没有有效指令，则插入一个 NOP 指令。

2007 年，Sun 公司推出了第二代 CMP 处理器 UltraSPARC T2(Niagara 2)，图 7-25 为 UltraSPARC T2 处理器的 Die。它由 8 个 UltraSPARC 内核构成，每个 UltraSPARC 内核可支持 8 路多线程，与 UltraSPARC T1 集成的 UltraSPARC 内核相比，新的 UltraSPARC 内核

在每个线程的 L1 Cache 后增加了指令缓冲区,同时增加了一个新的流水级,专门用来选择就绪执行线程。此外,Niagara 2 还包含 1 个浮点运算单元,一级 Cache 采用 8 路组相连结构且 DTLB 的表项增加了 1 倍(共计 128 个入口表项)。

Niagara 2 中所有处理器内核共享 4 MB 的 L2 Cache,L2 Cache 行长度为 64 字节,采用 16 路组相连结构、写回和写分配(write allocate)策略。L2 Cache 分为 8 个交叉存取模块,主要原因是 UltraSPARC T1 的四存储体结构在 64 线程下将会带来 15% 的性能损失。L2 Cache 的 Cache 一致性基于目录协议来管理和维护。

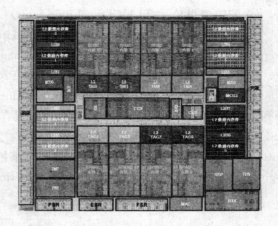

图 7-25 UltraSPARC T2 处理器的 Die

Niagara 2 的 8 个处理器内核与 8 个二级 Cache 的存储体之间通过 8×9 的全相连交叉开关(crossbar)连接,处理器内核到存储体的写宽度为 8 字节,读宽度为 16 字节,另外有一个专用端口用于处理器内核来读写 I/O 设备。

Sun 公司计划于 2009 年推出面向高端服务器的 Rock 处理器。Rock 处理器拥有 4 个独立的 CPU 核心,而每个核心又有独立的 4 个"处理引擎",因此,Rock 拥有 16 个处理单元,再加上同步多线程(SMT)技术,每颗处理器将拥有 32 个逻辑线程。

除了前面介绍的 CMP 研究与商用系统外,还有大量面向特定应用领域的 CMP 处理器,比如:Tilera 公司的面向网络和数字视频等应用的 64 核处理器 TILE64,Azul 公司面向商业和 Java 加速等应用的 48 核处理器 Vega2,Rapport 公司面向嵌入式系统的 256 核处理器 KC256,Cavium 公司面向网络和通用处理的 16 核处理器 CN38XX/CN58XX 等。

总之,单芯片多处理器通过在一个芯片上集成多个微处理器核心来提高程序的并行性。每个微处理器核心实质上都是一个相对简单的单线程微处理器或者比较简单的多线程微处理器,这样多个微处理器核心就可以并行地执行程序代码,因而具有了较高的线程级并行性。由于 CMP 采用了相对简单的微处理器作为处理器核心,使得 CMP 具有主频高、设计和验证周期短、控制逻辑简单、扩展性好、易于实现、功耗低、通信延迟低等优点。此外,CMP 还能充分利用不同应用的指令级并行和线程级并行,具有较高线程级并行性的应用(如商业应用等)可以很好地利用这种结构来提高性能。目前单芯片多处理器已经成为处理器体系结构发展的一个重要趋势。

习 题

7.1 名词解释：
SMP　　　　DSM　　　　EFI　　　　CMP　　　　VLIW
预测执行
7.2 简述多核体系结构和超线程技术的区别。
7.3 简述 EFI 如何初始化多核处理器？
7.4 举例说明 EPIC 的新特性。
7.5 简述 CMP 与传统的超标量复杂处理器在结构上有什么不同？
7.6 简述多核处理器对计算机系统结构设计带来的挑战。
7.7 简述在多核处理器上，核间通信方法有哪几种？

参考文献

[1] 李学干. 计算机系统结构[M]. 4版. 西安:西安电子科技大学出版社,2006.

[2] 张晨曦,王志英,张春元,等. 计算机体系结构[M]. 北京:高等教育出版社,2000.

[3] 郑纬民,汤志忠. 计算机系统结构[M]. 北京:清华大学出版社,1998.

[4] Hennessy John L, Patterson David A. Computer Architecture:A Quantitative Approach, Third Edition [M]. Oxford, UK:Elsevier Science Pte Ltd, 2003.

[5] Sankaralingam K, et al. Exploiting ILP, TLP and DLP with the polymorphous TRIPS architecture[C]. ISCA' 03, 2003:422-433.

[6] Buck I. Brook Spec v0.2 [R]. Report of Stanford University, 2003.

[7] Mattson P, Kapasi U, Owens J, et al. Imagine Programming System User's Guide [R]. 2002.

[8] Owens J D. Computer graphics on a stream architecture [D]. Stanford University, 2002.

[9] 刘必慰,陈书明,汪东. 先进微处理体系结构及其发展趋势[J]. 计算机应用研究,2007,24(3).

[10] 杨学军,晏小波,唐滔. 计算机工程与科学[J]. 计算机工程与科学,2008,30(4).

[11] 王绍刚. 高性能VIM向量协处理器体系结构研究与实现[D]. 国防科技大学,2004.

[12] 高翔. 多核处理器的访存模拟与优化技术研究[D]. 中国科学技术大学,2007.

[13] Dominic Sweetman. MIPS处理器设计透视[M]. 赵俊良,等译. 北京:北京航空航天大学出版社,2005.

[14] Hennessy John L. 计算机系统结构——量化研究方法[M]. 3版. 郑纬民,汤志忠,汪东升,译. 北京:电子工业出版社,2004.

[15] 李亚民. 计算机组成与系统结构[M]. 北京:清华大学出版社,2000.

[16] 郑纬民,汤志忠. 计算机系统结构[M]. 北京:清华大学出版社,1998.

[17] Heuring Vincent P. 计算机系统设计与结构[M]. 2版. 邹恒明,等译. 北京:电子工业出版社,2005.

[18] 张晨曦,王志英,张春元,等. 计算机体系结构[M]. 北京:高等教育出版社,2000.

[19] 张承义,邓宇,王蕾,等. 现代处理器设计-超标量处理器基础[M]. 北京:电子工业出版社,2004.

[20] Gurpur M, Prabhu. [EB/OL]. http://www.cs.iastate.edu/~prabhu/Tutorial/PIPELINE/DLX.html.

[21] 黄培,应建华,沈绪榜,等. 先进的微处理器体系结构:DLX[J]. 计算机与数字工程,2003,31(06).

[22] Sailer Philip M, Kaeli David R. The DLX Instruction Set Architecture [M]. ACM Portal,1996.

[23] Implementation of 5-stage DLX Pipeline [EB/OL]. http://www.cs.umd.edu/class/fall2001/cmsc411/proj01/DLX/.

[24] 张晨曦,王志英. 计算机体系结构[M]. 北京:高等教育出版社,2003.

[25] 陈志勇. 计算机系统结构[M]. 西安:西安电子科技大学出版社,2004.

[26] Hennessy John L, Patterson David A. 计算机系统结构——量化研究方法[M]. 4版. 白跃彬,等译. 北京:电子工业出版社,2007.

[27] 郑纬民,汤志忠. 计算机系统结构[M]. 北京:清华大学出版社,2001.

[28] Patterson David A, Hennessy John L. 计算机组成和设计硬件/软件接口[M]. 2版. 郑纬民,等译. 北

京：清华大学出版社,2003.

[29] Hesham El – Rewini, Mostafa Abd – El – Barr. 先进计算机体系结构与并行处理[M]. 陆鑫达,等译. 北京：电子工业出版社,2005.

[30] 傅麒麟,徐勇. 现代计算机体系结构教程[M]. 北京：北京希望电子出版社,2002.

[31] Tomasulo R M. An Efficient Algorithm for Exploiting Multiple Arithmetic Units [J]. IBM Journal of Research and Development,1967,11(1)：25 – 33.

[32] 邓正宏,康慕宁,罗旻. 超标量微处理器研究与应用[J]. 微电子学与计算机,2004,21(9)：59 – 63.

[33] Smith James E, Sohi Gurindar S. The Microarchitecture of Superscalar Processors [J]. Proceeding of the IEEE,1995,83(12).

[34] Thornton J E. Parallel Operation in the Control Data 6600 [J]. Fall Joint Computer Conference,1961,26：33 – 40.

[35] Lee J K F, Smith A J. Branch Prediction Strategies and Branch Target Buffer Design [J]. IEEE Computer,1984,17：6 – 22.

[36] Yeh T Y, Patt Y N. Alternative Implementations of Two – Level Adaptive Training Branch Prediction [A], 19th Annual International Symposium on Computer Architecture [C],1992,124 – 134.

[37] Keller R M. Look – Ahead Processors[J]. ACM Computing Surveys,1975,7(12)：66 – 72.

[38] Sohi G S. Instruction Issue Logic for High – Performance, Interruptible, Multiple Functional Unit, Pipelined Computers[J]. IEEE Trans. on Computers,1990,39(5)：349 – 359.

[39] Jon Stokes. [EB/OL]. http://arstechnica.com/old/content/2002/10/hyperthreading.ars.

[40] Hyper – Threadin Technology [EB/OL]. http://www.intel.com/technology/platform – technology/hyper – threading/index.htm.

[41] 李宝峰,富弘毅. 多核程序设计技术[M]. 北京：电子工业出版社,2007.

[42] 张承义,邓宇,王蕾,等. 现代处理器设计——超标量处理器基础[M]. 北京：电子工业出版社,2004.

[43] 完全解读Intel"超线程"技术[EB/OL]. http://www.21tx.com/deskpc/2006/01/09/14014.html.

[44] Lucifer. [EB/OL]. http://it.jxcn.cn/qydkt/qydkt/200812/44443.html.

[45] John Paul Shen, Mikko H. Lipasti,张承义,等. 现代处理器设计：超标量处理器基础[M]. 北京：电子工业出版社,2004.

[46] 郑纬民,汤志忠. 计算机系统结构[M]. 北京：清华大学出版社,2000.

[47] 郑小岳. 超标量流水线的设计研究[D]. 浙江大学,2006.

[48] 郑飞. 现代RISC处理器的流水线技术[J]. 微电子学与计算机,1993,10(9)：28 – 31.

[49] 韦健,张明. 超标量、超流水线定点RISC核设计[J]. 电路与系统学报,2001,6(4)：56 – 60.

[50] Prof. Loh. Superscalar Execution[R]. CS3220 – Processor Design – Spring,2005,11.

[51] 郑飞,陆鑫达. Pentium II微处理器的体系结构[J]. 微处理机,1998(1)：15 – 18.

[52] 齐广玉,张功萱. 超标量超流水处理机的性能分析[J]. 小型微型计算机系统,1996,17(9)：25 – 30.

[53] 李三立. 超标量RISC – Super SPARC体系结构设计特点[J]. 小型微型计算机系统,1993(4)：1 – 9.

[54] 高辉. 高性能Pentium处理器的结构特征[J]. 微机发展,2002,12(1)：90 – 93.

[55] 胡伟武,张福新,李祖松. 龙芯2号处理器设计和性能分析[J]. 计算机研究与发展,2006,43(6)：

959-966.
- [56] 张军超,张兆庆. 指令调度中的寄存器重命名技术[J]. 计算机工程,2005,31(23):8-10.
- [57] Smith James E. The Microarchitecture of Superscalar Processors [J]. Proceedings of the IEEE. 1995, 83(12):1609-1624.
- [58] The Cell project at IBM Research. [EB/OL]. http://www.research.ibm.com/cell/heterogeneous CMP.html.
- [59] 竹居智久. 处理器向异构多核架构发展[R]. 电子设计应用,2008.
- [60] CPU Design HOW-TO. [EB/OL]. http://www.faqs.org/docs/Linux-HOWTO/CPU-Design-HOWTO.html.
- [61] Johnson William M. Super-Scalar Processor Design Technical Report:CSL-TR-89-383 Year of Publication:1989.
- [62] Yeager Kenneth C. The MIPS R10000 Superscalar Microprocessor [J]. IEEE Computer Society Press,1996.
- [63] 沈立. 动态VLIW体系结构关键技术研究与实现[D]. 国防科学技术大学,2003.
- [64] 万江华. 基于超长指令字处理器的同时多线程关键技术研究[D]. 国防科学技术大学,2006.
- [65] 贺荣华. 一种超长指令字同时多线程处理器的设计与分析[D]. 国防科学技术大学,2005.
- [66] 费希尔. 嵌入式计算:体系结构、编译器和工具的VLIW方法[M]. 机械工业出版社,2006.
- [67] 赵信. 超长指令字(VLIW)技术特点与实现[J]. 计算机工程与应用,1992:53-57.
- [68] 周志雄,何虎. 用于RFCC-VLIW结构的二维力量引导调度算法[J]. 计算机工程,2008,34(7):1647-1650.
- [69] 张延军,何虎,周志雄,等. RFCC-VLIW:一种适用于超长指令字处理器的寄存器堆结构[J]. 清华大学学报(自然科学版),2008(10):1651-1654.
- [70] 吴渭,陈基禄. 基于VelociTI~(TM)体系结构的DSP处理器[J]. 电力情报,2001(1):65-69.
- [71] 肖创柏,欧阳万里,刘广. 基于超长指令字循环优化的反量化和反扫描方法[J]. 北京工业大学学报,2005,31(4):374-378.
- [72] 林川,张晓潇,陈杰,等. 超长指令字DSP处理器的共享寄存器堆设计[J]. 科学技术与工程,2006,6(13):1921-1928.
- [73] 徐建兵,曲俊华. VLIW中指令级的并行处理分析[J]. 现代电力,2002,19(5):69-74.
- [74] 林仕鼎,任爱华,王雷,等. Linux内核在新型硬件平台上的实现[J]. 北京航空航天大学学报,2003,29(3):197-201.
- [75] 韩大晗,崔慧娟,唐昆,等. 可编程语音压缩专用处理器设计[J]. 清华大学学报(自然科学版),2007,47(1):76-79.
- [76] 周志雄,何虎,张延军,等. 用于分簇VLIW结构的二维力量引导簇调度算法[J]. 清华大学学报(自然科学版),2008(10):23-28.
- [77] 朱凯佳,王雷,尹宝林. VLIW上的软件旁路与细粒度并行调度[J]. 北京航空航天大学学报,2003,29(10):914-918.
- [78] 李锋,王雷,刘又诚,等. CPU仿真器MCS中存贮结构仿真的实现[J]. 北京航空航天大学学报,2001,27

(4): 438-442.
- [79] Paull T T, Rogakou E P, Yamazaki V, et al. Acritical role for histone H2AX in recruitment of repair factors to nuclear oci after DNA damage [J]. Curr Biol, 2000, 10(15): 886-895.
- [80] Paulin P G, Kight J P. Force-directed Scheduling in Automatic Data Path Synthesis[C]. Proc. of the 25th Design Automation Conference. USA: Anaheim, California, 1988.
- [81] Rhodes D, Dick R. TGFF[EB/OL]. http://ziyang.ece.northwestern.edu/tgff.
- [82] 李学明,李继. 用超长指令实现 DCT 的新算法[J]. 电子学报,2003,31(7): 1074-1077.
- [83] 姜小波,陈杰,仇玉林. 应用推动数字信号处理器发展[J]. 微电子技术,2003,31(5): 9-13.
- [84] 白琳,罗玉平. 整数变换在 VLIW DSP 上的优化与仿真[J]. 计算机仿真,2007,24(4): 310-312.
- [85] 江锦业,陈生潭. 宽带信号处理器 BSP-15[J]. 现代电子技术,2005,(5): 101-103.
- [86] Tendler J M, Dodson J S, Fields J S. POWER4 system microarchitecture [R]. 2002,1.
- [87] Sinharoy B, Kalla R N, Tendler J M. POWER5 system microarchitecture [R]. 2005, 7.
- [88] Le H Q, Starke W J, Fields J S. IBM POWER6 microarchitecture [R]. 2007, 11.
- [89] Sun Microsystems, Inc. OpenSPARC™ T1 Microarchitecture Specification [R]. 2006, 8.
- [90] Sun Microsystems, Inc. OpenSPARC™ T1 Processor Design and Verification User's Guide [R]. 2007, 8.
- [91] World's First Free 64-bit CMT Microprocessors. [EB/OL]. http://www.opensparc.net/opensparc-t1/index.html.
- [92] Shrenik Mehta, David Weaver, Jhy-Chun Wang. Open SPARC T1 Tutorial [R]. 2006, 10.
- [93] Sun Microsystems, Inc. OpenSPARC™ T2 Core Microarchitecture Specification [R]. 2007, 11.
- [94] 多核系列教材编写组. 多核程序设计[M]. 北京: 清华大学出版社,2007.
- [95] 李宝峰,富弘毅. 多核程序设计技术[M]. 北京: 电子工业出版社,2007.
- [96] Kunle Olukotun, Lance Hammond, James Laudo. 片上多处理器体系结构——改善吞吐率和延迟的技术[M]. 汪东升,等译. 北京: 机械工业出版社,2008.